世界经典科学名著系列

LA CIEL

天空记

（法）法布尔 著　谢晓健 译

版 武汉出版社
HAN BOOK WUHAN PUBLISHING HOUSE

（鄂）新登字08号

图书在版编目（CIP）数据

天空记 /（法）法布尔（Fabre，J. H.）著；谢晓健译.
—武汉：武汉出版社，2013.11（2019.10 重印）
ISBN 978-7-5430-8066-9

Ⅰ.①天… Ⅱ.①法… ②谢… Ⅲ.①天文学－普及
读物 Ⅳ.①P1-49

中国版本图书馆CIP数据核字（2013）第309524号

天空记

原　　著：（法）法布尔

翻　　译：谢晓健

本书策划：李异鸣

责任编辑：张葆珺

特约编辑：刘志红

封面设计：吕彦秋

出　　版：武汉出版社

社　　址：武汉市江岸区兴业路136号　　邮　编：430014

电　　话：(027)85606403　85600625

http://www.whcbs.com　E-mail:zbs@whcbs.com

印　　刷：河北鸿祥信彩印刷有限公司　　经　销：新华书店

开　　本：720mm×1000mm　　1/16

印　　张：17.75　字　数：278千字

版　　次：2014年5月第1版　2019年10月第2次印刷

定　　价：48.00元

P前言
REFACE

　　我们一贯致力将复杂的事情通俗易懂地阐释出来。但是在《基础科学》的所有册子中，《宇宙》这一册却很难做到这一点。对天空的认识建立在力学和几何学的基础之上，天文学从本质上来说就是一个宏伟的定理。那么对此，我们的年轻读者应该具备什么样的数学知识呢？毫无疑问，我们所采用的知识框架，应该预设读者是对此一无所知的。然而，我们还是直接引入了天文学中一些非常完美的概念与命题：距离、体积、重量、物理结构和化学结构以及各种各样的宇宙星体等等。我们认为，如果论证得不到检验，那么地球到其他星体的距离、木星的重量、太阳的化学组成这些问题就很难找到满意的答案。为了真正把握住精神，我们对宇宙的描述应该建立在论证而不是相信的基础上。数字会有较大的说服力，因为人们认为它是通过某种方法而获得的。由此我们必须逐步地引导学生去认识数学的必然真理，它们不是通过传统的僵化繁琐的推论得到的，而是通过既简单又生动的洞见获得的真理，这样，几何定理就成为直觉真理。虽然我们讲到的数学知识非常简单，但我们坚信学生会理解我们。

法布尔

地球有地球的故事，天空有天空的传说，即便在同一个宇宙也隐藏了太多的秘密。我们期待了解我们的地球，我们更期待用合理的论证来阐述宇宙。在人类探索的漫漫长路中，合理的解释一个现象一直是我们奋斗的目标。从地心说到日心说，从牛顿的万有引力到爱因斯坦的相对论，科学的探索一直是一个坚持不懈的过程。我们需要为真理付出——在法布尔的《天空记》中，作者利用数学中的几何定理与物理模型相结合的方法对各种现象进行合理的解释，将复杂的天体现象用直观的数据呈现出来，我们不得不为科学的力量所折服。

古老的传说为天空里的每一颗星斗附上了它的意义，无论是恒星、行星还是彗星，在《天空记》中法布尔将用数学模型揭开它们的神秘面纱，天空中变幻莫测的现象无论是大气的折射还是日食、月食，在法布尔的笔下逐渐变得清晰、真实。

当我们享受着法布尔给我们带来的宇宙大餐的回味时，一定要用心体会其蕴涵的真正精神。我们对宇宙的描述不仅仅要停留在相信的基础上，更应当通过不懈的努力、严谨的论证去追寻最满意的答案，这是法布尔先生所提倡的。

如果，你是这样的"法布尔"，那么就开始你的旅程吧。

宋 凯

2013 年 10 月 9 日

C目录
CONTENTS

第一讲 | 宇宙学

↓ *1.* 对天空的测量与几何学。

↓ *2.* 角、垂直与倾斜。

↓ *3.* 锐角、钝角与直角。

↓ *4.* 圆周、半径、直径、弧、圆周刻度。

↓ *5.* 量角器、角的测量、经纬仪。

↓ *6.* 多边形的外角和、实验与理论证明。

↓ *7.* 三角形、三角形的三角之和、实验与理论证明。

↓ *8.* 不同类别的三角形、直角三角形的两锐角之和。

（以上条目中的阿拉伯数字指的是涉及这些范畴的段落数，在正文中已经标明。）

↓ *1.* 从外表上看，天空就是一个巨大的穹顶。白天，阳光灿烂，天空是蓝色的；到了晚上，天空就会变黑，有无数闪闪发光的星星。但科学告诉我们，这些表象都是假的：我们并没有被什么穹顶覆盖。无论是在我们的脚下还是头顶，是在左边还是右边，空间都无限辽阔，没有边界。天空中有无数颗巨大的星体，但由于我们认识有限，只能看到那些最耀眼的部分。随着视野的扩展，空间也会不断扩大，只有神祇才知道它的中心和边界，只有神祇的眼睛才能洞穿这一切。地球徜徉在无限之中，就像太阳光线照射下的一粒灰尘，在巨大的宇宙中显得微不足道。但是，为了洞悉宇宙的无限，为了把握天空中各星体之间的距离，知道它们究竟有多宏伟，我们需要几何学的帮助。我认为几何学是一门艰深的科学，而且不会引起年轻人浓厚的兴趣。但我向你们保证，你们不会被深奥的理论搞得筋疲力尽，通常这些理论已经超出了你们的学习能力。只要一些非常基础的理论解释就已经足够了。如果一些枯燥的几何学章节让你们气馁，那么你们要坚持住，要有勇气来应对它，因为这些问题是值得我们付出努力的，测量天空、探测宇宙，孩子们，你们觉得怎么样？这些是否值得引起你几分钟的关注呢？下面我开始讲课。

↓*2.* 两条相交直线构成一个开口，不管大也好小也好，都是我们所说的角。两条直线相交的点就是角的顶点，两条直线是角的两条边。比如说，两条直线 AB 和 AC 相交于 A 点，这两条直线相互交叉，发散出去，那么这两条直线中间构成的面就是角，如图 1 所示。在图 1 中，点 A 就是角的顶点，而 AB 和 AC 是角的两条边。为了指称一个角，我们在角的两边标出三个字母，表示顶点的字母总是位于中间的。因此角 BAC 和角 CAB 是同一个角，但与角 ABC 则不同。当指称的角非常明确时，我们只要用顶点字母表示角即可，如角 A。我们同样还可以在角的开口处标出一个数字，以此来指称角。

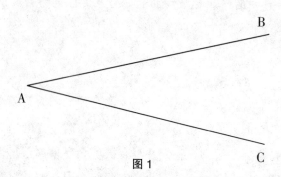

图 1

直线的性质是没有端点，因为我们总是可以无限延伸它。因此角的大小不取决于边的长度，边既可以是长的，也可以是短的，这并不重要，除非两条直线之间的倾斜度变了：角的大小只取决于两条线的倾斜度。如图 2 所示，角 BAC 和角 HDK，当它们两边的倾斜度相等时，则两角相等，不管它们各自两边的长度是多少。毕竟，角 BAC 的两边可以延伸到与角 HDK 的两边长度相等，甚至超过它们，这点是不可否认的，因为直线没有端点，图形中的直线都可以无限延伸。

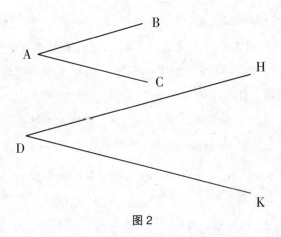

图2

↓ 3. 如图 3 所示，假设直线 DC 与另一直线相交。由此构成了两个角：一个小角 BAC，一个大角 DAB。小一点的角叫做锐角，而大一点的角叫做钝角。

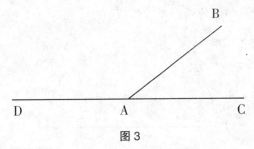

图3

假如直线 BA 慢慢地直立起来，那么锐角将会变大，钝角将会变小。最终，直线 BA 到达一个完美的垂直点，以直线 DC 作为基线，既不向左倾斜，也不向右倾斜，如图 4 所示。也就是说，在这时角 BAC 和角 BAD 是相等的。由此我们称 BA 垂直于 DC，这两个相等的角都是直角。一切不垂直的直线都称作斜线。

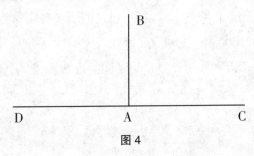

图4

在图3中，很明显，BA倾斜于DC。我们可以改变斜线的倾斜度，由此使锐角和钝角的大小发生变化。所以，存在着很多锐角，它们大小不一，同样也有很多大小不等的钝角。不过，对于直角来说角的大小是一定的，因为使直线AB既不偏向于DC一边、又不偏向于另一边，这样的地方只有一个。由此，直角的大小是不变的；锐角大小是有变化的，但它永远小于直角；钝角大小同样也会变，但它永远大于直角。

↓ 4. 圆规上的一个动点所画出的弧线，我们称为圆周，圆规上另一点是一个定点，我们称为圆心。我们还将圆周称为圆①。如图5所示，从圆心到圆周的线段OA，就是半径。很明显，同一个圆存在着无数的半径，所有半径长度都是相等的，因为所有半径的长度都是画出圆周线的这两点之间的距离。在图5中，BC经过圆心，它的两个端点处于圆周上，BC就是圆的直径。直径长是半径长的两倍，直径将圆周分割成两个相等的部分。圆周上的任意一部分叫做弧，如弧HK。

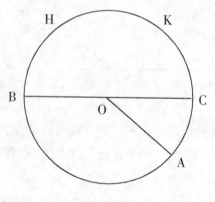

图5

我们将整个圆周分成360等份，每份叫做1度；每度再分成60等份，每份叫做1分；每分再分成60等份，每份叫做1秒②。因此可以称一个圆周角有360度、21600分、1296000秒。

圆的度数并不以米作为计量单位，圆的度数所指的是整个圆上的一段

---

①为了表示圆周内部的面积，保留圆周这一指称更为恰当。——原注
②不要将圆的度数上的分和秒与时间上的分和秒相混淆。虽然它们名称相同，但含义却不一样。——原注

弧。比如说，我们说 90 度的一个弧，指的是三百六十等份的圆周中的九十份，或说圆周的四分之一。圆的度数与长度没有任何关系。圆弧可长可短，这取决于它所在圆的圆周长的大小，但它的度数大小却可以保持不变。如图 6 所示，图中有三个同心圆，圆心是 O。我们通过圆心 O 作两条直线 AB 和 DC，使这两条直线垂直相交，即直线 AB 和 DC 互相垂直。这样，这三个圆都被分成四等份。这样我们看到，弧 AC、HK 和 VP，它们尽管长度不同，但度数却相同，都是 90 度，因为它们都是所在圆周长的四分之一。

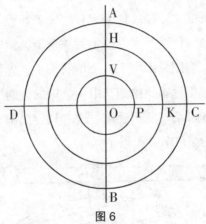

图 6

↓ 5. 量角器是一个半圆形的透明角质仪器，上面标有一系列刻度。在量角器的底端刻有直径。从直径的一端开始，刻度从 0 依次排列到 180，总共是整圆的一半，即 360 度的一半。量角器用来测量平面纸上角的大小。

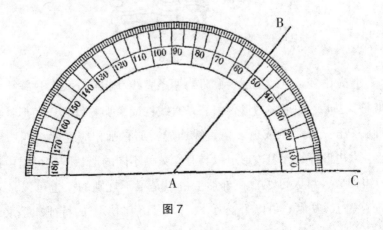

图 7

比如，在图7中，为了求得角BAC的大小，我们可以将量角器放在角上，使它的中心置于角的顶点A上，并使量角器的直径与角的一边AC重合。然后，我们读出角的另一边与量角器重合的部分，如图7中所示，它指在50度的刻度上。由此我们知道，角BAC是50度。直角的度数永远都是90度，即圆周度数的四分之一。锐角永远小于90度，而钝角永远大于90度。

对于天文观测者来说，他们使用的是非常大的铜制量角器。它的下面有一个三角支架作支撑，我们将这种量角器称作经纬仪，如图8所示。在这种经纬仪上，我们可以读出角的分值，甚至可以读出秒值，只要这个标有刻度的半圆面积足够大。经纬仪上配有两个望远镜：一个是固定的，它的观察方向是沿着经纬仪直径来看的；另一个望远镜则可以绕着仪器中心上的轴来转动。我们要测量太空中一个角的大小，先要将经纬仪置于角的顶点，然后将固定的望远镜调整到其中一条边的方向，最后，我们根据角另一边的位置来转动可活动的望远镜。这时只要读出夹在两个望远镜之间的在经纬仪边缘上的刻度数就可以了。

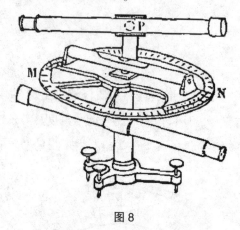

图8

↓ 6. 由多条直线组成、并且每两条直线都相互交叉，这样构成的图形即是多边形。如果多边形仅由三条直线构成，那它就是三角形；如果它由四条、五条、六条或更多条直线构成，那它则相应地就是四边形、五边形、六边形等等。多边形可以具有无数种不同的形状：它可以由任意数量的边构成，可大可小，在外形上可以是很不规则的，也可以是非常规则的。不过，尽管它可以千变万化，但在几何图形上的特征却是永远不会变的，我们在下文中将会阐明这一点。

我们在纸上即兴画出任意一个多边形，比如多边形 ABCDH，如图 9 所示。假设我们按同一个方向旋转、依次来延伸这个多边形的每条边，如图 10 所示。由此我们得到了一组角，即角 1、2、3、4 和 5，我们将这些角称为多边形的外角。这时我们试着用剪刀将这些角剪下来，然后将它们围绕着一个顶点 A 并列地放到一起，如图 11 所示。那么，请你们记住这一点：不论这个多边形是什么样的形状，不论它有多少条边，这些角总能构成完整的一个圆周，最后一个角总能恰好填充第一个角和倒数第二个角之间的空位，由此各角互相衔接，构成一整个圆周。如果我们以点 A 为中心画一个圆，那么显而易见，围绕着点 A 整合构成的这个没有任何间隙的角就环抱成了一个整圆。如图 11 所示。由此，我们得出，任意多边形的外角和都是 360 度[①]。

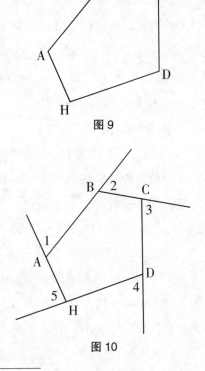

图 9

图 10

①我们在这里不考虑凹角多边形，因为对于这样的图形来说，规则就变得不一样了。——原注

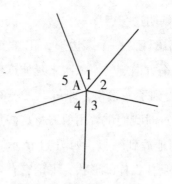

图 11

这就是多边形的一个奇特属性，我希望你们亲自验证这一结论。可以在纸上画出不同的多边形，将多边形的外角剪下来，然后以一个点为公共点重新合并在一起。我们稍微思索一下也可以得到这样一个结论。请重新观察图 10，在图中，多边形的外角 1、2、3、4、5，它们都朝向我们所画的图形所在平面的一个特殊区域，从整体上这些外角包含了经过这一平面的所有的方向。因此，如果我们以一个点为公共点将它们合并到一起，那么它也就包含了所有可能的方向，由此可以构成一个完整的圆。

↓ 7. 三角形是最简单的多边形：它只有三条边。尽管简单，它却和最复杂的多边形一样，具有刚才我告诉你们的普遍特性，即外角之和等于360 度。我们可以由此推演出三角形的一个特性，这一点对于我们将来的学习特别有用。下面我们来具体讲述。

图 12 中有一个三角形 ABC。我们要证明的是，角 1、2、3 之和是 180度。同样，我们延伸三角形的各边，形成外角 4、5、6，如图 13 所示。那么，很明显角 1 和角 4 之和是 180 度。我们用量角器来测量，使它的直径一边与直线 BAD 重合、并使它的顶点置于 A 上，那么角 1 和角 4 就涵括了量角器所构成的整个半圆。图上所画出的半圆说明了这一点。以此类推：角 3 和角 5、角 2 和角 6，它们两两之和都是 180 度。那么角 1、2、3、4、5、6 之和应该是 180 度的 3 倍。减去外角 4、5、6 之和，即 360度，我们得出，三角形的角 1、2、3 之和应该是 180 度。因此，如上文所述，在三角形中，三角之和是 180 度。

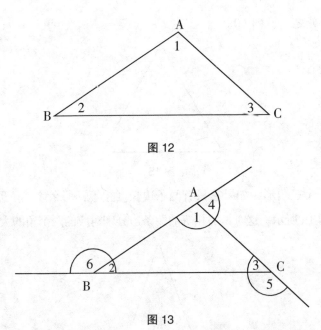

图 12

图 13

如果你们理解我的证明有些困难，那么我们来做如下实验。在纸上画出任一三角形 ABC，如图 14 所示。我们用一个量角器来测量这个三角形的每个角大小，量得角 A 是 50 度、角 B 是 100 度、角 C 是 30 度。我们将角的大小 50、100 和 30 相加，得出它们的和是 180 度。由此反复实验，我们总能得出三角形之和是 180 度，没有例外。只要有一个普通的角质量角器就可以完成这一实验，这并不困难。

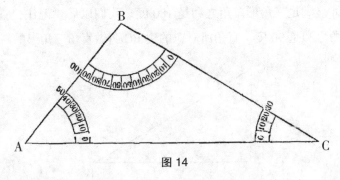

图 14

↓ 8. 在所有的三角形类型中，我们考察下述三种三角形。

如果一个三角形的三边长度相等，如图 15 所示，那么该三角形就是等边三角形。并且，这个三角形的三个角都相等，它每个角的大小都是

180 度的三分之一，即 60 度。

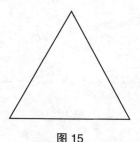

图 15

对于一个三角形，如果它只有两条边长度相等，那么该三角形是等腰三角形，如图 16 所示。这时，那相等的两条边分别对应的两个角的大小相等。

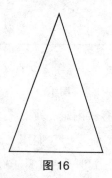

图 16

对于一个三角形，如果它的其中一个角是直角，那么该三角形是直角三角形。如图 17 中的三角形 ABC，它的角 A 由两条相互垂直的直线 AB 和 AC 构成，因此它的大小是 90 度。而另外两个角 B 和角 C 之和也是 90 度，由此才能满足三角形三角之和是 180 度。我们以后要记住，直角三角形的两锐角之和是 90 度。直角所对应的边 BC 叫做直角三角形的斜边。

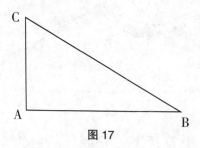

图 17

我们关于基础几何学的学习就到此结束。我们用这些基础的概念来做什么呢？——用来测量地球。

第二讲 | 测量地球

↓ *1.* 地球的形状、地平线。

↓ *2.* 钟表的刻度。

↓ *3.* 对地球周长的测量 Ⅰ。

↓ *4.* 对地球周长的测量 Ⅱ。

↓ *5.* 对地球周长的测量 Ⅲ。

↓ *6.* 被切割的苹果、球体的最大圆和最小圆。

↓ *7.* 法国人都手拉着手、徒步旅行者、云朵越过高山飞翔。

↓ *8.* 地球上最高的山和一粒沙子、海洋与沾湿的毛笔、大气海洋与桃子上的细毛。

↓ *9.* 地球的球形外观不会因地表的高低不平而改变、关于地球的一些数据。

↓ *1.* 地球是一个巨大的球，它没有支撑点，自己漂浮在天空中。关于地球是球形的证明有很多种，我们用其中最简单的来论证。从高出地面一定距离的位置去看，我们会发现贴近远处田野的地方，有一道弧形的线，这就是地平线，它是我们视力可及范围的极限。在这条线上，平原与天空似乎连接在一起。在大海上，因为没有像丘陵、悬崖和山脉这些妨碍我们观察的不规则的障碍物，所以弧形地平线看起来非常明显。船只在海上前行，无论是航行几周还是几个月，航行者永远都处在一个圆里，他的视野总是受限制：沿着弧形的地平线，他看到的永远都是水天相接的景象。难道是由于我们视力上的局限，不能区分远处的物体，才会有地平线吗？
——不是的，如果是这样的话，我们用望远镜来看就可以向前延伸地平线了。但事实不是这样，即使我们采用各种仪器来观察远处，也依然不能超越这个地平线。地平线是不可逾越的。无处不在的地面曲线，就是由地球上的这些显而易见的轮廓线，由地球上可见的和不可见的这些分割线构成的。我们之所以不能看到一定距离之外的物体，并不是因为我们的视力有限，而是因为球面是曲线的。由此，我们很自然地就会得出这样一个结论：如果我们所看到的地面总是圆的，那么地球本身整个就是一个球①。

    ↓ *2.* 当我们知道了地球是球形的之后，一个重要的问题就出现在我们的脑海中。这个巨大球体上大圆的周长是多少？它环形一周是多少米？我只能告诉你们，地球的周长是4万千米。我希望你们最好能了解一下我们是通过何种巧妙的方法来测量地球的。测量物体长度，你们知道，只有一种方法，即用米尺来测量。但显然这种方法对于测量地球周长来说并不适用。想象一下，拿着米尺，越过荆棘密布的高山大洲，经过惊涛骇浪的大海表面，从地球的这一端到达那一端，这是非常荒谬的——人类的能力还不能完成这一疯狂的任务。那么，如何来测量呢？只能借助于几何学，对它来说，这样的困难不值一提。

    如果让你们来测量一个钟表的钟面周长，毫无疑问你们都会这样来做：首先，用一根绳子绕钟面正好一圈，然后将绳子拉成一条直线，用米尺来测量它的长度，所得数值就是钟面周长。这是当前最直接也是最有效的方法，但对于测量巨大的地球来说并不适用。还有一种略为间接但更为简单的方法来测量钟面。所有钟表的钟面都分成十二等分，这与一天中的十二个时辰相对应。我们测量其中的一个部分，比如说指针从中午十二点到下午一点之间的距离。只要将我们所获得的数值乘以十二，所得到的不就是整个钟面的周长吗？我们可以采用一种类似的方法来获得地球的周长。我们不用测量地球整个表面的周长，只需要测量其中一部分就行，然后我们只要知道这一部分是整个地球周长的几分之一，这样问题就可以迎刃而解了。但是，地球的表面并不像钟表的钟面一样分成很多等分，因此，困难仍然存在。谁能告诉我们，我们测量所得的部分是整个地球周长的几分之一？还是只有几何学能解决这个问题。下面是第三点。

----

① 关于地球是球形的更加具体的证明，请参考《基础科学》中的《地球》分册。——原注

↓ *3.* 在一片宽阔平整的原野上，我们处于足够高的位置才能够有一片广阔的视野。观察点越高，我们的视野越广阔。比如说观察点是一座塔楼，在这个处于高处的观察点上，我们借助于望远镜，就能看到地平线上的任意一点，它是由视线与地球曲面相交而形成的。由此我们设定此点为 C，如图 18 所示。我们通过最普通的测量方法，即用一把十米长的卷尺来测量塔楼底部和视线最远点之间的距离，即弧线 BC 的长度。我假设 BC 长度是 5 万米。你们肯定会怀疑，这样的测量并不是一项简单的操作。但是，只要有足够的时间和耐心，我们最终会完成这项工作。总之，地面弧线 BC 的长度是可知的。为了得到地球的周长，我们还缺少什么呢？我们还需要知道，这段弧线长是地球周长的几分之一。因为如果我们知道它是地球周长的千分之一，那么我们就可以说地球周长是 5 万米的一千倍。这与测量钟面的一个部分然后乘以 12 从而得到钟面的周长的方法是一样的。但是要想知道弧线长是地球周长的几分之一，我们就要知道该段弧线的度、分、秒。为了知道度与分，我们就要知道角 COA 的大小，这个角 COA 是由可见地平线的点 C 和塔楼顶点 A 到地球中心 O 的两条直线所构成的。角 COA 的两条边之间是地面弧线 BC，这在某种程度上类似于一个测量弧的巨大经纬仪的一部分。

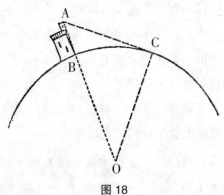

图 18

↓ *4.* 这样，问题就转化为测量角 COA 的大小。为了测量角，需要将一双什么样的眼睛置于地球中心来进行观测呢？这是一双能够看见不可见的东西、能够测量不可测量的东西的眼睛，这是智慧之光、几何学之眼。实际上我们要注意到，在三角形 ACO 中，角 C 是直角，这是确定无疑的，虽然实际上并没有测量过。因为它是由直线 OC 和地球圆周的切线即视线

AC 构成的，而这条视线 AC 与地平线边缘的地面曲线相切。看了下面的注释你们就会明白①。

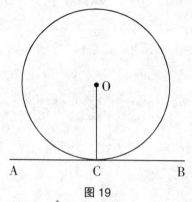

图 19

　　既然三角形 AOC 是直角三角形，角 A 是塔楼的顶端，角 O 是地球的中心，那么，这两个角的和是 90 度。这一点我们在前面的课程中已学到过。我们知道了其中的一个，就可以知道另外一个，这只要通过进行简单的减法计算就可以得到。于是我们来测量塔楼顶端的角的大小。从高处的观察点，我们将经纬仪可视镜的其中一个瞄向地平线的尽头、将另一个瞄向地球的中心。这里又似乎出现了不可能的事情，如何将瞄准镜瞄向地球的中心呢？地球中心这一深藏不露的、不可见的点，它位于我们脚下极深远处。其实，这是一件非常简单的事情。将任意重的一个物体，比如说一个铅球，悬挂在绳子的一端，用手抓着绳子的另一端，然后将球抛下。当球静止时，绳子悬挂铅球的一端所指向的就是地球的中心。实际上这仿佛就像悬挂的物体看到了地球的中心一样。换言之，这根绳子若能延长并穿过地球深处，则在理论上能正好到达地球的中心。②

　　↓5. 接下来，我们将经纬仪上的第二个瞄准镜瞄向系有铅球的绳子的方向，最终获得了角 OAC 的值，为 89 度 33 分。因此地球中心的角是 27

①与圆相切的直线就是切线，这个词在拉丁语中的含义是"接触"。它只是在某一点上与圆相接，但并没有进入圆内部。如直线 AB，如图 19 所示，它与圆 O 相接于点 C。显然，如果我们连接 OC，那么在任何情况下 OC 这条线都垂直于切线。由此可见，AB 与 OC 这两条线所构成的角是直角。你们同样可以通过实验来验证这一点。无论是在这个图形上，还是在你们自己所画的图形上，都可以证明这一点。——原注
②关于系着铅球的绳子这个例子，请参考《基础科学》中的《地球》分册。——原注

分。因为 27 分加上 33 分等于 60 分，即一度，一度加上前面的 89 度等于 90 度，即两角之和。

如果地球中心角是 27 分，那么它的两条边之间的地球弧 BC 也是 27 分。由此问题转化为：27 分占整个圆周（21600 分）的几分之一？答案是 800 分之一。因此长度为 5 万米的弧 BC 是整个地球周长的 800 分之一，因此地球周长是 5 万米的 800 倍，即 4000 万米。由此我们获得了地球周长。为了完成一个非凡出众的实验，科学只需要一段 12 千米左右的距离和一个角即可[①]。倘若几何学拥有像灰姑娘和驴皮公主一样的魅力，那么我们就会有很多问题向它请教了！对于你们这些富有想象力的年轻人来说，这也许是可能的。但是我担心我有点滥用三角形了，同样的，在这个问题上，如果我只是让我自己明白了，而没有让你们明白，那么请你们谅解。

↓ 6. 用刀将一个苹果切成片，那么我们就获得了几个圆形的苹果片。刀片离苹果的中心越近，那么苹果片就越大；离得越远，那么苹果片就越小。如果刀恰好经过苹果的中心，那么切下来的苹果圆周是最大的，这样，苹果就分成两个相等的部分。如果刀没有经过苹果中心，那么，切下来的苹果片就小一些，苹果也没有被分成两个相等的部分。由此我们在一个球的表面上画出足够多的圆，其中一些最大的圆会将球平分，而其他小的圆则不能将球平分。前者称为球面大圆，它们之间彼此相等。因为不管它们是如何画出来的，它们的半径与球的半径相等，并且都经过球的中心。后者称为小圆，它们的半径都小于球的半径。

球的周长总是根据球面大圆来测量的，这是显而易见的。如果你要测量一个橘子的周长，你不会去测量用刀切下的最小橘子片的大小，而是去测量经过橘子中心的最大的橘子片的大小，即球面大圆的大小。因此，地球的周长当然也要由地球球面大圆的周长来确定。根据我们在前面所论述的那样，地球大圆的周长是 4000 万米，即 1 万个 4 千米。大圆的半径等同于地球的半径，即略少于 6400 千米的样子。

↓ 7. 由此，你们或许已经理解了这些巨大的数字，为了环抱一张圆形

[①]实际上科学所需要的还要更少，因为只要获得塔楼的高度和角 AOC 的大小，我们就足够得知地球的周长。但对于我们来说，这一运算还是太复杂了。——原注

的桌子，我们需要三四个或五个人手拉着手才能做到。为了环抱地球，我们大约需要全法国人手拉着手才能做到。一个强健的旅行者，每天早上都走上 40 千米，他也需要大约三年的时间才能徒步绕地球一周，当然这要假设地球没有被海洋隔断。但谁的腿能够承受得了三年如一日的辛苦劳累呢？一天走 40 千米已经耗费了我们所有的体力，第二天我们又怎么可能重新上路呢？那么，我们试试求助于那些不知疲倦的旅行者，它们就是云。云朵毫不费力地从地球的一个地方到达另一个地方，它们轻而易举地穿过平原、高山和大海。云在高空中飞速前进，假设风总是用同样的力量将它吹向同一个方向，那么，它绕地球一周需要多长时间呢？——大约需要六周。因为即使强风、甚至是暴风，云每小时经过的路程也绝不可能多于 40 千米。因为它绕行地球表面只需要六周。由此可见，它的速度是非常之快的，以致它在地面上的影子会飞速地掠过重重山脉。

↓ 8. 我们再来做一些其他的比较。假设我们用一个两米高的大球来代表地球，然后根据一定的比例在球面上标出地球上的一些主要山脉。地球上最高的山峰是高里三卡（Gaurisankar）山峰①，它是喜马拉雅山脉的一部分。喜马拉雅山脉处于亚洲的中心，它的最高峰达 8840 米②，连云彩都极少能从峰顶经过。从上面俯视，视野十分宽阔，广阔的山脉尽收眼底。为了在代表地球的这个大球上面标出这座山峰与这个山脉，我们分别用了一个 1 毫米大小的沙粒和三分之一毫米大小的凸起物。欧洲最高的山峰是勃朗峰，它的高度是 4810 米，我们用 0.5 毫米大小的沙粒来指代。举例到此为止。对我们来说，山峰是高大的，它们都雄伟壮观。但是对于地球而

---

① 1903 年以前，欧洲出版物经常混淆 Gaurisankar 与珠穆朗玛峰，而事实上，它们指的是两个山峰。——译注

② 世界上最高的山峰是喜马拉雅山脉的珠穆朗玛峰，这是得到全世界公认的。珠穆朗玛峰较近的一次测量在 1999 年，是由美国国家地理学会使用全球卫星定位系统测定的，他们认为珠峰的海拔高度应该是 8850 米。而世界各国曾经公认的珠穆朗玛峰的海拔高度由中华人民共和国登山队于 1975 年测定，是 8848.13 米。但外界也有 8848 米、8840 米、8850 米、8882 米等多种说法。2005 年 5 月 22 日中华人民共和国重测珠峰高度测量登山队成功登上珠穆朗玛峰峰顶，再次精确测量珠峰高度，测得珠峰新高度为 8844.43 米。同时停用 1975 年 8848.13 米的数据。随着时间的推移，珠穆朗玛峰的高度还会因为地理板块的运动而不断长高。——译注

言，这些大山只不过是沧海一粟。

深远辽阔的海洋，它对于地球而言，又是怎样的呢？——海洋几乎占了整个地球表面的四分之三，它的平均深度是 6 至 7 千米①。假设海底是空的，那么需要·千条像罗纳河——法国最长的河流——这样的河流，那么多的河一直不停地流上两万年，里面的水才能将海洋填平②。但对于地球来说，再多的海水，也是微不足道的。在两米高的球上，我们用一个一毫米的水印来代表海洋，即用浸水的毛笔在大球的表面上划一下，留下一个湿印来代表海水。

另外还有一种其他类型的海洋，这就是大气海洋。当然它还要更为广阔，它环绕了整个地球，高出地平面 60 千米左右。我们在球上用一个一指宽，即一厘米大小的充气物来代表大气。举个例子，在桃子的四周是都有大气环绕着的，通过观察桃子上那些细微得几乎不可见、使桃子看上去毛茸茸的细毛，我们就可以知道大气是大量存在的。

↓ 9. 现在你们已经明白了，不管地球上有多少高山和丘陵，它仍然是圆的；就像橘皮表面的凹凸不平并不会改变橘子的曲线形状一样，地球也不会因为这些高低不平的山陵而改变自己的曲线形状，而且比起橘子来，地球受到的影响更小。

为了做个总结，下面我们补充一下与地球体积相关的一些数值③。

地球周长=4 万千米

---

①2010 年 5 月 19 日，美国《生活科学》网站（LiveScience.com）报道，科学家利用卫星测量技术测得地球上海洋的平均深度为 3682.2 米，这个数值比以往认为的都要小。——译注
②同样是 2010 年 5 月 19 日的美国《生活科学》网站（LiveScience.com）报道，科学家利用卫星测量技术测得地球上海洋的总容积为 13.32 亿立方千米。——译注
③国际大地测量与地球物理联合会 1980 年公布的地球形状和大小的主要数据如下：
　　赤道半径 6378.137 千米
　　两极半径 6356.752 千米
　　平均半径 6371.012 千米
　　扁率 1/298.257
　　赤道周长 40075.7 千米
　　子午线周长 40008.08 千米
　　表面积 5.101108 平方千米
　　体积 10832108 立方千米

地球半径=6366 千米

地球表面积=509.95 亿公顷

地球体积=10828.41 亿立方千米

后面三个数字是根据几何学原理从第一个数字推算出来的，关于这一过程就不在此演示了。

第三讲 | 如何测量地球的重量

↓ *1.* 物体的下落、物体之间的引力、铅垂线往山的方向倾斜。

↓ *2.* 卡文迪许扭秤。

↓ *3.* 落体落向地球中心、双架马车。

↓ *4.* 引力与质量成正比。

↓ *5.* 引力与距离平方成反比。

↓ *6.* 对上述定理的解释。

↓ *7.* 引力的作用点是物体的重心。

↓ *8.* 牛顿、对重量的比较归结为对降落距离的比较。

↓ *9.* 地球的重量、以立方分米来计量的平均重量、理性的杠杆。

↓ *1.* 把物体提到半空中，然后放开，使其自由下落，它们都会落回地球。在下落过程中，它们总是垂直落向地球，相对于水平面而言，它们既不偏向一边，也不偏向于另一边。它们总是垂直于地球，即顺着铅垂线的方向下落。若沿着它们下落的方向在地球上挖一个无底的井，那么井必定会经过地球的中心①。我们通过观察可以得知，自由下落的物体在下落的第一秒里经过的路程是 4.9 米。随着物体的下落，速度会越来越快，所经过的路程也增长得越来越快。这段所经过的路程等于 4.9 米乘以两次它所经过的秒数，换言之，所经过的路程等于 4.9 米乘以它所经过的秒数平方②。

①关于这一主题，请参考《基础科学》中的《地球》分册。——原注
②在算术中，我们将一个数乘以自身所得的积称为它的平方。比如，5 的平方是 5×5，等于25，7 的平方是 7×7，等于 49，等等。——原注

因此，在 6 秒中所经过的路程等于 4.966，即 4.9 乘以 6 的平方 36。物体下落的原因是地球的引力。

物质间相互吸引。这是所有物体中最普遍的性质之一，我们称之为引力。将两个物体相对放置，不管它们间有多少距离，它们都会相互吸引、趋于靠近。如果我们日常所见到的物体，并没有由于这一相互吸引的性质而相互靠近，那是因为地球引力使得物体自身具有重量，从而把它们固定在了一定的位置上，地球对物体的这种引力大于物体自身之间的引力。同时，物体自身间的引力被那些其他的阻力抵消掉了，比如空气阻力、它们与所处之地的摩擦力等，故而它们就不能抗衡地球对它们的引力，于是就被地球的引力固定住了。但是，如果产生吸引力的那个物体具有很大的质量，而被吸引的物体又有足够的自由度，那么，这两个物体间的吸引便可被观察到。在平原上，铅垂线的方向总是垂直于地面；但在大山的附近，它的方向就会稍微有所改变，球会略略偏向大山一侧。这时，大山的引力是和地球的引力相抗争的。

↓ 2. 通过下面的例子，我们可以观察到一个物体是如何对另一个物体产生吸引力的。如图 20 所示，一根两米长的细棍 BC，在它的中间 O 处用一根细绳吊起来，把细绳的另一端用夹子固定在 A 处。在木棍的两端放置同等重量的两个小球 B 和 C。那么这两个小球是平衡的，就像使天平秤的两端重量相等而保持平衡一样。这样，木棍与球都会在水平面上处于静止状态。我们在小球 B 的附近放置一个大的铅球 P，在小球 C 的附近放置同样的一个铅球 R，使得铅球 R 离小球 C 的距离与铅球 P 离小球 B 的距离相等，如图，此时 BP 等于 CR。这时我们就可以看到，细棍 BC 会绕着悬垂的细绳 AO 转动起来，两个小球分别受到两个铅球的吸引而向这两个铅球靠近[①]。它们朝着吸引它们的铅球方向移动，但由于它们与铅球间的引力很微弱，所以它们移动的速度很慢。而且它们并不是垂直落向吸引它们的铅球的，即不是顺着连接小球与铅球中心的直线方向下落的。它们的下落轨迹是弧线，只有这样的下落方向才与这套装置

①这套装置就称为卡文迪许扭秤，由英国物理学家卡文迪许命名，他是第一个用这套装置来测量地球重量的物理学家。尽管这样的测量不是很严格，但由于这是基本的演示，因此我们只能把这套装置简化，在此我们只有一个目的，就是要解释清楚我们是怎样演算出地球重量的原理的。——原注

相符。经过精确的计算，我们就能从这套装置中的弧线下落轨迹推算出，小球应该是沿着直线下落的。

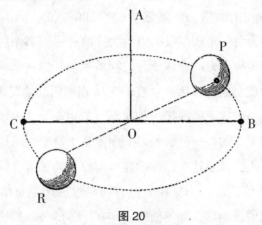

图 20

↓ *3.* 由于所有悬于半空然后放开的物体，它们都会落下来，这是因为地球会吸引它们，就像在上述实验中大的铅球吸引小球一样。但这种吸引并不是由地球的某一部分作用的，而是由地球的所有部分共同作用的，也即上面部分与下面部分、左边部分与右边部分、表面的部分与内里的部分一起作用的即地球这个整体。在所有这些引力中，每一个力都单独作用于物体的一面，最终产生一种整体的吸引力，这种整体的吸引力决定了物体会向着地球的中心落去。

假设有一辆双驾马车，如果只有右边的马在拉车，那么这辆车就会倾向于右边；而如果只有左边的马在拉车，那么车子就会倾向于左边；如果两匹马同时向前拉，那么这辆车就会径直往前走。这对于降落中的小球而言也是一样的，因为我们总是可以想象地球被分成两个等份：半个在左边，半个在右边。假设只有右半球对物体施加吸引力，那么物体就会偏向右边，反之则会偏向左边。但是如果这两个半球同时对物体施加吸引力或是整个地球施加整体的吸引力的话，那么物体就会落向中间，即向着地球中心落去。

↓ *4.* 现在我们回到图 20。小球 B 因为受到 P 的吸引力，从而向着这个铅球靠近，向它落去，但由于这个吸引力很微弱，所以它的速度很缓慢。假设铅球重 100 千克，小球在下落的头一秒所经过的路程是一毫米，

这一毫米就是它向着吸引它的铅球所移动的距离。如果铅球是由密度更大的铅锻造而成的，那么结果会怎样呢？如果其他一切因素都保持不变，而铅球的质量是原先的两倍，即质量变成了 200 千克，而不是 100 千克[①]。那么很简单，因为每一个产生吸引力的物体的每一点都作用在被吸引的物体上，这样，产生吸引力的物体所含的物质越多、越重、越密实，那么它所产生的吸引力就会越大。因此，在铅球体积相同的情况下，一个重 200 千克的铅球会使小球在下落的头一秒所经过的距离是 2 毫米，而 100 千克的铅球使小球在下落的头一秒所经过的距离是 1 毫米。同样的，一个小球向着一个铅球落去，如果这个铅球的体积与原来的相等，但是质量是第一个铅球的三到四倍，那么小球在头一秒所经过的距离也将会是三到四毫米。下面我们来说说地球，地球使得物体在下落的头一秒所经过的距离是4.9 米，但若地球的体积不变，而所含的物质是原先的两倍或三倍，那么在同样的时间内地球所吸引的物体所下落的距离也将是原来的两倍或三倍。我们将这一个结论普遍化，即引力与产生吸引力物体的物质多少成正比。或者我们用更专业的术语来表述，即引力与质量成正比。质量在此指的是所含物质的多少。

　　↓ *5.* 被吸引的物体距离产生吸引力的物体越远，吸引的力就会越弱，被吸引物体的下落速度也会变得越慢。因此，我们可以观察到，从山顶上降落的物体比从平原上降落的物体下落的速度会更慢些。这样，我们由此可以证明，地球的引力是随着与地面距离的增加而减少的。那么，引力的减少是遵循着什么样的规律的呢？这是我们接下来要研究的问题。

　　我们往前回到图 20。假设铅球 P 的中心与其邻近小球的中心之间的距离是一分米，或者更简化些，如果小球很小，就可以把它看成一个点，即铅球 P 的中心与该小球之间的距离是一分米。这时，铅球 P 吸引小球，使其向着自己倾斜降落，在降落的头一秒，小球经过了一毫米的距离。现在我们将铅球 P 往后移至原先两倍远的距离，即铅球 P 的中心离小球为两分米。然后把铅球 R 也作同等距离的移动，由此使得整套装置对称。在这样

---

①这里只是一个简单的假设，因为一个锻造品即使很密实，它也不可能使铅球的密度变成原来的两倍。——原注

的条件下，下落运动还是会发生，但是下落的速度会慢上四倍，并且在下落的头一秒内小球落向铅球的距离是四分之一毫米。如果铅球的中心离小球的距离拉大至三倍，那么下落的速度会慢上九倍，并且在下落的头一秒内小球落向铅球的距离是九分之一毫米。因此，当距离扩大至两倍时，在此我们不要忘记该距离总是从铅球中心开始计量的，铅球的吸引力是原先距离上所产生吸引力的四分之一。当距离扩大至三倍时，吸引力就会是原先的九分之一。你们一定要注意到，四是二的平方，而九是三的平方。因此，引力与距离的平方成反比。

↓6. 为了让大家更熟悉这条基本的定理，我们可以用图来解释引力，使得引力随着距离的增加而减小这一规律变得更为直观些。不过，你们一定要注意，不要把我将给你们所演示的看作一个证明，它只是一种阐释方式，目的是为了在你们头脑中留下点印象。

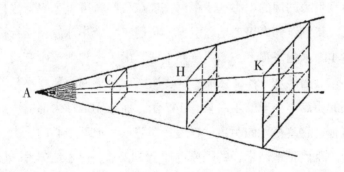

图21

每个质点都向着它周围的各个方向施加它自身的引力。因此，我们用些带着棘爪的细绳来表示从该质点产生出来的各个方向的吸引力，就像围绕一个光源而发射出来的光线所形成的光线网。这些棘爪会抓住任何出现在它们方向上的东西，并把这些东西拉向吸引中心。很明显，施加的吸引力只取决于抓住物体的棘爪之数目，而跟没抓住物体的棘爪完全没关系。这也就是说，假设有一个吸引点 A，它将吸引力作用于一个方形物体 C 上，如图21所示。我们说，从点 A 起向着所有的方向都发射出密密麻麻的带着棘爪的细绳，它们靠得很近，甚至会相互碰到。这些带着棘爪的细绳会抓住它们所在方向上的一切东西，并且会将这些东西拉向发射的中心。对于方形物体 C 而言，它能接收到所有以 A 为顶点、并以该方形为底所构成的空间内的任何一束绳子。在离 A 点距离为 AC 两倍的 H 处，为了接收到 C 所接收到的所有绳子，我们需要一个是方形物体 C 四倍大的物体。因此，我们若将原来的方形物体 C 移到 H 处，即离 A 点距离为 AC 的两倍处，那么它只能接收到原先四分之一的绳子，引力也就减少为原先的四分之一。同样的，在离 A 点距离为 AC 三倍的 K 处，为了接收到原先所有的绳子，我们需要一个是原先方形物体 C 九倍大的物体。如果将方形物体 C 移至 H 处，那么它只能接收到原先九分之一的绳子，引力也就减少为原先的九分之一。随着离 A 点的距离增大为原来的两倍、三倍、四倍，那么方形物体 C 所受到的 A 点的引力也就会减少为原来的四分之一、九分之一、十六分之一。

↓ 7. 在第五段中，我们提到过，所计算引力的距离指的是被吸引的质点到产生吸引力的球的中心这段距离，现在我们就可以来解释这是什么原因导致的。我们首先来思考地球引力，我们将一个小球放在斯特拉斯堡大教堂高达 142 米的塔顶上，然后放开小球。由于受到地球所有质点的引力作用，小球会向地球下落。然而，这些质点离小球的距离并不相等。那些位于塔底的质点与小球的距离只有 142 米，而位于地球内部的质点，离地球表面越远，它离小球的距离就越远。那些位于地球中心的质点，它们离小球之间的距离是地球半径的距离再加上 142 米。位于地球另一端的那些质点，即位于地球直径另一端的那些质点，它们离小球之间的距离是两个地球半径再加上 142 米。另外，在中心直线之外，我们还会发现，聚集了无数个我们刚才所提到的质点。它们要么在右边，要么在左边；要么在前边，要么在后边；要么靠近地球表面，要么离表面很远；要么离下落的物体近一些，要么离下落的物体远一些。每一个质点都根据它与小球之间的距离对后者施加或多或少的吸引力。那么，怎样从这些一个点到另一个点变化不等的众多吸引力中，找到我们的结论呢？我们可以通过如下假设来得到结论：假设地球上所有的质点到被吸引的物体间的距离都相等，该距离处于最短的距离和最长的距离之间，即处于 142 米与 142 米加上地球直径的距离之间；我们再假设，所有的引力点都处于地球中心的位置上。由此可见，地球的上半部分有一半的质点其引力都会变弱。这是因为，我们把这些质点假设得离小球更远，以致它们实际上并不产生吸引力。而地球下半部分质点的引力却由此得到了同等程度的加强，这是因为我们同样假设了它们与小球之间的距离变近了。由于地球是由两个相对对称的半球所构成的一个球体，因此这两种相反的引力相互抵消了。于是我们得到第三条定理：均匀散布于一个球上的所有质点，当它们一起作用于球外的一点时，它们就仿佛集中在球的中心一样。因此，以后当涉及一个球体所产生的引力时，我们不再关注距离的问题，不再关心从引力点到被吸引点之间的距离哪些更大哪些更小的问题。既然所有的引力点都像集中在球的中心那样起着作用，那么就只有一个距离是需要我们考虑的，即从球的中心到被吸引的点之间的距离。

↓ 8. 牛顿首先发现了万有引力定律，他是受到人类尊敬的最伟大的天才之一。牛顿得出这样的结论，并不是通过像刚才我为了让自己理解而所做的那些初步而有失严谨的思考而得到的；而是通过对那些建立在天文学事实上的最高级秩序进行思考和实验而得出的。我们在后面的章节中会有机会更紧密地沿着牛顿的思路来思考。

毫无疑问，你们会问到，这些规律都有什么用呢？牛顿发现这些规律有什么价值呢？孩子们，这些规律是人类所认识到的最美丽的东西，因为它们向我们解释了世界的运作机理，它们把关于宇宙的神圣和谐问题转变成为瑰丽的数学问题。为了让你们窥见这些原理传授给我们的知识与力量，我们将借助于它们来测量地球的重量。是啊，要去测量地球、测量这个我们无法想象其大小的巨球的重量，我们要把它放在牛顿定理的天平上来测出它的质量，就像我们把它放在实际的标有质量刻度的天平上来用砝码测量一样。

引力与产生吸引力物体的质量，即与其所含物质的多少成正比。因此，在图 20 中，我们把具有一定质量的铅球放在小球 B 前面时，它就会吸引这个小球，使其在一秒内向它靠近一点距离；而如果我们将另一个质量是其二倍、三倍、四倍的铅球，放在同样的距离上时，那么它就会使得小球在一秒内向该铅球移动二倍、三倍、四倍的距离。如果我们已经知道第一个铅球的质量，那么，通过计算在同样的时间内第二个铅球吸引小球移动距离是第一个铅球吸引小球移动距离的多少倍，那么我们就可以得知第二个铅球的质量。由此，我们将两个铅球的质量比转化为：在同样远处的两个铅球在同样的时间内分别吸引小球向自身移动所经过的路程之比。那些使小球向自身移动两倍、十倍距离的铅球，它们也会比其他的铅球重两倍、十倍。

↓9. 我们可以将同样的推理过程应用于地球。为了计算出地球的质量是某个铅球质量的多少倍，我们只需知道，小球在地球引力下于一秒内所下落的路程，是在该铅球吸引下小球所移动距离的多少倍，而这两种下落显然都是在与产生吸引力物体的相同距离处发生的。下面我们再做一次图20中所示的实验。我们在小球 B 与小球 C 的前面、距离它们的中心一米处，各放置一个非常重的铅球。那么小球就都会向其邻近的铅球移动，我们假设它们在移动的头一秒内所经过的路程是一毫米。我们知道，当小球与铅球之间的距离是一米时，小球在下落的头一秒内向铅球移动的距离是一毫米；而如果产生吸引力的物体与小球的距离不是一米，而是位于地球中心处，即与小球的距离是 6366 千米，那么，我们就可以通过上述条件而计算出在这种情况下小球在头一秒内所下落的路程。由于引力的大小与距离的平方成反比，我们可以通过这一定律得知，小球在这种情况下，头一秒内所移动的距离是一毫米除以的平方，即除以 40525956000000。如果你们觉得可以的话，我让你们自己来做这个除法运算。其实不必进行这个痛苦的运算，我们就可以看出，被除数是一毫米，而除数又是这么大的数，那么显然二者相除所得的商肯定是一个特别小的数字。这一商数指的是：将铅球放在地球中心处，在它的吸引下，小球在头一秒内所下落的距离。但是对于地球来说，我们只需考虑一个点，即地球中心，它代表了全部地球质量。根据牛顿第三定律，在上述条件不变的情况下，即在同样的时间与同样的距离下，地球吸引着小球在头一秒内所经过的距离是 4.9 米。然后我们再来考察一下，对于前面所得的那个极小的商数，看看 4.9 米是它的多少倍，由此我们就可以知道地球的质量是铅球质量的多少倍了。最终我们发现，地球的质量若以千克来计算的话，就是 6 后面跟着 21 个 0，即 60 万亿亿千克[①]。从地球体积的宏伟和地球质量的庞大来看，我们可以推断出，如果我们将地球上所有的物质——空气、水、岩石、金属、矿物——全部混合起来，那么每升的这种混合物约为 5.5 千克[②]。

我们称完了地球，这节课程告一段落。那么我们是通过什么来称的呢？是通过什么力量来称的呢？我们是通过思想的力量来称的。这种力量是大自然所赋予我们的，它使我们窥探到了宇宙的奥妙；我们是通过理性的杠杆来撬起地球的，对它而言，撬起沉重的地球是轻而易举的。

---

①2008 年 4 月 30 日，美国物理协会宣布，新的计算结果表明，地球的质量为 5972 万亿亿千克。地球的质量比原先认为的要轻得多。这个计算结果大大出乎物理学家们的预料。物理学家们原先估计的地球质量约为 5976 万亿亿千克。——译注
②更精确的说法是，地球平均密度为 5.518 千克/升。——译注

第四讲 | 地球的转动

↓ *1.* 通常的下落究竟是怎么回事？为什么地球不往下掉？

↓ *2.* 天空似乎在转动、车辆行驶使我们产生幻觉。

↓ *3.* 每十二个小时我们就会颠倒一次、为什么我们不会往下掉？

↓ *4.* 地球的速度和炮弹的速度、飞虫翅膀的拍击、地球不动所引发的奇怪结果、永恒的经济节省原理。

↓ *5.* 摆、摆动线的不变性。

↓ *6.* 车轮、用来证明地球是转动的。

↓ *7.* 用信风来证明地球是转动的。

↓ *8.* 地球转动的景象。

↓ *1.* 地球孤零零地在广袤的宇宙中遨游，没有任何支撑。那它为什么不会掉下去呢？地球是那么的重呀！我们首先来解决这个问题。你们能在自己的头顶上方看到什么呢？一片的空旷、空间、天宇。在大地的另一端，在地球的对面，在与我们的脚相反的另一侧，你们能看到什么呢？还是一片宇宙与天空。在我们的左边和右边又能看到什么呢？天空，永远都是天空。无限的空间，或者像我们所说的天宇，在地球的周围向着四面八方延伸出去。

这样看来，地球会向空间的哪一个方向掉下去呢？只要告诉我哪边是地球的下边、哪一边是它的上边就行了。如果天空是在上边的，但若想想我们就会知道在地球的另一端也是天空，它与我们在这边所看到的是一模一样的。不仅如此，就是在地球上的任何一个地方，这种情况都是相同的。如果地球并不向着我们头顶的天空飞去——这一点对于你们来讲是很容易理解的，那么它为什么要向着另一边的天空飞去呢？向着天空的另一端落下去，这就好像一个气球离开地面升起来一样。你们以前从来都不会问，为什么地球不会向天空的方向升去。那么你们也不要问为什么它不会落下来，因为这两个问题是一样的。落下去也就是靠近那个产生引力而使其下落的物体。如果在地球的外面什么都没有，没有任何引力施加于我们地球，那么，地球的下落不管是向着哪个方向，都是不可能的。因此，地球就会永恒地处于大自然将其安置的那个空间位置中。或者说，一旦地球被大自然置于宇宙中，它就会沿着一条直线无止境地穿梭于宇宙中。但是如果在天空中有个天体，它具有足够大的引力能够控制地球，在这种情况下，那么我就会立即承认，地球会向着这颗主宰它的天体移动。但事实上，地球的下落并不像我们所认为的那样。它向着太阳落去，太阳巨大的质量不断地吸引它，不断将它拉向自身。由于地球转动产生离心力而抵消了太阳对地球的万有引力，这暂且不论。我们在后面还会讲到这个重要的问题。

↓ 2. 在我们看来，天空就像一个巨大的空心球，而我们呢，则处于这个球的中心。天空就像一个镶着密密麻麻星星的穹顶一样。在 24 个小时中，似乎天空这个球体携着它的群星速度均匀地绕着地球转了一圈。但通过望远镜观察，我们知道，天空像个球体，这是我们所看到的幻觉。我们知道，天空向着我们的四面八方延伸出去，我们根本就看不到它的边界；我们还认识到，太阳并不是一个发光的小盘子，而是一个比地球还要大得多的球体。星星从表面上看只是微微发光的物体，实际上它们的亮度与体积都可以和那些巨大的天体相媲美。天文望远镜告诉我们，那些星体与地球的距离并不相等，有些离我们近，有些离我们远。但是它离我们的距离要比我们肉眼所看到的还要遥远得多。这时，我们在脑海中就会产生疑问，到底是这个巨大的苍穹带着无数的星体围绕着地球从东往西旋转呢？还是地球自身在沿着相反的方向由西向东旋转呢？如果实际上地球是从西往东旋转，那么天空看起来就是跟平时所看到的一样——我们所看到的星体就会总是从东边升起，从西边落下。但是因为我们没办法察觉到自己的运动，故而我们就会以为自己是不动的。

在坐火车时，我们每个人都会注意到：铁路两旁的树、杆子、篱笆、房子，它们都仿佛能动起来，并且向着与我们前进相反的方向跑去。如果我们认为自己是静止不动的，那么我们就会推断出是外面的那些物体在向后狂奔。如果不是感觉到火车的颠簸，那么这种感觉就会更加彻底，我们就会认为田野在疯狂地奔跑。在行驶的马车上，或是在行驶的船上，我们都会有相同的感受。因此，每当我们被一种平稳的运动带着向前行进时，我们就会感觉不到自己在动；尽管周边的物体是静止不动的，却仿佛在向着我们相反的方向移动。

↓ *3.* 如果地球自身是从西往东旋转，我们就不会察觉到这种运动。因为这种运动不会产生颠簸，也没有其他特点。这样，我们就会认为我们自己是不动的，相反，我们却会认为其他各种天体在运动，也就是说在与我们相反的方向即自东而西地旋转。天空及其星体围绕地球的旋转，只是我们的一种幻觉。这就像我们刚才所说的，田野里的树会沿着我们列车相反的方向往后奔跑一样，也是一个幻觉。

到底是天空在转动，还是地球在转动呢？如果是地球在转的话，那么你就必然会遭遇到以下的困难：地球在空间中运转，每二十四小时转上一圈；而每过了十二个小时，我们就会被地球带着转了半圈，而我们在地球上的位置就会处于与十二小时前相反的位置上。起初，我们的头在上面，而脚在下面；但过了十二小时之后，我们就会颠倒过来，这时，我们的头会在下面，而脚在上面了。现在这个时候，我们是直立的话，那么十二个小时之后我们就会倒立过来了。那样一种倒立姿势是令人非常不舒服的，但为什么我们感觉不到呢？为什么我们不会被甩出去呢？这就像掉进深渊之中，为了不掉下去，我们应该拼命地抓住两边的可以支撑的东西一样，可是我们都没有。你们的观察是准确的，确实，每过十二小时，我们的位置就会和起初的位置颠倒一次，我们的头的位置就会转到脚的位置上。虽然我们颠倒了，但我们不会有任何落下去的危险，也不会产生任何不适。这是因为，我们的脚一直是处于下面的，也就是说站立在地上；而我们的头一直是向着天空的方向的。因为天空无所不在地包围着我们的地球，一旦我们认识到，在空间中到处都是一样的，那么到底是上面还是下面，那就没有任何意义了。所谓的上面还是下面，都是相对于地球而言的。下面指的就是地的方向，而上面指的就是围绕着我们的空间。虽然地球一直都在运转，但是由于地球的引力，我们一直都是脚向着地面、头向着天空的；我们一直都是站立着的，不可能向着没有任何引力的地方落下去。每过十二小时，我们跟着整个地球就会颠倒一次，但这并不会产生任何的不适和困扰。

↓*4.* 由以上这些叙述，我们已经明白，旋转的地球不会让我们因为觉得自己会被甩出去而产生恐惧。但是另一个更严重的问题产生了。我们如何去相信，地球这样一个庞大的物体能够按部就班地绕着一个想象的轴运转呢？要使得这样一个巨大的球形机器运转起来，那得耗费多大的力啊？而且它的速度又该是多大啊？如果每过二十四小时，地球就会完成一次旋转，那么那些位于它表面中部的点，即处于它旋转轴大圆上的那些点，与此同时也会转动了 4000 千米，也即每秒转动了 462 米。这接近于炮弹刚脱离炮口所具有的速度。高山、平原、大海也都是以每秒钟大约 0.1 古里即 400 米的惊人速度做着圆周运动。我们实在不敢相信，具有这么大重量的物体能作这样惊人速度的运动。是的，我认为，我们共同努力并运用所有的机械手段来使地球动起来，这就像一只飞虫拍打翅膀推动大山一样，都是无效的。为了让这样一个庞然大物快速地运动起来，并且带动各大洲以炮弹一样的速度运动，这需要一种我们无法想象的推动力。但如果假设地球是静止的话，那么你会看到很多意想不到的后果。如果地球不动，那么所有的星体就会在每二十四小时转一圈，而太阳是一个比地球大 140 万倍的球体——这是我们在下一讲中会讲到的。假如你认为地球是不动的，那么仅仅是因为它太大了吗？就算地球是不动的话，那么太阳一定是动的吧？在太阳面前，地球只不过是一个小小的泥团而已。而且太阳的运转速度还要更快，因为它在单位时间内所要走过的路程还要更远。为了在 24 小时内转动一圈，太阳在每秒走过的距离是 9200 千米。这还不算什么，很多星体与太阳的大小都差不多，离我们最近的星体如果要围绕地球运转，那么它在每秒内所运行的路程则不少于 20.8 亿千米。另外那些离我们百倍、千倍远的星体，它们每秒内所经过的距离也将会是百倍、千倍。这是因为，如果地球静止不动这一点成立，那么就必须这样，就得有无数的比地球还要大还要重的天体，以一种每秒超过 400 米的距离，甚至是每秒几千千米、几万千米，直至每秒几十亿千米的速度来旋转。这样的运转机理是不符合理性的，它跟上面我们所提到过的经济节省原理"一个就够的话，绝不用第二个"相违背。因此，一劳永逸的解决办法就是地球围绕着它的轴转动，而不是星体围绕着地球转动。

↓ 5. 尽管地球运转的速度是这样的快，但是它的运转却非常平稳，以致我们通常会感觉不到这种运动，甚至从来都没想到过。我们跟我们周围的物体一起被带着运动，我们发现自己跟这些物体之间的距离是不变的。就是这种相对位置的恒定性造成了一种我们似乎静止不动的印象。借助于一些巧妙的办法，我们就可以得到确认，地球是在我们的脚下并且带着我们转动。我们可以通过实验来证明这一点。下面让我们来做一个最简单的实验。

我们在一根细绳的一端，系上一个铅球。将绳子的另一端固定在一个地方，比如说 A 处，如图 22 所示。那么小球在摆动了几下之后就会处于静止状态。你们也会知道，绳子在最后会处于垂直的方向，即 AB 的方向。现在我们将小球拉至 C 处，然后放手。如果绳子没有系着小球的话，那么小球就会沿着直线方向下落；但是由于小球是被系在绳子上的，因此它就没有这样向地下落。小球受到地球引力的牵引，以悬挂它的点 A 为圆心，沿着圆上的弧 CD 滑落。当它到达点 B 的时候，它还要顺着这条弧继续向前到达点 D。到了点 D 之后，它会重新折返，沿着弧 CD 滑落到点 C 的位置。而最后它又回到点 D 的位置。如此这般，经过一段很长的时间，直到空气阻力让它停止运动。假如细绳在点 A 处悬挂得很好的话，那么小球会来回运动至很长一段时间才静止不动。小球每次来回的这种运动，即从 C 到 D、又从 D 到 C 的一次来回的周期运动，我们称之为摆动。同样，细绳以及拴在细绳上的小球，我们称之为摆。摆的摆动是由使物体下落的地球引力而产生的。小球的摆动区间是由悬挂的细绳所决定的。在小球的来回运动中，它沿着想象的圆弧 CD 而滑动，要么从左到右，要么从右到左，路线从来不会改变。在摆动过程中，小球的速度可能会慢下来，可能只经过圆弧 CD 的一部分，但它的路径从来不会改变。如果没有外在的力量来改变小球，那么小球就会沿着同一条圆弧来回摆动，并且这种摆动会一直长年累月地继续下去，而不会作任何改变。总而言之，摆动的圆弧这条路线会一直保持不变。因为在这样的一个装置中，没有任何力量能够使小球偏离原来的路线，它不会往这边偏一点点，也不会往那边偏一点点。

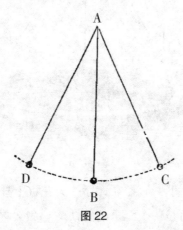

图 22

↓ 6. 如图 23 所示，我们在地面上放了一个车轮。在它的上方正对着轴的地方放了一个摆动着的摆。我们观察到，摆经过的弧线 BC 与轮上的点 H 与 K 相对应。如果车轮是静止不动的，而摆经过的弧线 BC 其路径不会改变。那么，摆在它的两个端点 B 与 C，总是跟车轮上的点 H 与 K 相对应。这一点是显而易见的。但如果车轮是转动着的，那么点 H 与 K 的位置就会移动，车轮上跟 B 与 C 相对应的点也就会不断变动。如果车轮的运动通过某种方式被掩盖了，甚至我们都没察觉到这种运动，那么会发生什么呢？这种情形就仿佛我们坐在一辆向前行驶的车上，看到田野中的树都向着相反方向移动一样，我们也会产生类似的幻觉。由于摆的摆动经过的弧线是不动的，它一直不停地与车轮上的点相对应；而我们以为车轮是静止不动的，但实际上它是不停地在运动着的。这样一来，摆动所经过的弧线就会不停地对应着车轮上的不同点，由于我们以为车轮是静止不动的，因此我们就会认为是摆动弧线在转动了。如果车轮是从右向左转动的，那么在我们看来，摆的弧线就仿佛是从左向右转动了。

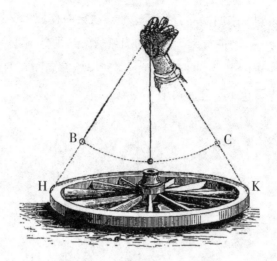

图23

现在请你们想象一下，假如在大厅的天花板上挂着一个很长的摆，摆绳上系着的不是小球而是一个沉重的大铁球。那么它摆动的时候，速度会特别缓慢。在某一时刻，大铁球与大厅的某一点相对应；过一会，它会与偏西一点的位置相对应；再过一会，它会与更偏西一点的位置相对应。也就是说，摆的弧线是慢慢地从东向西在变动着。那么，摆的路线会改变吗？不会的，你们知道它是不会改变的。因此，这一定是大厅的天花板在运动，一定是大地自身在运动，一定是地球在从西往东地自转运动着。

↓7. 关于地球是转动的这个问题，我们还有另一个更强有力的证据，即信风。我们把赤道附近常年从东向西吹的风称为信风。第一批冒险穿越大西洋的那些航海者，即哥伦布船队，他们惊恐地看到，赤道上空这种方向永远不变的风吹着云总是向一个方向飘去。他们面对这无情的永不停息的东风，因为一无所知而惊骇万分，不停地问自己问别人是否还能回到故乡。那么如果地球是转动的，它就可以很好地解释这种信风的独特恒常性，也就是总是由东向西吹的原因了。

赤道附近是地球上最热的地区。从赤道向地球两极走去，温度会逐渐下降。赤道附近的热空气是比较轻的，它们会上升到高空；而那些从北边和南边吹过来的更重的冷空气，就会填上那些热空气上升后所空出来的地方。如果地球是不动的，那么产生的后果就是，在北半球会有风一直从北往南吹向赤道，而在南半球会有风一直从南往北吹向赤道，这与事实显然是不符的，但是由于地球是从西向东转动的，因此这些不断吹着的风的风向就会改变。实际上，大量吹向赤道的冷空气，会随着地球和大气的自转而在地球自转方向上具有一定的速度。但这种速度并不是在每个地域都相同的，这是因为，从地球的一端至另　端，围绕着地轴中心线的地表圆圈，并不是同样大小的。在赤道上的地表圆圈最大，向着两极逐渐减小；到了两极，这个圆圈就几乎变成零了，圆圈上的点随地球自转而具有的速度也会随圆圈的减小而减小。因此，在寒冷区域的空气，一开始会受地球转动的影响而具有一定的速度；而在离赤道越来越近的地方，空气的速度就跟不上地球自转的速度了。它会比地球的自转速度慢一点。而当地球由西向东转动时，会遇到这些比它慢的空气。于是就会产生这样的后果：仿佛这些空气在不动的地球上由东向西地移动。信风是这样产生的：两个半球的空气受到热气流影响而向着赤道方向流动，但它们的速度跟不上赤道附近的地球自转速度；因此当这些空气在赤道附近时就会产生一股强大的逆流，这样就造成了信风持续不断地往西吹的现象。

↓ 8. 每隔二十四个小时，地球就会自转上一圈。由于地球自转的影响，我们此刻在空间中所占的位置，再过一会儿就会被别人所占据。大海、远处的地方、被雪覆盖的大山，就会占据我们所在的位置；而到明天，我们就会又回到原处。你们现在读着这几行字的地方，不一会儿就会被大海占据；而你们游戏的吵闹声，一会儿就会被大西洋的巨大涛声所淹没。不到一个小时，海水就会出现在法国了。我想想，再过一会儿，在大西洋上的一些大军舰就会载着很多大炮，顺风扬帆航行到我们这里了。大海过去后，现在来到这里的是北美洲，有加拿大的大片湖泊，还有一望无际的草原，在草原上，印第安人追逐着野牛。过一会儿，比大西洋还要广阔的太平洋来到这儿了，它要经过七个小时才能过去。在太平洋的一些岛上，渔夫们穿着毛皮大衣在晒鲱鱼，这些是什么岛呢？它们是位于堪察加半岛南部的库页群岛。它们很快就会转过去，快到甚至我们都没时间看它们一眼。现在到来的是黄皮肤的中国人和蒙古人，在这里我们可以看到许多新奇的事物。但是地球是一直在转动的，所以中国很快就会远离这里。一会儿到来的是中亚，在这里有堆满沙子的高原，有比云还要高的山峰。下面到来的是鞑靼人的牧场，牧场上有着成群的马匹。然后是里海的大草原，长着塌鼻子的哥萨克人生活在这里。接着是南俄罗斯、奥地利、德国、瑞士，最后是法国。——地球就这样转了一圈。你们不要以为，地球以炮弹的速度循序向前转动这一令人惊叹的情景，是我们可以通过肉眼看到的。这一景观，只有用思想的眼睛才能看到。你们以为乘坐热气球或飞艇升到空中，那样就可以看到地球带着它的各大洲各大洋在自转了吧？太天真了，事实绝不是这样的，这是因为大气层也会随着地球一起转动，由此会带动气球或飞艇一起转动，而不是停留在一个位置。这样，观察者就不能看到地球上各个不同的地区循序转动了。

第五讲 ｜ 离心力与惯性

↓ *1.* 轴与极、地球与纬圈。

↓ *2.* 倒置过来却不漏水的杯子、由于转动而绷断的绳子、离心力。

↓ *3.* 油球、转动的液体球的变形。

↓ *4.* 两极的扁平与赤道的鼓起、地球原初是液体状态。

↓ *5.* 离心力与地球引力的对抗。

↓ *6.* 重力消失了的世界。

↓ *7.* 静止不动的死亡地球。

↓ *8.* 路边的石子。

↓ *9.* 惯性。

↓ *10.* 转动的车轮、永远保持同样机械自转力的地球、地球转动的恒定性。

↓ *1.* 如果我们愿意，我们可以用一个橘子来演示地球的转动。首先用一根针穿过橘子，让它绕着这根针转动。我们将这根针称为轴，并将针穿过橘皮而留下的两个针眼称为两个极。现在我们可以借助于我们的理智，我们假设地球就像一只橘子，它被这样的一根长针穿过，并围绕着这根针日夜不停地旋转。这样一根纯粹想象中的针，就跟穿过橘子的实际的长针一样，也称为轴。这根轴穿过地球表面上的两个点，叫做两极。我们据此将地球轴定义为一条想象中的线，地球围绕着它日夜旋转；并将极定义为轴穿过地球表面上的两个点。

我们再来看看前面所说的橘子，让它围绕着针转动。橘子表面上的每一个点都沿着垂直于针的圆圈而转动，有的圆大一些，有的圆小一些，它们的大小取决于该点离两极的距离。在两极处，圆圈大小就是零。点越是靠近橘子的中间部分，这个圆圈就会越大。在橘子的中间部分，那些点到两极的距离相等，它们所经过的圆圈是最大的。这同样可以用来解释地球。地球表面上的各个点，沿着大小不一的圆圈而转动。到两极距离相等的那些点，它们转动的圆圈是最大的，我们将该圆圈称为赤道。其他的点所形成的那些圆，都称为纬圈。点越是靠近两个极，那它们所形成的那些圆就越小。由地球上的点围绕着轴转动而形成的这些圆，也即赤道和纬圈，为了将它们解释清楚，我们假定它们在地球上是有印迹的。由此我们将赤道定义为：一个与两极距离相等的大圆；并将纬圈定义为：诸多与赤道平行的小圆①。很显然，赤道只有一个。它将地球分成两个相等的部分，即两个半球，我们所处的这边是北半球，而另外一边是南半球。而纬圈却有无数个，只要我们愿意，我们就可以在地球表面上找到无数个纬圈。它们中的每一个都将地球分成两个不相等的部分。所有的赤道和纬圈都垂直于轴，它们的中心都在轴上。但是它们都是我们所想象出来的，我们千万不要认为它们是实际存在着的，要不地球就成用箍箍着的木桶一样了。

↓2. 到现在为止，尽管地球表面稍有不平整，但我们还是一直把地球看成一个球体。然而这并不完全是正确的。严格来说，地球在赤道处稍有鼓起，而在两极处稍为扁平。在赤道处的地球半径跟在两极处的地球半径之间，两者相差21千米。这种差距，在一个直径为两米的球上体现出来只有不到3毫米，这是肉眼所不能看到的。因此赤道的鼓起与两极的扁平，并不会改变人们认为地球是球形的这种感觉。

赤道与两极的这种轻微的不一致性，是由于地球的自转引起的。我们通过做一些实验就可以清楚地证明这一点。在一根绳子的一端紧紧地系着一个杯子，杯子里面装着半杯水。然后就像玩投石器一样用手抡上一圈，如图24所示。在转的过程中，杯子要么是倒着的，要么是或多或少有点倾斜的。但是，如果我们抡动的速度足够快，不管杯子是倒着的还是倾斜的，杯子里面的水都不会流出一滴来。相反，水会一直留在杯底，就仿佛被某种东西用力压住一样。如果杯子在转动的时候停留在最高点处倒立不

---

① 如果两个圆之间的距离处处相等，那么这两个圆之间是平行的。——我们可以回忆一下在前面所学到的东西：大圆就是球面上经过球心并以球心为中心的圆；而小圆就是球面上不经过球心也不以球心为中心的圆。——原注

动的话，很明显杯子里的水会流出来。这样看来，正是这种旋转运动把倒立着的杯子里的水压在杯底了。

图24

　　把一块石头拴在一根绳子的一端并抡着它飞快地旋转。如果你把石头抡得越来越快，难道你感觉不到绳子会拉得越来越紧吗？继续加快旋转，但是注意千万不要碰到你附近的人；再继续加速！……突然！由于拉紧的力继续增大，绳子断了，石头就飞出去了。在转动过程中，石头是以手为中心转动的，它使劲要逃离手，这样，它就拉紧了绳子。当这种努力达到某种强度时，绳子由于被拉得太紧，最后就断掉了。因此，所有处于旋转运动中的物体，由于这种旋转运动，会受到一种特殊的力，这种特殊的力会拉紧并试图逃离该物体围绕着转动的那个点。我们把由旋转运动而产生的这种力称为离心力。物体的旋转速度越大，这种离心力就会越大。正是由于这种离心力，水才会被压在快速旋转杯子的杯底，即使杯子倒置或者倾斜，水都不会流出来。也正是这种离心力，它使得带有石头的绳子绷紧，当石头的转动速度足够大时，绳子就会断掉。

　　↓ 3. 离心力会使得一个绕轴转动的球变形，在它的两极会变得更扁平一些，而在赤道则会鼓起一些。当然，在这种情形下，球要足够柔软，以经得起这种旋转运动所产生的拉扯。为了证明这样一个事实，我们首先要找到一个具有上述柔软度的小球。如果我们在水中倒入油，油会浮起来，但如果在酒精中倒入油，油则会沉入底部。这是因为，油比水要轻，而比酒精要重①。但如果将油倒入水与酒精的混合物中，那么油将会悬浮在混合液的中间部分，形成一个像苹果那样大小的美丽的球体，如图 25 所示。这个油球轻轻地漂浮在混合液的中间，这一景象使我们叹为观止。由此我们马上想到了地球，这是一个悬浮在空中的巨大球体。我们假设有一根长针从油球的中间穿过，通过钟表机械装置使这根长针飞快而平稳地自转，由于摩擦力的影响，长针渐渐地带动油球，使后者也做起了旋转运动，就仿佛它们是同一个物体一样。一旦油球转动起来的时候，我们马上就会看到，在针穿过的两端，即它的两极部分，会变得扁平一些；而在球的中间部分，即赤道部分，则会变得鼓起来一些。如图 26 所示。另外，油球转动的速度越快，两极的扁平与赤道的鼓起就会变得更加明显。如果球是用坚硬并具有一定抗力的材料做成的，那么就不会有这样的情况出现，这是因为，这样的材料不具有能被离心力拉扯而变形所需的柔软性。

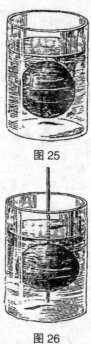

图 25

图 26

---

①这是由油、水、酒精三者的密度决定的，密度表示该种物质质量和体积的比值，用符号 ρ 表示。油、水、酒精的密度分别为 $0.9×10^3 kg/m^3$、$1×10^3 kg/m^3$、$0.8×10^3 kg/m^3$，因此油比水轻，比酒精重。——编注

↓ 4. 因此，液体球围绕它的轴转动时会变形。要理解这样一个事实，这并不困难。事实上，赤道上的那些，它们转动的速度是最大的，因为它们构成的圆是最大的；而位于两极上的点，则是不动的。对于前者而言，离心力是最大的；而对于后者来说，离心力等于零。因此，赤道上的每个质点，由于受到推动它们的离心力的影响，则会努力逃离轴，但还能使得球上的各个质点相互聚集在一起。由于赤道上的质点做飞快的脱离运动，在整个球体上产生了空隙，这个空隙就会被周围的物质所填充，由此造成离心力不能发挥作用的区域即两极的扁平。

地球并不像我们刚才所描述的那个油球一样是个液体球，但海水覆盖了地球表面的四分之三地方，我们应该考虑到地球上这个液体的部分，以此来解释地球受离心力会有多大影响。因此，由于地球绕轴旋转，海洋便会改变原有的形状。受离心力的影响，在地球两极处会变得扁平，而在赤道处则会鼓起 20 千米左右。此外，由几何学测量表明，在陆地上也产生了同样的变形，那么这说明，地球可能在一开始完全是液体的；而随着时间的慢慢推移，地球便固化了，并保持了离心力施加给它的形状。对地球所进行的细致研究揭示了这样一个可能的事实：那些构成大陆基底的坚硬岩石，在古代实际上都是液体，就像在高炉里熔化的那些铁水一样的液体。这证明，构成大山的那些物质，在高高耸立于云端之前，实际上是熔解的在汪洋大海的一部分矿物[1]。

↓ 5. 离心力趋向于使得地球表面的物体远离地球，而引力却趋向于使它们保持在原来的位置。因此，这两种相反的趋势是相互对抗的，但是因为引力要更强一些，所以物体还是在地球表面上保持静止。或者，即使它暂时离开原来的位置，下落之后还是要返回地球的。但是我们可以想象，倘若地球转动的速度足够大，那么离心力是可以等效于引力的，甚至可以比后者更强。因为我们知道，离心力是随着转动速度的加快而不断增大的。计算表明：如果地球绕轴旋转的速度增大至目前的 17 倍，也就是说一小时零 25 分钟而非 24 小时就转上一圈，那么由于转动速度在赤道上是最快的，在那儿

---

[1]关于这一问题的详细展开，请参考《基础科学》中的《地球》分册。——原注

离心力就跟地球引力相等，而物体在地球上的那片区域内就不会下落。如果我们在那个地方把一块石头拿起，然后松开手，它就会无需任何支撑地停在空中而不落下，这时，地球对它的引力与旋转所产生的离心力会相互抵消。在这种情况下，液体也不会继续流动：如果我们把一只杯子装满水，然后把它倒过来，杯子里面的水也不会流出来。这就像我们在前面学到过的那样，把一杯水放在投石器上然后抡动它，杯子里的水也不会流出来一样。在这种情况下，物体的重量也没有了，抬起一座大山跟拿起一颗小石块是一样容易的。倘若我们被抛向空中远离地面的地方，我们也不用担心会掉下来，由于地球的自转运动，我们会停留在空中。

　　↓ 6. 在离心力抵消了引力的地方，我向你们保证，这是一个奇异的世界，或许你们会喜欢上这样的世界。你们可以很容易幻想这样的世界，在那里，我们就可以像希腊神话中的巨人泰坦似的，轻而易举地把一座山堆在另一座山上；在那里我们也可以肆无忌惮地翻跟斗疯玩，这是没有任何危险的。不过，让我们想象一下别的吧：海洋会被巨大的离心力集中到赤道那里堆积起来，以惊人的隆起俯瞰着各大洲；河流呢，也不再沿着斜坡往下流了；而天上的云呢，它们也不再把丰富的雨水降给我们了，这是因为雨不会再往下掉落了；而我们地上的建筑呢，由于它们的坚实是由它们沉重的基础所产生的压力而造成的，现在它们的这些材料失去了重量，因此就不再有强度了，被风轻轻一吹，它们就像羊毛一样地飞走了；最后我们自己呢，会可怜地被风吹来吹去，一会儿飘到这里，一会儿飘到那里，而不能在一个地方站住，这样我们就真的漂泊无依了。相信我吧，重量是一个好东西。确实，有时候重量是我们讨厌的累赘，当我们从高处摔下来时，它会使我们的骨头摔断。不过相对而言，它给了我们生存所必需的稳定性。

　　倘若地球转动得更快，比如说它一小时或更少时间内就转上一圈。这时，离心力就会超过重力，那么，一切都会变得乱七八糟了。大气层会离我们而去，它会变成分散的一团团，然后会消失在广袤的太空中。海洋也会一样地离我们而去，大海里的水不再会受重力的约束，将会从一个洲冲到另一个洲，并会自下而上掀起滚滚洪峰，在惊天漩涡中升到空中。植物赖以生存的土壤、孤零零的石头、动物、植物，所有的一切，都会不再牢固地联结在地球这个母体上，都会被抛出而不再返回，就像被一台巨大的投石器抛出去一样。至于原来的地球，它只剩下了一具光秃秃的岩石骨架，直到离心力再也不能从它上面扯掉什么了。你们见过车辆的轮子从一条泥土路上滚过的情形吗？在轮子转得飞快的时候，粘在轮子边上的泥土就会猛地飞出去。倘若地球绕着它的轴每小时转一圈或一小时不到就转上一圈的话，地球也会出现这样的情形：一切没有坚固地与它的岩石骨架联结在一起的东西，都会被它甩到太空，并且永远不再回来。

↓ *7.* 地球自转慢慢停止——或者更严重地——忽然停止，其后果都是异常恐怖的。首先，海洋由于离心力的减小或失去离心力，其海岸线会降低，而海水都会向两极流去，这样原先是陆地的地方就会被海水覆盖。若是地球自转的速度越来越慢，那么白天和黑夜的时间都会被拉长，这样就会彻底改变我们现在的气候状况，那将会是所有生命体的危难时刻。当地球停止转动的时候，面对太阳的那个半球会一直都是白天，生物的生存会很不适应这种气候，因为它们经常需要夜晚的休息与凉快。而另一侧半球则会永远处于无尽的黑暗和严寒的冬天之中。从地球不再围绕轴转动的那一刻起，地球就死亡了。地球的过度飞速转动会把我们抛离地球，使我们飞入太空的广袤之中；而倘若地球逐渐减慢自己的速度，并且直至有一天它停下来，就像一个转动的车轮一样，最终停止转动，那么地球和我们也就一块死亡了。那么，地球的转动可能会加快或减慢吗？当然不可能。我们在下面的思考中，会找到对这一观点的证明。

↓ *8.* 有一颗小石子躺在路边。它是从什么时候躺在那儿的呢？对此我们一无所知。如果它没有被过路人的脚踢到，或者没有什么东西碰过它的话，那么我们就会发现它一直躺在它今天看到的那个地方。这是因为，它没有办法摆脱它现在所处的静止不动的状态。物质是有惯性的，它靠自己没办法动起来。我们的日常经验就可以告诉我们这一点。但现在我们用手把这颗石子拣起来，然后抛出去，那么它会顺着路滚走。由于路面凹凸不平，它就会在上面磕磕碰碰，甚至有时会跳起来。当它不再具有速度的时候，它就仍会陷入以前的静止不动状态之中。当掉到沙堆里或泥土中的时候，它往前的冲力就没有了，最终会停下来。如果路面比较平整，那么很

明显，石子会滚动得远一些。这是因为，障碍物所产生的阻力越小，在路上所受到的摩擦力越小，石头的速度就会损失得越少，它所走过的路程也会更长一些。

将一块圆形的卵石从池塘冻住的冰面上投掷出去，那它就会滑得很远，仿佛不会停下来似的。冰面像镜子那样滑，被投掷的石子所受到的阻力就没有它在路上所受到的那么大，因此它能更好地保持它向前的冲力。这样看来，我们用同样的力将圆卵石投掷出去，它在冰面上所经过的路程会更远一些。不过，它还是会停下来的。这是因为，在干净平滑的冰面上，还是会有一些阻力来减弱它的冲力的。这些阻力就是冰面对它的摩擦力和空气对它的阻力。既然一个物体被抛掷出去，它在所经过的路程中，所受到的阻力越少，就会走得越远。那么，我们就开始质疑：运动中的物体所受到的外来阻力，是不是运动迟早会停止的唯一原因。

↓ 9. 经过反思，我们可以将这种质疑变成确定。如果被抛掷的物体完全没有遇到什么阻力，那么它就永远不会停下来。既然它没有遇到任何与它的冲力相抗衡的力，那么它为什么要停下来呢？为了使它停下来，首先应该使它失去这种冲力。通过一种相反的产生于它自身的力，才可以消除它往前的冲力。假设在物质中存在着一种产生冲力的能力，它可以使得自身运动起来。由于物体是没有办法使自己摆脱静止状态的，它同样也没有办法使自己摆脱运动的状态。这是因为，要回到静止的状态，需要一种与往前冲力相对立的同等的力才可以消除。既然我们认为物体自身是不能运动起来的，那么物体自身也不可以停止下来。所以如果没有外在的阻力，一个物体一旦受到了往前的冲力，那它会一直处于运动之中，而且会一直保持匀速状态。因为无论是加速还是减速，都需要往前或往后的推动力。此外，它还始终会在一条直线上运动，因为没有任何别的原因会使它改变原来的方向。总之，物体是没有自己的意志的，因此无论是静止还是运动，它都会随遇而安。我们将物体的这种基本性质称为惯性。这是物体的一种保持不变的性质。首先，一个处于静止中的物体会永远保持这一状态，直到有外来的力来推动它。其次，一个物体一旦被抛掷出去，那么它就会永远沿着直线做匀速运动。

↓ 10. 将一个轮子悬挂在空中，让它在轴的方向上恰好保持平衡。然后用手让它动起来。一、二、三，……慢慢地，它就会转起来了。那么，放手之后，它会转多少圈呢？有时候会转得多一些，有时候会转得少一些。这是因为，推动力是逐渐地被一些摩擦力消除的。这些摩擦力有轴的摩擦力和空气的摩擦力。转动时间的长短取决于阻力的大小。如果我们给轮子上了油，使它足够润滑，那么轮子就会自己转上很多圈。但如果轮子很干涩，转起来咯吱咯吱地叫，那么它就转不了多少圈。然而，无论我们在轮子上加多少油，让它多么润滑，轮子都不会永远地转下去，它最终都会因为空气的阻力而停止转动。由于物体的惯性，如果没有受到任何阻力，那么物体所受到的第一推动力就不会受到破坏，轮子就会永远地保持匀速转动。因为这一点很重要，所以我们再重复一次：具有惯性的物体自身并不具有任何改变施加于它自身推动力的能力。一个被投掷出去的物体，除非有外来的阻力来破坏它的这种运动，否则它会永远保持直线运动。如果物体绕轴转动，那么它会一直转动下去。

地球与轮子在机理上是相似的。但是对于地球而言，没有任何的阻力来削弱它的这种转动。地球的轴也不是一根大铁棍，而是一根观念中的轴。世界上也不存在一种油使得这根轴变得更加润滑。这是一根想象的轴，它没有受到任何摩擦力的影响。不管是空气还是其他东西，它们都不能成为轴转动的阻碍物。这是因为，空气随着地球一起转动，它是地球的一部分。除了覆盖地球的空气，除了地球转动所在的那个空间，此外再没有其他的物质①。由于地球没有任何阻力需要克服，因此这么多世纪以来，它自产生之日起就一直完整地保持着自转的冲力。

从大自然赋予地球运动以来，它就一直在运动。它丝毫没有改变它的转动。总有一天，它会把大自然赋予它的这种运动还给大自然。倘若我们追溯久远的记忆，将 2500 年前的景象跟今天的景象做一个对比，那么，科学会向我们证明，在这 25 个世纪中，地球的自转甚至都没改变过 0.01 秒。当迦勒底的放牧人第一次在晚上注视着天空的转动时，地球在这久远的年代里是这样地转动着；在今天，地球还是这样转动着；在我们还无法知道其止境的将来，地球还是会这样地转动着。

---

①在下文中我们会证明这一点。——原注

第六讲 | 天极与纬度

↓ *1.* 天球围绕着地轴的旋转、天极。

↓ *2.* 北极星与大熊星座。

↓ *3.* 如何找到北极星、长蛇座。

↓ *4.* 极的名称、四个方位、辨别方向的各种不同方法。

↓ *5.* 物体的视觉大小随着距离的远近而变化。

↓ *6.* 星体间距离的初步估量。

↓ *7.* 在地球上不同地点所看到的北极星。

↓ *8.* 极的天顶距与极的离地高度。

↓ *9.* 宇宙的观测标杆。

↓ *10.* 平行线与同位角、实验证明、极的天顶距所提供的地理信息。

↓ *11.* 纬度及其如何测出、做一个地球模型、路名与门牌号。

↓ *1.* 在一个转动着的巨大车轮上，停着一只小小的蚂蚁。倘若它能够思考的话，它会认为自己是静止不动的。这是因为，在它看来，带动它一起转动的轮子上的各个点，一直都处于相同的状态。但它周围的那些物体、大地、树木、天空，在它的眼中却一直都是在转动着的，而且与带动它一起转动的轮子的转动方向是相反的。除了与轮轴相对的那些物体，它们保持静止不动，其他所有物体仿佛都在围绕着这根轴旋转。因为在这只小蚂蚁看来，轮子上实际转动的轴就是其他所有外物围绕旋转的那根轴。对于我们这些微不足道的人类而言，我们也同样无法感知到地球这个巨大的机器的转动。我们以为自己是静止不动的，我们错误地认为天空是一个包围着我们的球，它围绕着我们从东向西转动。这样看来，似乎天空中的每一个点都围绕着可以无限延伸的地轴在转圈，仅有两个点是静止不动的，那就是地轴延长线跟天球的交点，这两个点称为天极。每一个天极都位于天球上，与地球上的地极相对应。

↓ 2. 以上所做的解释有助于我们认识到地轴在太空中的方向，尽管这根轴是看不见的，它完全是想象出来的。实际上，只要我们观察一下哪颗星的位置是静止不动的就行了，或者如果没有一颗是完全静止不动的，那么我们就可以找找看哪一颗转动的圆圈是最小的就行了。在我们看来，天极就位于这个最小的圆圈的中心。此外，地球的轴也会指向这一点。我们可以在地球的另一边做相同的观察，找到另一个天极的位置。由于地球是球形凸起的，因此我们在地球的这边是看不到另一个天极的。

距离我们这个天极最近的那颗星星，我们称之为北极星。确切地说，它并不是完全不动的。它围绕着天极作非常小的圆圈运动。为了找到这颗星，我们可以在一个晴朗的夜晚，找一片空旷的地方，以太阳升起的那个方向为右，也就是面对着北方的天空。（我假设你们已经注意到了太阳是从哪边升起的。）这样，我们就可以在地平线上看到有群星星，即一个星座。我们称之为大熊星座。该星座是由七颗星星组成的：四颗非常明亮的星星排列成一个长方形，另外三颗排成一条不规则的线，它们处于长方形的一个角上。由于该星座非常大也非常亮，所以它很容易被注意到。这也是因为在它所处的那片天空中，没有其他的星星能够和它相媲美。因为它离天极最近，因此整个晚上我们都可以看到它。它围绕着轴转动，有时候升得很高，有时候升得很低，但对我们所处的地区而言，它从来不会降落到地平线以下。

图 27 画出了我们刚才所说的星座的形状。四颗星星构成了熊的身体，而另外三颗构成了熊的尾巴。我们用线画出一只动物即熊的轮廓，这纯粹是想象的。为了认识成千上万的星星，天文学家就商量着在天空中划出不同的区域，然后根据每个区域与之相似的动物或东西，给它们取个名字。天空中的每个这样的区域都可以称作星座。图 27 中的区域就是大熊星座所处的天空的部分。在这个区域，有很多颗星星，其中七颗是最耀眼的。我们在图上只把这七颗星星画出来了，而把其他的星星都省略掉了。这样看来，用大熊

星座来命名天空的这片区域，是一个简单的约定。但是我们也要认识到，这一做法是非常糟糕的。为了将天空中的这三颗明亮的星星归入这个星座，这个大熊就有一根很长的尾巴，但真正的大熊根本不会有这么长的尾巴。有人也会把大熊星座这七颗星称为戴维的四轮马车。在这种情况下，构成长方形的这四颗星表示车子和它的四个轮子，而另外三颗星则表示车辕。

图 27

↓ 3. 在大熊星座的外面，根据观察时间的不同，要么在它的上面，要么在它的下面，要么在它的旁边，我们还可以看到一个星群，也像大熊星座那样似的排列。不过它没有大熊星座那么亮，也没有大熊星座那么大。其中四颗星星构成一个不规则的四方形，而另外三颗则位于该四方形的一个角上，形成一条尾巴的形状。我们将这个新的星座称为小熊星座。我们注意到，小熊星座的尾巴所朝向的方向总是与大熊星座相反，而且，小熊星座尾巴末端的那颗星星 P，是该星座中最亮的那颗星星，如图 27 所示。这颗星星 P 就是北极星。当整个天空看上去似乎都在从东往西作圆周运动的时候，这颗星星就是仿佛保持几乎不动的那颗星星。也就是在这颗星星的周围，是想象中的地轴的延长线与天球相交的地方，即天极所在。当我们知道了大熊星座时，要想很容易地找到北极星，我们可以按照如下的方法去做：连接大熊星座四边形最外边的两颗星星①，划一条直线向天空延伸出去，在延伸线上

————————
①我们把这两颗星称为大熊星座的守护星。——原注

会遇到一颗比周围的星星都要亮的星星，这颗明亮的星星就是北极星。要检验一下有没犯错，我们可以观察一下，我们所找到的这颗星是不是与大熊星座相似、但尾巴朝向相反的小熊星座的尾巴末端那颗星。

在另一个天极上，并没有这么耀眼的星星。离它最近的星座，我们称为长蛇座。我们在这里谈论天空中的这一片区域是没用的，这是因为，我们中的大部分人可能永远都没有机会见到它。

↓4. 我们是根据熊星座来给地球的两极命名的。与北极星相应的那一极，我们称为北极（pôle artique），它起源于希腊词 arctos，这个词的意思是熊。北极是离我们较近的一极。处于地球直径另一端的那极称作南极（pôle antarctique），它的意思就是"与熊相对"。

地轴的方向与星体视动的方向决定了四个方位，即北方、南方、东方、西方。地轴的方向是南北方向，而星体视动的方向是东西方向。通过上述方法来确定这四个方位，我们称为定方位。在白天的时候，为了要辨别方向，我们可以面向太阳升起的方向，在我们的前面就是东方，后面就是西方，左边是北方，右边是南方。我们还可以面向太阳落下的方向，这时候，我们前面就是西方，后面就是东方，左边是南方，右边是北方。在夜晚的时候要辨别方向的话，只要面对北极星或是大熊星座，那么这时候我们的前面就是北方，后面就是南方，右边是东方，左边是西方①。这四个方位每个都有一些不同的名字：北方又称做 septention（北方）；南方称为 midi（南方）；东方称为 orient（东方）或 levant（太阳升起的地方）；而西方则称为 occident（西方）或 couchant 太阳落下去的地方。在地图上，北方总是在上面，而南方总是在下面的；东方总是在右边，而西方则总是处于左边。

↓5. 北极星离我们很远吗？一般来说，那些星星距离我们有多远呢？我们现在用最简单的天文学仪器就可以回答这一问题。望远镜，正如它的名字所指的那样，它可以使我们看到比事实上更近一些的东西。它可以将物体带到我们眼前，使它们进入我们的视野之内。将一本书放置在距离我们300 米远的地方，那我们一页也读不下去，不仅读不下去，而且我们还不

---

①我们还可以通过指南针来辨别方向。这是一根具有磁性的钢针，它可以自由地在一根垂直的轴上转动，它大致可以指示出南北的方向。——原注

能看清楚这本书。但如果我们用一个 600 倍的望远镜来看，那么这本书就会被带到离我们半米远的地方。通过望远镜，书上的字就仿佛在我们眼前一样，可以看得清清楚楚。望远镜把物体带到我们眼前时，同时也会把它放大，这会使我们看起来比较容易一些。一个物体离我们越远，那么它看上去就会越小；当它靠近我们或是我们向它靠近时，它就会变得越大。远处地平线上的高山，在我们看来它的轮廓不算大。但当我们靠近它时，我们就会为它的庞大而感到震撼。在离我们几千米外的一座大房子，看上去仿佛只是个白色的小点，但当我们离它足够近的时候，我们才会看清楚它真正会有多高大。因此，望远镜通过拉近星体与我们的距离，从而使得星体放大。星体放大的倍率与拉近的距离成正比。也就是说，通过望远镜，一颗星星与我们的距离缩短了一百倍，那么它看上去也放大了一百倍。

↓ 6. 假如我们将一个倍率为 100 倍的天文望远镜瞄准月亮，那么月亮的圆盘就会比我们不用望远镜看时要大上 100 倍。我敢肯定，月亮上面的景象会令你目瞪口呆。放大了 100 倍的月亮，在我们的眼中会是巨大无比的：上面有广阔的灰色原野，还有呈环形凹陷状的巨大火山口，除此之外我们还能看到高耸的山岭，它的山峰在太阳的照耀下闪闪发光。但这些都不是我们现在要关注的东西，在下文中我们会再讲到这些。我们只是要证明，通过天文望远镜将月亮离我们的距离拉近了 100 倍，同时也将月亮放大了 100 倍。

现在我们用同一个望远镜来观察天空中最亮的星星。无疑，星星离我们的距离会拉近 100 倍，它也会放大 100 倍，那么它应该会有一个巴掌大小。然而，即使用一个更高倍的天文望远镜来看，这颗星星也只是一个小小的亮点。在我们眼中，它离我们近了 100 倍，但它没有被放大，相反，它还变得更小了。这是因为，确切地说，望远镜把围绕在星星周边的放射出来的模糊光芒给消去了。那我们再试试 1000 倍、5000 倍、8000 倍或是 1 万倍的望远镜吧，所有这些望远镜都没有区别，星星还是那么小，我们还是不能看到星星有所放大。我们要使星星放大的一切努力都失败了。原因只有一个，即星星与我们的距离要比月亮远得多。对于月亮而言，我们可以轻而易举地通过望远镜来把它放大后进行观察，星星距离我们是如此的遥远，即使把它放大 1 万倍，我们也还是没有什么办法能够使它看起来比原来更大。但是月亮与地球的距离却足够地近，这点不需要我们作过多解释，大家对此都是认可的。这就说明，地球与最亮的星星之间的距离要比地球与月亮之间的距离大上无限倍，否则的话，我们通过望远镜将星星拉近、把它放大之后就能看到它变大了。那么，其他没有这么亮的星星呢，比如北极星，以及那些我们刚好能够看得见的星星，它们又会有多远呢？要估测出这些不可思议的距离，我们就得把这些大得无法测量的距离一个个叠加起来；要估算出这些星星的距离，我们就得把我们的想象延伸到不可想象的地方。北极星距离我们是如此的遥远，它离我们的距离远得无法想象：地球尽管有这么巨大，但跟离北极星的距离比起来，它只是一颗小小的球，甚至比一粒灰尘更小，就跟没有一样。

 ↓7. 由于地球是球形的，因此我们看到的北极星，它在天空中的高低，取决于我们在地球上所处的位置。因此，一个站在北极的观察者，如图 28 所示，他站在北极，也即点 P 处，正好能看到北极星位于他的头顶上空。在这种情况下，北极星正好处于天空的中间，位于 A′A 即地轴的延长线上。如果观察者从 P 点移至 B 点，那么他会在哪个方向能看到北极星呢？——他还是会在同样的方向上看到北极星。这是因为，他在地球上移动的距离大小，相对于北极星与我们之间的遥远距离来说，根本是微乎其微的。他会顺着 Bb 的方向看到它，如图 28 所示，Bb 的方向是与 PA 一致的，也就是说，Bb 是跟 PA 平行的①。

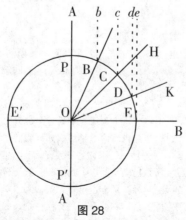

图 28

①当两条直线上的对应各点距离都相等时，我们称这两条直线是平行的。很显然，我们将两条平行线延伸至无限处，这两条直线都不会相交。一本书的两条边，或者一把直尺上的两条边，它们都是平行线。——原注

严格来说，我们顺着看的 PA 与 Bb 这两条线是相交的，这是因为，它们都可以延伸至北极星。但是由于它们相交的点是离地球非常非常遥远的，因此为了在计算过程中不出现任何错误，我们就把这两条线看成是永远不相交的，即平行。这样，处于 B 点的观察者，他会在与 PA 平行的 Bb 方向上也看到北极星。不过，根据图 28 所示，在处于 B 点的观察者看来，这颗星并不位于天空的顶端，即天顶（径直位于头顶上空的那个点，也即铅垂线 BO 延长线上的那个点）①。不过在处于 B 点的观察者看来，它现在处于天顶与地平线之间②。当观察者从 P 点移至 B 点之后，他会发现，北极星从天顶处往地平线的方向移动了些距离。而当他移至 C 点时，这一点更为明显了，北极星还是在平行线 Cc 的延长线上才能被看到，而它现在离天顶的那个角度是 HCc，比之前的那个角度大了一些，并且由此它离地平线又近了一些。而当观察者移至 D 点之后，他看到北极星离原先天顶的距离更大了……到最后，在赤道上的 E 点处，观察者刚好能够在地平线上平视看到它，也即它处于与地球表面相切的线 Ee 的延长线上。如果我们越过赤道到了另一个半球，那么观察者就看不到北极星了，这时，它处于地平线的下方。地球凸起的球形形状，挡住了我们望向北极的视线。但过了赤道以后，南极周围的星群就都能被我们看到了，并且随着观察者逐渐靠近南极，就可以看到那些星群渐渐地从地平线上升起。

---

①我们回忆一下在前文中所学到的，垂直于地面的方向就是铅垂线的方向。我们想象：延伸这根线，它的一端会穿过地球中心，而另一端会到达观察者所看到的天穹顶部。我们将这根线与天穹顶部相交的那个点叫做天顶。天顶是天的顶点，它正好位于我们头顶的上方。这是因为，当我们站直了的时候，我们的站立方向正好是垂直的。——原注

②在 B 点观察者看来的地平线，就是在理想状态下，从 B 点向四周延伸出去的那个平面。这个平面将观察者所看到的那片天空跟另一半不可见的天空分隔开来。它包括从一望无际田野上望去的视野所及的那条圆周线，这条线也称为地平线。如果我们愿意，我们可以通过想象来表示 B 点的地平线，我们可以画一条与地球弧相切的直线，即一条切线。在这条线上的所有天空区域，或者更准确地说，它根线所划出的平面以上的区域，对处于 B 点的观察者来说都是可见的。而所有处于这条线以下的天空区域，则都是不可见的。为了更好地理解这一点，我们可以将观察者想象成一个不占任何空间的点，它的视界是直接由地球的弧线所决定的。以几何学语言来说，我们所说的地平线所构成的平面，它是与铅垂线相垂直的。——原注

↓ *8.* 现在我们来总结一下。在地球的北极，北极星位于天空的顶部，径直处于观察者的头顶上空。随着观察者从北极向赤道靠近，他就会看到这颗星星逐渐地从天顶向地平线移动。在赤道上，观察者会在地平线上看到北极星，而过了赤道以后，观察者就看不到北极星了。然而，当观察者从地球另一极向赤道靠近时，这种现象也会再一次发生：处于南极的星群，随着观察者由赤道走向南极或是由南极向赤道靠近，那些星群也会从地平线上升起或是从天顶下落至地平线。

在任何一点，我们把北极星的方向与该点铅垂线所构成的角称为极的天顶距①。在地球北极上时，该角为零度。这是因为，处于北极时，北极星位于天顶，正处于该地铅垂线向天空延伸的线上。而在地球赤道上时，该角大小为 90 度。对于地球上任意一点，我们把北极星与该点地平线之间的夹角称为该点的极点高度。这个角在地球北极处是 90 度，而在赤道处的大小为零度。极的天顶距加上极点高度，所得的和是 90 度，这是因为，它们两者合在一起，也即从头顶处的点量至地平线的边界处，就包括了四分之一的天空圆周。

↓ *9.* 对极的天顶距的考察是非常重要的：它是绘制地图的基础。当有人让你们画一张普通地图时，首先你们就要在地图册上找一个模板。你们的任务仅仅是摹画一张地图。普通的图可以临描一下就能很快地完成。但是第一批地图是怎么画出来的呢？那时人们并没有模板呀！要画一张大陆的地图，这并不像画其他的东西一样，因为我们看不到整个大陆的全貌。我们生活在地面上，我们的视野只能达到不远处，我们很难看到邻近村庄的教堂钟楼楼顶。要让我们画出地球的肖像来，要把整幅世界的地图画出来，要在地图上画出陆地和海洋的轮廓来，要做到这所有的一切，我们只有从天空的顶部去看，我们的视野要俯瞰整个半球。这几乎就像要求一个瞎子去画出一幅风景的素描来一样，要完成这样的任务

---

①更准确地说，我们应该把该点的铅垂线与天极（即地轴）之间的夹角称为极的天顶距。为了更好地明确这一概念，我们才假设北极星处于地轴的延长线上：严格来说，这是不准确的。此外，我们所说的北极星，它可以看成被严格限定的天极。——原注

这几乎是不可能的。不用说去看到地球表面的一个很大部分，我们甚至都不能完全看到一个省或是一个州的全貌。地理学家将问题转化为：确定星星在天空中的位置。为了描画地球，他们首先要观察天空。为了描绘出一幅精确的地图，只要观测一下星星就可以了，它们是宇宙中放射着光芒的观测标杆。下面我们先来讨论一下这种神奇而巧妙的方法中的最基础部分。

↓ *10.* 在下方的图 29 中，以点 O 为中心的圆所代表的是地球。点 P 与 P′分别是两极，AA′是可以延伸至北极星的地轴。EE′是赤道。一个观察者处于 B 点，他想要知道自己在地球上的位置。因此，他就用一个经纬仪来测量角 VBb 的大小，这个角是由连往北极星的视线 BB′与铅垂线 VB 所形成的夹角。换句话说，他要测量的是极的天顶距。我们假设他测得的角的大小是 30 度。观察者刚才所测到的角 VBb 与角 BOP 的大小是相等的，后者是由经过观察者所处点 B 与地球中心 O 相联结形成的地球半径和地轴所形成的夹角。你只要看一下这个图，就会认为这两个角是相等的。更何况，几何学已经证明，由于直线 OA 与直线 Bb 这二者是平行的，所以这两个角是相

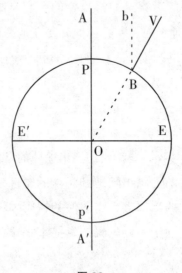

图29

等的①。通过这种巧妙的间接办法，观察者就可以知道以地球中心为顶点的角的大小，而且就像他把一个经纬仪放到天空中去实际测量一样地精确。在前面的课程中，我们已经讲到过相类似的事情，所以在这里，如此精确地测量出我们所看不见的一个角的大小，我们对此不必大惊小怪。

---

①我们还可以通过如下方式来证明这两个角的大小是相等的。有两条平行直线，就像我们在上文中所看到的那样，它们各点距离彼此相等，那么它们就永远不会相交。要在纸上画出两条平行线，那么只要用一把直尺和一把三角板就行了，这块三角板是片薄薄的三角形木板。我们把直尺放在一页纸上，然后把三角板的一边紧靠直尺，放在图30中的CDH位置。然后我们用一支铅笔画出直线CD。然后我们让直尺保持不动，让三角板移到cdh的位置，再画一条直线cd。那么，直线CD与直线cd是平行的。当三角板顺着直尺整个滑动时，那么三角板上的所有点都会同等距离地远离它们原先的位置。这样，它的CD那条边，在它所经过的所有不同位置上时，其中包括cd的位置，它每从一个位置移动到另一个位置，边上的每个点都与原初边CD上的对应点距离相等，因此，CD与cd是平行的。

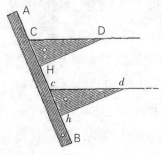

图30

显而易见，由直尺与两条平行线所构成的角DCB与角dcB，它们的大小是相等的，因为它们都与三角板上的角C相等。这与图29中的角BOP与角VBb的情况相似，这是因为，我们可以想象，在图29中，平行线OA与Bb也是由一个三角板沿着直尺OV滑动所作出来的平行线。

倘若两条平行线AB与CD被第三条线HK截断，如图31所示，那么我们把线HK称为这两条平行线的截线，它的意思就是截断；而角1与角2被称为同位角。这是因为，为了画出两条平行线，我们就得用三角板顺着它们的截线所表示的直尺来滑动，因此，角1与角2就都与三角板上的同一个角相对应。我们于是就可以说：如果两条平行线被一条截线所截，那么所截得的同位角是相等的。——原注

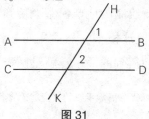

图31

好啦，现在我们知道了角 BOP 是由地球半径与地轴所形成的夹角，但我们是否了解这个角对于处于地球上的该点观察者而言意味着什么呢？——它让我们知道了很多东西呢。这是因为，如果该角的大小是 30 度，那么从极点至观察者的这段地表弧线 PB，它的大小也是 30 度。而从观察者到赤道的这段地表弧线 BE，它的大小则是 60 度，这是由于这两段弧线共同构成了一个圆的四分之一周。我们把这些角的度数转化为长度。围绕地球一圈的圆周的四分之一长是一万千米。由于地表弧线 PB 的大小是 30 度，而地表弧线 BE 的大小是 60 度，那么 PB 的长度是一万千米的三分之一，而 BE 的长度是一万千米的三分之二。对极的天顶距的测量告诉我们，该点到地球上北极的距离是 3333 千米，它到赤道的距离是 6667 千米。你们难道还不明白极的天顶距对测量的价值吗？看一下经纬仪，几乎无需做任何工作，我们就能知道这两个不能直接测量的距离。

↓ *11.* 我们继续往下讲。纬度指的是一个地点与赤道之间的度数。这个距离是在围绕地球并经过两极的大圆上测量出来的。由此，图 29 中的点 B 的纬度是 60 度，因为大圆 BE 的弧，也即该点与赤道之间的这段弧，我们刚已求得是 60 度。由前文所述我们可知，要得到地球表面上一个点的纬度，只要测量该点的极的天顶距，然后用 90 度来减去天顶距的度数，便可以得到那个点的纬度①。我们一定要注意，当我们提起一个点到赤道的距离时，我们应该要确定该点是在赤道的北边还是南边，是在北半球还是在南半球。由此，存在着两种纬度，对于所有位于赤道北部的点，它们的纬度都是北纬；而所有位于赤道南部的点，它们的纬度都是南纬。前者通过观察北天极的天顶距的角得知，后者则通过观察南天极的天顶距的角得知。

也就是说，假设我们观察地球上的一个点，发现它的纬度是北纬 26 度。现在我们只需在我们所绘制的地球模型上精确地标出该点就可以。首先，我们用纸板来做一个地球模型，然后用一根铁针穿过它，来代表地轴。这根针穿透地球模型而得到的两个点就是两极。然后围绕该球画一个

①一个点的纬度同时也等于该点的天极离地平线的高度。很显然，这是由于天极离地平线的高度等于 90 度减去极的天顶距。——原注

大圆，使它上面每一个点到两极的距离都相等，这就是赤道。为了要在这个球上标注出我们所说的那个点，首先就要在这个纸球上画一个大圆PAP′，使它经过两极，如图32所示。在这个大圆上，从赤道起向北量26度，如图32所示，由此得到点A。然后我们画一个经过A点的小圆BAC，使它与赤道平行。现在我们可以肯定，我们要在球上标出的那个点，它必定位于这个小圆上，要么它处于图32中可见的部分，也即该球朝向我们的这一面；要么它处于不可见的那部分，即背面部分。这是因为，该小圆上的所有点，都处于北纬26度，也就是都处于赤道以北26度的地方。我们通过标明地球上不同点的纬度，就可以准确地找到这些点所在的那些平行于赤道的小圆，即纬圈。这些纬圈或是处于赤道的上边，或是处于赤道的下边。这样，我们如实地描绘出地球的工作就完成了一半。要找到一个居住在大城市里的人所住的地方，我们只需知道他的地址，即知道他居住的路名与门牌号就可以了。同样，我们要在所做的地球模型上标示出所说的点，首先要知道他所在的路，也就是它所处的平行圆，它所处的纬度，而这可以通过观察天极得知。但仅仅这些还是不够的，我们还要知道它的门牌号，也就是它在所处纬圈上的位置，而这是我们在下一讲中将要学到的。

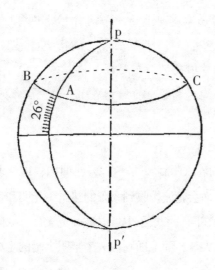

图32

第七讲 | 时间与经度

↓ *1.* 太阳的视运动。

↓ *2.* 正午时分与子午圈、钟表的指针与天空中的永恒指针。

↓ *3.* 把在子午圈上调校好的表带离该子午圈之外、该表会走得快或是慢、荒岛上的时间。

↓ *4.* 影子的长度随着太阳高度的变化而变化、在正午时影子的长度最短、确定一天中的正午时分。

↓ *5.* 24 个时区的子午圈。

↓ *6.* 地球圆周上时间的连续性。

↓ *7.* 本初子午圈。

↓ *8.* 标准时刻表、地球描绘工作的完成。

↓ *9.* 经度与纬度。

↓ *10.* 借助于世界地图上的子午圈作环球旅行、某一给定的时刻的世界时刻表Ⅰ。

↓ *11.* 某一给定时刻的世界时刻表Ⅱ。

↓ *12.* 某一给定时刻的世界时刻表Ⅲ、地球大工场。

↓ *1.* 地球是面向着太阳旋转的。在 24 小时内，地球上所有的侧面都会被太阳照射到，这些侧面会轮流接收到太阳的热量、光明和生命力。从太空的深处来看，地球与太阳在同一个景象中可以被一览无余：太阳看上去仿佛是一个在天空中光芒四射的大球；而地球则像一个半明半暗的小球，谦恭地在太阳这颗神圣恒星的荣光下旋转。地球面对太阳，就像一粒沙子在一颗火红色的巨大炮弹前面旋转。这与我们肉眼所看到的恰恰相反。在我们看来，地球的体积似乎比这世界上所有的东西都要大。这是因为，靠近我们自己且能被我们所看到的地球的一小部分，它实际的尺寸在我们看来应该就非常大了，因此我们就认为地球那看不见的部分就更加大得多了。而太阳则由于距离我们很远就看起来变得很小，它缩成了一个闪闪发光的盘子，为了把它的光辉散播开而从天空中环绕而过。太阳在早晨的雾霭中从东方升起，升到天空中时，天会越来越热，越来越亮，一直升到天空最高处，这时就是中午。在此之后，它会从天空最高处往下落去，在天空布满火烧云时，太阳向西落去，在另一半天空继续它的使命，去温暖其他的地区，第二天它又转到我们这一边了。假如我们知道地球每二十四小时就自西向东自转一圈，地球的每一个区域都轮流地见到太阳，那么太阳的这种视运行就是很简单的事情了。正是由于地球在转动，因此地球上的各个区域都相继在东方的地平线看到太阳，当地球自转将一区域带到直接受太阳光照射时，这时该地区的人们看到太阳在天空的最高点，最后人们会看到太阳在西地平线落下去。整个过程看起来就像太阳绕着地球自东向西转动，而地球是不动的。无论是地球朝向太阳自西向东转，还是太阳绕着不动的地球自东向西转，结果都是一样的；而且为了更好地阐明这一问题，我们会认为按照现象来判断会更可取。由此我们说太阳自东向西转动；但是我们不要忘记，这只是为了符合语言习惯而做出的让步。

↓ 2. 显而易见，在同一时间，太阳只能照亮地球的一个半球。对于被太阳照到的这一半球来说，此时是白天；而另一半球，则是夜晚。在中午时，太阳到达它整个运行中的最高点；它位于地平线上的半圆的中间。我们想象一个理想的平面，它经过我们所处位置的垂线，同时也经过地轴。我们假设这个平面向上向下都可以无限延伸，可以穿过地球和周围的空间，那么它可以将地球平分成两半，一半在东边，一半在西边；它同时也将天球分成两个相等的部分。尤其是，它会将我们头顶的天穹从中间分开，正午时的太阳正好处于这中间。由此我们将这条中间的线称为子午线，这是一个拉丁语，意即一天的正中间。这个平面在地球表面上画了一个理想的大圆，该圆绕地球一周，并且经过地球两极，我们将该圆也称为子午圈。根据这些定义，当一个地方的太阳正好位于经过该地区的子午线上时，或者是说太阳正好处于可以延伸到天空中的想象的子午圈平面上时，该地区正好是中午。在面对太阳的那一半球，位于子午圈这一半上的所有区域，从地球的一端到另一端，它们同时都是正午。而在另一个半球，位于子午圈另一半上的所有区域则是午夜。

现在有一个基本的问题要解决，即找出太阳到达一个地区的子午圈平面的确切时间，换言之，就是确定一个地区一天的中间时间，即正午的准确时间。你们有一个现成的答案，你们会说：这很简单；只要有一个走得很准时的表就可以了，当表的指针要走到中午十二点的刻度，太阳就要经过子午圈了。假如这只表调得很准时，那么我同意你们这样做。但是你们要注意这一点，我们所有的钟表仪器都是紧随着不变的天空之钟来运行的，它们当然有不准的时候；钟表都是根据地球绕地轴所做的匀速运动来计量时间的，或者如果你愿意，我们可以说成是根据天空围绕我们所做的视运动来计量的。一块表，除非它是根据永远不变、永远保持一致的天钟来校准时间，否则它永远不会向我们提供准确的时间。在钟表指针的运转中，它应该与太阳的规律运转相一致，因此天文学家通过观察太阳运动来确定钟表的时间、确定你们的时间，你们不必向天询问，就有另一块表、另一只钟已经根据太阳校准时间，告诉你时间了。

↓ 3. 因此，一个钟表，除非是根据当地的子午圈来校准时间的，否则它不能提供准确的时间。假设你带着一块走得很准时运行也很好的手表从里昂出发，你向东而行，经过瑞士、澳大利亚等，不久你就会发现，越往东走，你所到城市的钟表比你的表越来越快。当你的表指针指着中午十二点时，这些城市的表却是十二点半、下午一点、两点、三点。这是很自然的。越是位于东部的地区，人们看到太阳升起的时间就越早，太阳到达天空顶部的时间也就越早。因此它们要比里昂更早到正午，它们的钟表自然比你的表要快，这个时间并不是你原先所处地区的时间，而是你刚到的这个地区的时间。如果从里昂向法国西部各省走，那么你所看到的情况正好相反：这些地区的钟表会比里昂的表最多慢半个小时，因为向西走动的距离有限。但是越过大西洋，我们就能到北美的美国各州，它们的时间比里昂慢六、七个小时或更多。在美国的某些地区，里昂的表已经是正午了，而它们天还没亮呢！因为美国位于里昂非常偏西的地方，当里昂的表指示中午很长时间后，美国才受到太阳的照射，这样你们就会理解时间的这一落差了。因此，一只手表，除非是特意根据该地区，或不如说是根据它的子午圈来校准的，它就不能指示准确的时间。除此之外，它是被带到原先地区的西边还是东边，决定了它比新地区的表快还是慢，此时我们就应该根据新地区的表来调整时间了。

下面我们再做更深一层的探究：假设我们在海上航行，要绕地球一周。我们到了一个陌生的岛上，也许从来没有人到过这里。请问这时候是几点了，你不是带着里昂的手表吗？你从口袋里拿出这个珍贵的表想看看，但这有什么用呢？一块处在异乡的手表，它再也不会知道时间了。当它只是5点钟的时候，该地的太阳却几乎到了我们头顶上空在发散热量。这个时候，我们该向谁询问时间呢？在这个地方，我们只能看到成群的鸟，大腹便便地停在悬崖边傻傻消食。我们只能向宇宙来询问时间，向这座从来不需要调校的钟来询问时间。我们向太阳询问时间，也就是去观察什么时候太阳会经过我们所在地区的子午线。一旦我们找到了参考点，那么就可以据此来校准钟表。从此，当我们走到这地方的时候，就可以知道这里的时间了。

↓4. 通过观察影子，我们也可以知道太阳在什么时候经过子午线。我们已经注意到，我们自己投射在地上的影子，其长度是如何随着一天中的时间来变化的。我们每个人都能记起中午的影子，这时，我们落在地上的影子，像一个奇怪的小矮人的样子；而傍晚时，我们的影子则会拉长，成为一个又瘦又长的巨人样子。影子的不同位置取决于太阳的位置。太阳越是接近于地平线，它的光线越是倾斜，那么影子也就会越长；当太阳到达天空的顶端时，即正午时，影子就是最短的。我们借助于图来证明这一点：我们用一个半圆AHB来代表太阳在地平线上所经过的轨迹，如图33所示，并用直线AB来代表地平线。在地上树一根垂直于地面的杆子。当太阳处于S点时，它的光线掠过杆子的顶点，沿着直线SD照在地上，由此产生了阴影OD；当它到达S'点时，阴影就成了OD'；当它到达S″点时，阴影就成了OD″。由此我们看到，随着太阳在天空中的位置越来越高，影子也会变得越来越短。当它到达最高点H时，影子就没有了，如图33所示。如果太阳正好处于最高点，也即处于杆子的顶上时，那这时影子消失不见是有可能的。但是这种情况在我们国家从来没有发生过。太阳从来都没有正好处于杆子的正上方过。由于图33是在平面的纸上画出来的，因此它并不符合真实情况。因此，我们要在理论上对它有所修正，假设这根杆子在太阳经过的圆圈前面一点。由此我们就会理解，在中午的时候，还是会有影子的，但是这个影子是所有影子中最短的。地球上有一部分地区，在一年内的特殊时刻，太阳正好经过铅垂线的正上方，因此垂直的杆子就不会有影子，这时就是正午。这一点我们在后面会学到，但我们先不考虑这个特例，我们只要知道当太阳到达天空顶点时，它的影子是最短的就行了。

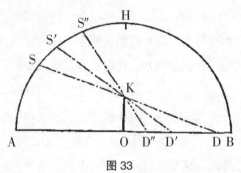

图 33

我们用这个原理来确定正午是处于一天中的什么时刻。在一块水平的平面上，比如说在一块完全水平的石板上，我们垂直地竖起一根针。这根针受到太阳光的照射，它就会在石板上投下一个自己的影子。当太阳刚升起时，这根针的影子会很长，并且是向西倾斜着的；随着太阳越升越高，影子就会变得越来越短，直到正午时分，它会变得最短；此后，影子会变得越来越长，并且向东倾斜；到了晚上，影子就会消失。若是分别在上午与下午有两个时刻，它们离正午时间相等，那么影子在这两个时刻的长度也是相等的。我们观察一下，是在哪一个确定的时刻，影子不再变短，而是变长。在这个时刻，太阳到达了最顶端，经过了子午圈平面，这时就是正午。在这时，影子的方向就是子午圈的方向。

↓5. 我们在上文已经讲过，子午圈就是一个环绕地球并穿过两个极点的大圆，它是由一个经过所在地点铅垂线的想象平面穿过地轴切割地球的结果。子午圈有无数个，因为只要我们愿意，我们可以经过地球上的任意一点画出一个子午圈来。所有南北向排列的点都在同一个子午圈上，而不是南北向排列的点则处于不同的子午圈上。在地球仪上，我们从一极开始画出一些圆，让这些圆发散开并围住地球，并让它们在另一极相遇，这些圆就是子午圈。我们可以把这些子午圈与瓜上的条纹相比，子午圈从地球的一极到另一极，而这些条纹则从瓜的一端到另一端。

假设从地球的一极到另一极有 24 个半圆，每个半圆都构成了一个完整的子午圈的一半，它们彼此之间的距离相等。由于地球昼夜不停地在自转，因此这 24 个半圆就会轮流受到太阳光线的照射。当半个子午圈正好面对太阳时，这时这半个子午圈上的地带正好是正午，那么在另一个半球上的另一半子午圈则正好是午夜。这时，紧邻着前者西侧的那半个子午圈正处于 11 点，这是因为，它要再过一个小时才能得到太阳光的照射。再往西转过去的那半个子午圈正处于 10 点，再过去的那半个则是 9 点，依次类推。位于西半球上的这 12 个半子午圈，它们每两个之间的间隔是一个小时。相反，在我们一开始所说的那半个子午圈前面的那半个，则正处于下午一点。因为地球的自转使它在一小时之前就处于太阳的正下方了。在这个半子午圈前面的那半个，则是下午两点，再过去就是下午三点、下午四点、下午五点等等。

↓ 6. 我们可以通过图 34 来完整地阐明这一点。我们在图上所标示的是地球，假定太阳是从 S 方向把阳光照过来的，太阳离地球有非常远的距离。太阳照亮了半个地球，另外半个地球则处于黑暗之中。一束光线垂直地照射在某半个子午圈上，这样，所有处于这半个子午圈上的点，则都处于正午时分。而在地球相反方向的那半个子午圈，则处于午夜时分。地球绕地轴转动，我们用箭头来标示出地球自转的方向。地球自转使得标着 11 点、10 点等等的子午圈轮流受到太阳光的直射。但是现在这些子午圈，还没有直接正对着位于天空最高处的太阳，因此这时白天还有很长一段时间。离得最近的是 11 点的那根子午线，它还要一个小时才能得到太阳光的直射，换句话说，再过一个小时它才能处于正午时分。因此它现在所处的时间是正午之前一个小时，即上午 11 点。再过去的那些子午线就是上午 10 点、9 点等等，它们还要再过两个小时、三个小时，才能面对太阳光的直射。对于那些标有一点、两点、三点的子午圈而言，它们或早或晚地会受到太阳光的直射，然后地球的自转会就将它们带入夜晚的黑暗之中。这时，标有下午一点的子午线对应的是下午一点，标有下午两点的子午线对应的是下午两点，而下午三点的子午线对应的是下午三点，等等。实际上，在一个、两个、三个小时之前，这些子午圈就已经受到了正午太阳的照

射。我认为，对于这个问题，我们无需再作更多的解释了吧！

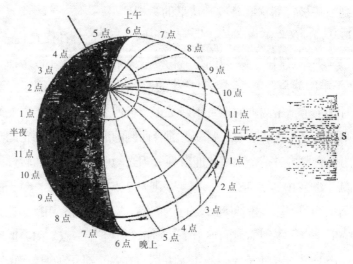

图34

↓ 7. 我们在图 34 中已经标出了 24 个半子午圈，它们每相邻的两个之间相差一个小时。因为它们之间的距离相加就是地球一周的距离，因此它们每相邻的两个之间距离是地球圆周的二十四分之一，即 360 度的二十四分之一。这样，我们在赤道上，也即图 34 中位于图底部箭头处的大圆上，来计算它们的度数，那么它们在整个地球圆周上每相邻的两个之间的度数是 15 度。地球圆周上的 15 度，就相当于一个小时。因此，我们完整地描绘出地球就有了可能。我们已经看到，极的天顶距是如何向我们提供一个地区的纬度，它还向我们表明，这个地区在我们正构建的地球模型的表面上的哪个纬圈上能找到。由此，从该地方的地理居住位置，我们可以由此知道道路所在，即地球纬圈的度数。接下去我们要找的是门牌号，也就是说该地点在已知纬圈上的位置。我们对时辰作对照性的考察就可以得到这些信息。我们在一个纸球上画出一个子午圈，来作为我们的出发点。这个子午圈完全是随意地画出来的。只是因为出于地理研究的一致性，我们习

①1884 年的 10 月 1 日，在美国的华盛顿召开了国际子午线会议。10 月 23 日，大会通过一项决议向全世界各国政府正式建议，采用经过英国伦敦格林治天文台子午仪中心的子午线，作为计算经度起点的本初子午线。而本书法文本印刷于 1878 年，在那时，国际子午线会议还未召开，各国的本初子午线仍按旧例沿用。因此我们在译文中保留法布尔的这种用法，特此提请读者注意。——译注

惯于选择经过巴黎观察台的子午圈①，我们将它称为本初子午圈或是约定子午圈。在所有的地图上，它都为标注为零度。让我们假设图 34 中的 PAP′ 就是本初子午圈。

↓ 8. 我们从巴黎的子午圈出发，带着一块很准的表，它能运行很长时间而不需要调校。在它还没停下来的时候，我们就已经给它上好发条了。我们将这块表称为标准时刻表，因为它一直保持的是出发点的时间。它所指示的不是我们到达地点的时间，而是我们出发地点的时间。我们到达一个地方，我们想在我们做的纸球上标注出这个地方，根据影子的长度，或是根据其他一些我们还没有发现的更精确方法，我们确定了该地的正午时刻。我们假设，我们发现这块标准时刻表指示的是巴黎的上午 10 点。那么，怎么解释这一现象呢？很明显，这个地方位于巴黎子午圈的东边两个 15 度的子午圈上，因为这个地方比巴黎早两个小时到达正午。此外，极的天顶距可以告诉我们，该地区处于北纬 26 度。我们知道了这些信息，就可以在我们的地球模型上标注出这个地方的确切位置。

首先，纬度使我们找到了这个地方所在的纬圈 BC，如图 35 所示。从本初子午圈 PAP′ 开始，根据我们前面提到的时差，我们在赤道上向东数 30 度，经过这个地方我们画一条子午线 PLP′，那么这个地方肯定是处于 L 点，即该地区的纬圈与子午圈相交的点。

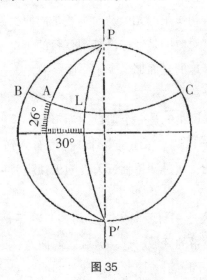

图 35

这样，很明显的是，当某个地方是正午十二点时，我们的标准时刻表指着的是下午两点、三点或是四点等等，这也就是说，这些地方的子午圈位于本初子午圈的西边，与本初子午圈间隔 15 度的两倍、三倍、四倍等等。因此我们不在赤道上从左向右数刻度，就像我们在图 35 中所做的那样，而是要沿着相反的方向从本初子午圈开始从右向左数，当然时间是由来自本初子午圈的标准时刻表来计量的。我们同时还看到，如果时差精确到小时、分钟、秒，那我们可以毫不费力地将表的这些指示信息用圆周的度、分、秒表示出来。这样，我们在地图标注地理位置中，就可以达到我们想要的那种精确程度。总之，要想一点点地展现地球的面貌，我们只需要两种工具就足够了，一种是表，另一种是经纬仪。在前文中我已经说过，要描绘地球，地理学家要观察天空。同样的，航海家要指引自己的方向，他们同样都求助于天空的观测标杆：北极星与太阳。航海家向它们询问时间与极的离地高度，由此确定他在汪洋大海中所处的位置。

↓ 9. 一个地区的经度即是该地区的子午圈到本初子午圈的刻度距离。某个地区要么处于东经，要么处于西经。如果这个地区位于本初子午圈的东边，那么它处于东经；如位于本初子午圈的西边，那么它处于西经。对于前者来说，它会比巴黎早一点到中午；而对于后者而言，它会比巴黎晚一点到中午。经度是在赤道上计量的，如果不在赤道上计量，那么就数地图上画的纬圈，从本初子午圈无论是向东还是向西，经度的变化都是从零度到 180 度。零经度对应的是经过巴黎观察台的半个子午圈，而 180 度对应的则是处于另一半球的对面那半个子午圈。总之，经度是由标准时刻表测得的。

我们还记得，纬度指的是一个地点到赤道有多少度。考察点在赤道的北边还是南边决定了它是北纬还是南纬。纬度有 0 到 90 度的变化，它是根据天顶距来计量的，通过测量临近天极的天顶距就可以得到一个地区的纬度。

经度和纬度的表达来自罗马人。罗马人只熟悉地球上一个很小的区域，即环绕地中海一带的区域。这一区域东西向宽，而南北向窄，沿着东西向排列的就是子午圈，沿着南北向的就是纬圈。罗马人将自己所知的世界上最大面积所计量出来的距离称为经度，也就是长度，将根据最小面积计量出来的距离称为纬度，也就是宽度。现在，经度和纬度的说法已经不再具有长度和宽度的含义了。地球是球形的：不考虑在两极产生的几乎可以忽略不计的微小压缩，地球南北的面积和东西的面积是相等的。

↓ 10. 现在，世界地图上的子午圈和纬圈密密麻麻交织构成的网，对你们来说就不再是不可思议的谜了。你们知道，这些想象中的线，只不过是建设地理大厦的脚手架，它们是我们描绘地球图形的基础。大厦一旦建成，我们就将大部分的线抹掉，不让它们成为我们图画的累赘。不过，我们总还是要保留一定数量的子午圈和纬圈的，因为即使在最小的地图上，它们也能为我们提供最有益的参考。拿过一张世界地图来，沿着一根一根的子午线看去，在它们的帮助下，我们就可以做一次次奇妙的世界旅行。只要我们愿意，我们就可以知道任意一个地方现在正处于什么时刻，并且我们可以在脑袋中想象一下世界各地的景象：在这个地方阳光普照，而在那个地方则刚刚出现黎明的曙光；在这里已经进入夜晚的黑暗之中，而在那儿则还有最后一抹斜照的夕阳。

假设穿过巴黎的子午线此时处于正午时分，那么整个法国都是正午前后的样子，从最东边到最西边大约是正午过了 24 分钟或 28 分钟。此时是中午，阳光普照，是一天中休息的时刻。现在跟着我继续看地图，我们从东边开始看。克里美（Crimée）是第 30 个子午圈：它处于东经 30 度。太阳从东向西转动，每小时经过 15 度，因此在到达巴黎子午圈前两个小时，它在俄罗斯半岛的正上空，这时克里美则是下午两点钟。因为处于同一个半子午圈上的地点，它们的时刻都相同，因此希腊也是下午两点钟。此时，希腊人正在几棵棕榈树的稀薄树荫下，用皮桶从尼罗河里提水，用来灌溉洋葱地呢。卡夫尔（Cafre）也是下午两点钟，卡大尔人将发酸变硬了的黄油涂在身上，防止被犀牛发现，同时也可以用来驱赶叮咬的蚊虫。乌拉尔山因为是第 60 个子午圈，所以它现在是下午四点钟，此时山上的矿工正在花岗岩中寻找黄金和白金：这一工作非常辛苦，这些贫穷的金矿挖掘者也非常可怜！再低一点，我们看到了阿哈尔（Aral）海岸边绿油油的、肥沃的草原。在不远的地方，我们很快就能看到鞑靼的牧羊人挤马奶，准备酸奶饮用。恒河岸位于东经 90 度，它此时是六点钟；它西边的天空一片红色①，太阳正在下山，这时河里水草中的凯门鳄，将它绿色的眼睛投向天空，抬起它丑陋的头，对着宇宙的火炬，向耀眼的太阳投去最后一瞥。太阳之光既照耀着人类，也照耀着这只爬行动物。大象用长鼻向太阳致意，老虎则对之咆哮欢呼。

↓ *11.* 现在我们来到东经 120 度的附近，这是一个很大的城市，当我们午餐时，这里的人们正在吃夜宵。这就是清朝的中国的首都北京，这时已经是晚上八点钟了。在城市，明亮斑斓的灯光下，人群熙熙攘攘来回穿梭，他们留着一条从头一直长到脚后跟的长辫。鼓声和竹笛声吹奏起来，召唤路人去看露天的木偶戏。从这扇窗户看过去，透过画着巨龙的布帘，我们可以看到一个中国官员，怡然自得地坐在桌前，熟练地夹起两根象牙筷子（这类似与我们的叉和勺子）正在品尝燕窝。或许我们看到的是，他正在拿着烟斗吸着鸦片，沉湎其中，不可救药。但对此我们还是保持缄默吧，再说我们时间紧迫，继续往前看吧。那么在同一时间，在地球的另一端，我看到了什么呢？我看到六七个野人，穿着树叶做成的衣服，在临睡之前，他们围绕着一个即将熄灭、烧得只剩灰烬的火堆坐成一圈。他们想从剩下的灰烬中找到红蚁的巢穴，将红蚁烤熟作为晚餐。这就是新荷兰的原始人，他们是人类家庭中的可怜人。在库页岛，这里早已经是晚上了，这时已经过了十点，人们应该都睡觉了。稍等一下：尽管夜色黑暗，我似乎瞥见一个半隐于地面的茅屋。这的确是间茅屋，它的烟囱正冒烟，里面的人还没睡。在笼子里关着一只熊，渔网里还兜着几条鱼，在熊熊燃烧的油炉火焰前，人们吃着油腻的猪肉片，喝着桧果酿成的白酒，庆祝今天的收获。再走得远一点，我们到了经度 180 度的地方，这是西伯利亚的最东端，它靠近白令海峡，此时正是午夜。这时新荷兰已经过了午夜，我们要保持安静，不要吵醒这些正在睡觉的人们，他们的身体上刺着可怕的文

---

①在这里我们假设太阳在早晨六点钟升起，在下午六点钟落下去。只有在春分和秋分，即每年的 3 月 22 日和 9 月 22 日时，太阳才会在这样的时间升落。在一年中的其他时间，太阳的升起和降落或早或晚，但这并不影响时间的安排。当巴黎是正午时，恒河口总是下午六点钟，无论太阳是在什么时候落下去的。——原注

身。让我们以最快的速度离开这个地方，人类的文明对于这些最后残留的食人族来说是不起作用的。

↓ *12.* 现在我们到了巴黎子午圈的另一半，即大西洋群岛的中心，我们经过了这些在椰子树的阴影下沉睡的群岛。在黑暗的茫茫的大海中，正在航行的船只不时放出一些光亮来发出信号。我们越过大海之后，就到了北美洲。这里是加利福尼亚州，它位于西经120度，此时是凌晨四点。崇尚金钱和枪支暴力的旧金山还在睡梦中。如果是白天的话，我就指给你们看一下这里陆地内部的高山，它比加利福尼亚峡谷中的金块还要引人注目。我还要指给你们看那一片高大的冷杉林，冷杉是世界上所有植物中元老级的植物，它们那古老的针叶，已经在世界上存活了五百年。但很遗憾，现在是漆黑的夜晚，我们什么都看不见。在密西西比河河口，现在是上午六点，太阳正从东边升起。红鹭停在陡峭高耸的河岸上，单脚独立，正在看着太阳这个耀眼的圆盘从海上升起，它欢快地鸣叫一声，向前抖动它美丽的翅膀。再向北走，靠近加拿大的巨大湖泊，太阳在蔼蔼白雾中升起，驼鹿对着太阳鸣叫。再向南走，太阳已经照射出第一道光线，海豚在智利海的浪花中，欢腾地跳跃着。在格陵兰的西侧，爱斯基摩正是早上八点钟，从黎明起，强壮的猎人就驾着十二条狗拉着的雪车在雪原上飞奔，追逐着黑貂和蓝狐。这时，巴西中部正是早上八点钟，对于这儿的蜂鸟来说，八点钟已经热得像天空中着了火一样了。它们整个早晨都在花间采蜜，在蝴蝶们的围绕中飞来飞去，蝴蝶都没有它们漂亮，也没有它们轻盈呢！采完蜜之后，它们会躲回到繁茂树林的阴影中去。大西洋的中部现在是上午十点钟，但我们这里已经是正午了。

然而地球仍然转着，场景仍在变化着。那些睡着的开始醒过来了，而那些醒着的则要睡了；那些工作的现在休息了，而那些休息的现在开始工作了；因此，在地球这个巨大的工场里，活动是一刻也不会停止的。

第八讲 | 大气层的光照

↓1. 早晨、中午与夜晚时的太阳。

↓2. 在黑暗房间中的太阳光与灰尘。

↓3. 空气，白天的散播者、直射光与漫射、在没有大气的情形下白天与天空的景象。

↓4. 中午时候的星空、烧红的炭放在光天化日之下、大气层的亮幕遮住了我们的视线。

↓5. 天空从来都不是空寂无物的、在日食时或是站在高山之巅时即使是白天也能看到星星。

↓6. 烟囱和天文望远镜。

↓7. 在夜晚时黑暗的天空实际上到处都布满光线、我们看不到它们。

↓8. 无尽的白昼、处于太阳照射中的地球。

↓9. 在黎明或黄昏时分由昏暗状态的持续时间推断出大气层厚度、空荡荡的深渊。

↓1. 黎明的光线是清新的，它总是那么明亮、那么生机勃勃，将夜晚的黑暗与重重黑幕一并驱散，东方的天际镶上了一缕绛红与金黄。层层云彩互相簇拥着，这时一道光亮喷射出来，大地在突然出现的耀眼光芒面前颤动了，这就是从地平线上升起的太阳，它从神圣的光辉中升起，变得越来越热、越来越亮。它的光明先是洒到山峰上，然后从山峰再铺满平原，再从平原照进峡谷中，把清晨的雾霭驱散。峡谷中的雾气就像被无形的手推上邻近的斜坡，沿着它往上爬，在悬崖的边缘处散开，分成一块一块，最后在温暖的空气中消失不见。这个时候正是万物苏醒的快乐时刻，燕雀们在枝头鸣叫的时候；是挥舞着金色翅膀的金龟子们，躲在密密的山楂树丛中嗡嗡作响的时刻；是原先耷拉着脑袋的花朵们挺立起来、向着白天绽放笑容的时刻；这个时候，心灵这种神圣的花朵，在对大自然的思念中完全清醒过来，它向着大自然致意，而在伟大自然面前，太阳永恒地邀游在这无尽的太空中。

在正午时，太阳这颗至高无上的恒星抵达了它行程的最高点，抵达了天空中明朗寂静的最高点。在这个时候，太阳光芒四射，四周环绕着一圈光环。在这圈光环面前，熔化的金属所发出来的光都显得苍白无力。在万丈光芒的中心，这颗发亮的星体在持续不断地放射光亮。倘若眼睛投向这火球，只消一瞥，就马上看不见任何东西，它投下让眼睛难以忍受的光线，炽热得能灼烧我们的眼睑，它使树木都笼罩在它的影子下，像穿上了衣服一样，路边的沙子在它的照射下，就像破碎的镜片似的发出耀眼的光芒。层层的热浪从太阳上阵阵袭来，垂直涌向大地，大地都似乎要被它烤熟了，光线逼人，穿过我们的身体，似乎要榨干我们血管里的最后一滴血。正午的太阳是多么壮丽啊！在橄榄树上，知了在快乐地鸣叫，壁虎停在狗窝前，绿色的腹部一鼓一鼓，不停地喘息着。太阳虽然晒黑了我们的脸，但也使得农作物成熟，它让我们去赞叹它，因为它是万物之父，为了看到它，杨树将枝叶伸向高空，为了看到它，苔藓从悬崖的缝隙中钻出来。

傍晚到来了。太阳这颗火红的圆轮掠过层层的云团，开始下落，穿过像着了火一样的西边天空，向着地平线降落下去。夕阳像绛红的腰带一样斜照在水面上。太阳到达天际，对我们来说太阳落山了，但在另一个半球太阳正在升起；太阳隐入最远处的山中，它正在消失，它已经消失了。明天我们会看到一个新的太阳！它像今天一样耀眼！它从来没有熄灭过，从来没有消亡过，否则今天就是世界末日了。

↓ 2. 为了白天能够到来，太阳的耀眼光辉必须有个中介。毫无疑问，太阳这颗恒星是一切光明之源；但仅仅只有太阳，它并不能产生我们所说的白天。这是下面我们要论述的。我让你们首先回忆一下，太阳的光线，它能穿过昏暗密闭的房间里百叶窗的缝隙。你们都知道，一道光线会形成一条光束。在这条光束中，会有许多灰尘小颗粒悬浮在空气中，它们自由浮动并且发出光亮。倘若我们活动一下，使得更多的灰尘小颗粒涌动起来，那么这条光束就会变得更加明亮。相反，随着漂浮于空中的灰尘小颗粒逐渐静止下来，这束光也会变得越来越暗。因此，太阳的光束在传递的过程中，它遇到的灰尘颗粒的多少影响着这束光的明亮度。虽然我们知道这些颗粒并不是发光的原因。当我们处于黑暗的角落，即光线不能到达的地方时，这些灰尘能够让我们看到光亮。如果没有这些灰尘，我们就看不到这些光束。每一粒灰尘，当它接触到光线时，就会发光，成为一个发光的亮点。它像一面小镜子一样，向我们传播照射在它身上的光亮。如果在一束光传播的路径中，没有灰尘颗粒，那么当我们处于阴暗角落来观察这束光时，不能说我们就完全看不到这束光，而是它会变得非常微弱。严格来说，如果光束的传播路径中没有任何东西，一点也没有，那么我们就完全看不见这束光。但是，总是会有一些物质，总是会有一些空气，会在光线传播的路径中出现。从我们所处的观察角度来看，空气可以被看做是最最精细的灰尘颗粒。当不存在颗粒更大的物质时，正是空气使得我们能够看到太阳的光束。那么，当所有的颗粒，甚至是空气都没有的时候，我们不要从侧面去看，而是正面对着光线，那么仍然可以看到它。因此，我们能够感知到光，只有两种情况：当它进入我们眼睛时，或是当我们看到某种被它照亮的物质时。

　↓ 3. 在地球的周围，环绕着一圈大气的海洋，那就是大气层。它在白天的时候颜色比较淡，呈现为一个蓝色的穹顶。这个厚厚气团上的每一部分，都被太阳照耀着，就像我们所看到的光束中的灰尘一样闪闪发光。它将照在它身上的光线散发开来，通过折射传递给我们。这样，这些光不仅仅是直接从光源即太阳到达这里的，而是从整个天顶均匀地洒向我们的。我们将这种大气层散发的光叫做漫射光，而将从太阳直接照射下来而不经过中介的光称为直射光。当我们在房间里，当我们处于阴影中，或是当天空布满乌云时，我们是被大气层光线即漫射光照亮的。在太阳下，我们就是被直射光照耀着的。因此，在白天，空气是阳光的主要散播者。只要是空气能够到达的地方，空气就会将太阳的折射光以漫射光的形式带到那里。这些大气层中的折射光经过了多次反射，于是就把大气层给照亮了。在没有空气的地方，只有在太阳光的直射下才会有白天。在没有漫射光的时候，所有不能直接接收到太阳光、或是接收到地面反射光的地方，都处于完全的黑暗之中。在这种情形下，光明与黑暗的分界线是非常清晰的。这边是白天、那边是黑夜，或者这边是黑夜、那边是白天，不会有白天逐渐过渡到黑夜或是由黑夜过渡到白天的变化。在这种情形下，往前走一步，或是往后走一步，我们就进入光亮之中或是阴暗之中。在这种情形下，在凌晨，没有任何准备动作，白天的光明就紧接着夜晚的黑暗到来了，第一道光明会突然地从东方进射出来。在这种情形下，在夜晚的时候，当太阳从地平线上消失在天际时，黑暗就随之而来，这就像在一个关着的房间里突然把灯吹灭一样。在这种情形下，我们住的房子，除了面向太阳的一面，其他朝向的面即使在在正午时，也会漆黑一片。房子中阴暗的地方，也不再是半明半暗，而是完全黑暗的。地上的物体，当它们不再被明亮的空气所笼罩着时，那么在它们的发亮部分与不发亮的部分会有一道清晰的分界线，就像处于黑白幻灯中变幻不定、黑白分明。在这种情形下，天空不再是蔚蓝色，而会变成厚重的漆黑色。在墨黑而单调的背景中，太阳发着光，但不再光芒四射。无论是中午还是午夜，我们都能看到星星挂在天上。

↓ *4.* 在正午能够看到星星，那么，一整天星星都挂在天空中了？是的，确切来说，是大气在白天的漫射光妨碍了我们看到星星。对于这个问题，我们在下文中做一些解释是非常有必要的。

从火炉中火拿出一块火红的炭，在黑暗的地方观察这块炭，那么，我们看到它会发出红的光芒。可是如果我们把它放到光天化日之下来看，它就不会那么又红又亮了，它似乎冷却了。倘若没有人提醒你它的温度很高，但是你用手指碰一下就会知道它很烫。我们再把它放到黑暗的地方，在那里，它似乎又重新恢复了生气，又重新变得炽热，它又跟以前一样地发红发亮了。但当我们重新又把它放到光天化日之下，它似乎又暗下去了。我们用一根蜡烛的火焰来做实验，观察到的结果也是一样的：在黑暗处，它能发出光亮；而在阳光下，则几乎看不到它的亮度。毫无疑问，无论是在太阳底下还是在阴影之中，通红的炭与燃烧的蜡烛，它们的亮度并没有改变。在太阳底下，它们的亮度似乎会变弱，以致我们看不到它们在发光，这是由于我们的眼睛受到太阳光的极强刺激，就不再感受到炭与蜡烛相对微弱的光线了。视觉就跟其他的感觉能力一样，当它受到另外一种更强有力的视觉刺激时，那么对一些微弱的刺激就不再有明显的反应了。

当然，在白天时，大气层被太阳照射而发亮，而星星要把它们发出的光传递给我们，就必须得通过发亮的大气层。根据我们以前的实验，我们马上就知道会发生什么样的事情。由于发亮的大气层笼罩着我们，而星星发出的光相对而言非常微弱，大气层就把星光掩盖了，这样我们就看不见星星发出的光了。但是当我们周围的那一部分大气层由于没受到太阳的照射而变得昏暗时，我们马上就可以看到星星了。通过大气层来看，我们看到：在夜晚的时候，星星的光比大气海洋的光要亮；而在白天，星星的光比大气海洋的光要暗。虽然星星一直在天空中，但我们并不是总能看到它们，它们总是周期性地出现与消隐。

↓ 5. 天空从来都不会是空寂无物的。如果在太阳出现时，天空是一片荒寂，那是因为大气层的散射光亮把其他发光体都掩盖住了。要看到白天的星星，看到这些在白天仍在天空中悬挂着的星星，我们只要通过某种方式，使我们不再看到非常明亮的大气层的光亮就行了。过一个很长的周期，我们就会看到有月食的现象发生，也就是说，当不发光的月亮位于我们和太阳之间时，就会把太阳照过来的光都挡住，就像用手挡住了灯光一样。这时，在天幕的后面，位于我们上方的那块大气层，它暂时不能受到太阳光线的照射，这样，这个区域的大气层就暂时不再发亮。而那些本来不会在白天出现的群星，就像在深夜中那样地出现了。当月亮从那个地方往前移动，不再把它的阴影投给我们的时候，这些星群就再一次消失不见了。

在其他假想的情形下，也即在我们的愿望可以实现的情形下，我们也可以看到星星与太阳一起出现在天空中的壮丽景色。我们在前文中已经学到，布满漫射光的厚厚大气层，使得我们在大白天不能看到星星。因此当我们到最高的大气层中，还是至少有可能看到最明亮的星星的，因为随着大气层变得稀薄，我们肉眼所看到的大气团的亮度也会降低，到达一定的高度，天空变得非常阴暗，已经不能像在低处那样遮住星星的光芒了。其实我们已经知道，在最高的山脉的峰顶上，我们看到的天空是深蓝色的，几乎接近于黑色，在这样一片深色的天空背景下，在白天也能看到星星，当然并不是全部星星，而是亮度超过那些剩余的大气层的亮度的闪亮的星星。如果观察者能够穿过大气层的最后的边界，那么就能看到所有的星星，甚至那些发出微弱光芒的星星，但这是不可能的。其实，只要我们转到太阳的背面，就能在白天的时候看到星星在黑暗的大空中闪闪发光，就像附着在黑纱上的耀眼星点。

↓ 6. 在白天，我们向天空放眼望去，天空如此明亮，我们是不可能看到星星的。限制一下我们的视力，让我们的眼睛只看到一小部分在通常的状态下能看到的大气光，那么星光就能穿过大气层的光，我们就能看到星星。据说，实际上也有可能，通过壁炉的烟囱管道或者从井底去观察天空，一些目光敏锐的人就能在狭窄的特定的天空区域中，辨别出一些星星。

要限制我们的视域，使我们的视力不被那些外在的耀眼的光芒所分散，最好的方法就是使用天文望远镜。这一工具有两个优点：首先，它有一个长筒，功能与井或烟囱一样，它将我们的视力严格限制在天空的某一狭小区域内；其次，运用它的光镜能够将星星的光线集中起来，并增强它们的亮度。使用天文望远镜，在一天中的任何时刻观察星星，白天、中午、晚上，无论什么时候，我们都能在天空中看到星星，而且像夜晚一样多，但和夜晚看到的不太一样。我们的论证结束了。如果白天在天空中见不到星星，那是由大气层的照耀造成的。实际上，白天的星星和夜晚一样亮。地球一刻不停地绕着地轴自转，随着它的转动，新的星星相继在东方的地平线上升起，逐渐上升，最后坠落于西方的地平线。每隔24个小时循环一次，次序保持不变。

↓ 7. 在深夜中，我们举头望向天空，除了星星之外，我们在那么高的地方能看到什么？——什么都看不到，天空中的所有东西都像墨一样漆黑。但是，如果我说，即使在这个时候，漆黑一片的天空仍然是处于光亮之中的，在这可怕的黑暗太空中，大量的太阳光线仍在其中散播着，那么，你们会相信我吗？如果我说，即使在漆黑一片的夜晚，太阳仍在太空中、在那片我们什么也看不见的高空，发射着像白天一样明亮的光线，你们会相信吗？你们不会相信我，在你们看来，这是不可能的。好的，下面我就来证明这一点。

我在前文中已经跟你们说过，地球仿佛一粒沙子，它被一个遥远的火红炮弹照亮着并灼得发热。太阳就是这颗炮弹，它向四面八方发散着它的光和热。地球就处于它的光辉之中，接收到有限的光和热，它就像一片草叶一样，在暴雨中接收到一滴滴雨水。那么，太阳发散出来的其余光线照到哪里去了呢？它们照到这里、照到那里，让其他的世界也生机勃勃。它们发散到空荡荡的太空里、发散到无止境的空间中。地球被太阳的光芒笼罩着，它遨游在太阳不断散发出的光海之中。

如图 36 所示，地球浸没在光海之中。面对太阳的半球 A 是白天，另一半球则是夜晚。处于黑暗半球上某点 B 的观察者，他沿着 BC、BD、BK 等射线望向天空。在他所望去的所有这些方向中，他的视线都要穿过那布满光线的空间，那里是太阳发射出光线的地方，然而在他看来却是漆黑一片。在太阳的光芒中，他却只能看到黑暗。这是为什么呢？我们想一想在前文中所学到的东西，只有光线直接进入我们的眼睛，或者当光线通过照亮一种物质而传播给我们，我们才能看到光亮。所以如果在天空中没有任何物质，那么穿过这些空间的光线，对于我们来说，就像不存在一样。即使光线源源不断地从我们的头顶上经过，但是由于在它传播的路径上没有照亮任何可以将光反射给我们的物质，所以它虽然穿过了空间，却并没有被我们所看到，这就像一束阳光穿过了一个黑暗的房间，当它在传播的路径上没有很多悬浮的灰尘时，这束阳光就很微弱。如果这个房间里连空气都没有的话，我们就不能看到这束光。

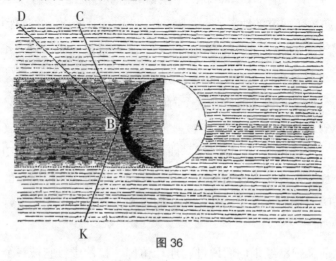

图 36

↓ 8. 我们试着从相反的方面来想象一下：假如有一种物质围绕在地球周围，并且还扩展到了无尽的太空中。那么，我们在 BC、BD、BK 等视线上，就会遇到一些中介微粒，它们能将光反射给我们，就像黑暗的房间中的灰尘颗粒形成的光束那样。即使并没有太阳在天空中出现，在漆黑的夜晚，天空在我们看来也一直都散发出微弱的光亮。在这种情形下，天空就永远不会变黑。在被太阳照射的大白天之后，接着而来的是被天空的光所照亮的明亮黑夜。在地球的背面，确实有一个太阳光线所不能直射的阴暗部分。那么，这个阴暗部分是什么样的呢？这是一个影子，一粒沙子的影子。它是一个无关紧要的影子，它不能够在包围着地球的无尽光明中留下印迹。但是我们并没有见到过这种明亮的黑夜，到了一定时间，太阳落山后，天空就会变得漆黑一片。因此在大气之外，在离地面一定距离的地方，应该是没有任何中介包围着地球的。对此我们应该感到非常高兴，因为如果在地球大气层之外的空间被某种中介所占据，地球被一种非常轻盈的气体所包围，那么，由于这些物质会产生阻力，地球要想一直运动下去，就是不可能的了，慢慢地，地球的运动力会逐渐减少，最终有一天，地球会停下来，会停在轴上不再转动。因此，夜晚天空一片黑暗，这种景象以一种最显而易见的方式证明了，在地球大气层之外的周围，在天空中，是没有什么中介存在的。这尤其说明了，包围着地球的大气层并没有扩展到无限的空间中去。到达某个高度时，不论是高的地方，还是低的地方，都有可能不再有大气层了。也就是说，大气层的厚度与海洋的深度一样，都是有限的。

↓ 9. 无疑地，大气层对于照亮地球起着重要作用。它使得白天逐渐地过渡到黑夜，也使黑夜逐渐地过渡到白天，而不是突然地发生变化。突然地变化的这种情形，只有在没有大气层的时候才会出现。在太阳没有从地平线上升起之前，它就先把它的光线传播到大气层了。这样，大气层就会发出光亮，并通过反射使得早晨变得亮起来，预示着白天的开端，我们把这段时间称为黎明或破晓。同样的，太阳落山之后，大气还会亮一段时间，使得地球处于薄暮之中，然后将我们逐渐地带入黑夜之中，我们称之为黄昏。

在图 37 中，地球被大气层包围着。如果太阳位于 S 的方向，那么第一道掠过地球的光就是 BS，因此位于 N 点的观察者还不能接收到太阳光的照射。在没有空气的情况下，观察者就处于一片黑暗之中。但是，太阳的光线能够在 BC 区域的大气层中自由地散射开来，并照亮这一区域。这样，观察者就能够处于这片天空的漫射光之中。因此，这时观察者虽然看不见太阳，但对他而言，这里已经是白天。随着太阳越升越高，并逐渐接近地平线 NC，被照亮的大气层的面积也会逐渐扩大，而被照亮的区域也从观察者上空的东边逐渐扩展到西边。当太阳处于 NC 的方向时，天空不再是拂晓的状态，而是开始了真正的白天。同样的，在黄昏时分太阳落山后，在地球相反的那侧也会出现同样的情形。太阳的光线不能照射到地面，但它仍然能照射到高空中的大气层，将白天的时间一直延长到太阳落到地平线以下足够低的地方为止，也就是说，太阳落山一小时后，白天才结束。

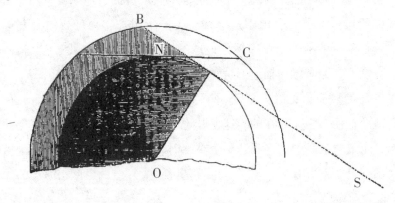

图 37

天空中出现昏暗状态并持续一段时间，这种情形是由大气层造成的。如果大气层是无限的，那么黄昏就会接着黎明，而不再会有黑夜。也就是说，在没有太阳的情形下，天空总是会发出一定的光亮。从某个地方这种昏暗状态的持续时间长短，我们可以推断出该地大气层的厚度。实际上通过这种方法，几何学家告诉我们，在离地面七八十千米的高度，就不会再有任何物质了，也不会再有空气了①。这是因为，在这么高的地方并没有太阳光反射给我们了。在离地七八十千米高处之外，就是空荡荡的深渊、无尽的空间，在那里，天空的运行机制不会遇到任何能够影响其白天和谐的阻挠。

---

①大气层有多厚，这的确是一个很吸引人的问题。人类经过不懈的探索和追求，对大气层的认识越来越清晰了。整个大气层可以分成几层：

从地面到 10~12 千米以内的这一层空气，它是大气层最底下的一层，叫做对流层。主要的天气现象，如云、雨、雪、雹等都发生在这一层里。

在对流层的上面，直到大约 50 千米高的这一层，叫做平流层。平流层里的空气比对流层稀薄多了，那里的水汽和尘埃的含量非常少，所以很少有天气现象了。

从平流层以上到 80 千米这一层，有人称它为中间层，这一层内温度随高度降低。

在 80 千米以上，到 500 千米左右这一层的空间，叫做热层，这一层内温度很高，昼夜变化很大。

从地面以上大约 50 千米开始，到大约 1000 千米高的这一层，叫做电离层。美丽的极光就出现在电离层中。

在离地面 500 千米以上的叫外大气层，也叫磁力层，它是大气层的最外层，是大气层向星际空间过渡的区域，外面没有什么明显的边界。在通常情况下，上部界限在地磁极附近较低，近磁赤道上空在向太阳一侧，约有 9~10 个地球半径高，换句话说，大约有 65000 千米高。在这里空气极其稀薄。

人们通常把 1000 千米之内即电离层之内作为大气的高度，也就是说，大气层厚 1000 千米。
——译注

第九讲 | 大气层的折射

↓ *1.* 大气对太阳温度和亮度的影响。

↓ *2.* 倾斜对太阳光线产生的能量的影响。

↓ *3.* 在地平线上时的太阳看来似乎更大一些、雾与亮着的灯。

↓ *4.* 我们对距离产生错觉的同时也使我们对物体的大小产生了错觉。

↓ *5.* 在太阳实际升起之前看到的太阳、光线与折射。

↓ *6.* 盆与硬币。

↓ *7.* 视觉的教育、在光束的末端所看到的物体、弯曲的棍子。

↓ *8.* 空气的密度从大气的最外端开始逐渐增加。

↓ *9.* 大气的折射、由于错觉而产生的恒星位置的偏移、在地平线上的太阳形状发生了改变。

↓ *1.* 我们在上文中已经学到，大气层在我们的头顶上空形成了一个发光的穹顶，太阳的光亮从这里洒向四方。经过重重反射之后，太阳的这些光线变成了漫射的光线。通过这种漫射，大气层使我们处于白天之中，并且由于拂晓与黄昏，天空明亮的时间被延长了。此外，它还造成了一些非常明显的影响，这就是我们在这一讲中将要加以研究的。

首先，太阳在刚刚升起的时候，并没有它升得很高的时候那么热、那么亮。我们可以说，当它刚刚出现在地平线上时，我们还可以直接对着它看，但过一段时间之后，就没有人敢直视它那光芒四射的光亮了。但是，太阳在每个时刻所散发出来的热量与光线都是一样的，这个热源从未减缓消退过，也从未更加活跃过。亮度的不同是因为大气层的中介作用。在正午时，太阳光线垂直穿过大气层。在这个时候，它穿过的大气层的厚度最薄；同时，由于这时的太阳光线在传播过程中，只遇到了白天由于热度而消散了雾气的大气层，因此这种情形下的太阳光线传播到我们这里时，它只被削弱了一点点热度跟亮度，这时的空气非常清新就证明了这一点。但是在早晨时，太阳光线要到达我们所在的地方，它要斜着穿过大气层，也就是说它要穿过的大气会比正午时要厚得多，同时，由于这些空气挨着地面所以带有很多雾气，当这些光线到达时，被削弱得要比正午时多得多。所以，早晨的太阳光线就很微弱。我们可以通过图 38 来理解这个证明：我们在图 38 中看到，来自于正在升起的太阳所散发出来的光线，它要到达地球上的 A 点，就要顺着 SA 的方向来穿过大气层 CA。由于 CA 靠近地面，所以它的雾气要比大气层 BA 重很多。BA 是太阳到达最高点时，它的光线所要穿过大气层的厚度。

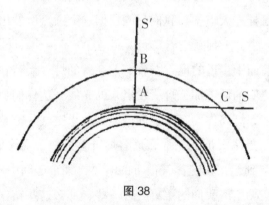

图38

↓ 2. 这里涉及了另一个问题。光线也是有热量的，当它垂直到达地面时，它的热量被削弱得最少；而当它从侧面到达时，它的热量会由于倾斜而被削弱很多。我们拿起一块石板、一块木板、或是一块纸块，将它们靠近蜡烛的火苗。如果烛光是垂直照着这些物体，那么它们就会被照得很亮；但如果是斜着照的，那么它们就会被照得暗一些。因此，我们暂且不考虑大气层的效应，在图 38 中，太阳光线 S'A 产生的热量与光，要比与地面相切的光线 SA 更多一些。随着太阳在天空中越升越高，太阳的能量越来越大。这是因为，它的光线到达我们的角度越来越垂直，所要穿越的大气层的厚度越来

越薄、所含雾气越来越少。当太阳在正午时分到达最高点时，这是它最亮的时刻，自此之后，它的热量逐渐削弱，直到它落到西方地平线。当它落到西方地平线，这时的情形是跟它在东方地平线时的情形是一样的，但温度与亮度被削弱得少一些，这是因为，经过了一整个热的白天之后的大气层，要比经过了一整个凉爽夜晚之后的大气层更清透明亮一些。

↓3. 不论是在东地平线，还是在西地平线，太阳呈现给我们的景象都是一样的：这个圆盘似乎比它在正午天空最高处时的看上去更大。但是，如果我们用天文仪器来测量早晨、中午与傍晚时候的太阳，我们就会发现，它们的大小是一样的①。其实这是一个错觉，它很容易被解释清楚。太阳是离我们如此遥远，根据它离我们之间的距离与它体积之间的关系，我们完全不能目测出它的大小。它是大呢，还是小呢？它离我们近呢，还是远呢？对于这些问题，仅仅依靠我们的观察，是不能知道答案的，要想知道太阳这样一个巨大星体的大小，我们的眼睛太有限了。我们只能看到那个发光的圆盘挂在天空中。我们只能根据这个圆盘所发出的光芒以及在它前面的物体大小，来判断它离我们近还是远。

在离你们前面十步远的地方，放一盏亮着的灯。倘若在灯与你们之间的空气是非常透明的话，那么灯所发出来的光线到达你们那里时是非常亮的，在你们看来，灯离你们有十步远。但是如果空气是雾蒙蒙的，并且灯光被雾气笼罩，是暗沉沉的，那么这盏灯看上去似乎离你们就会远一些。我们都已经注意到，在夜晚雾气很重的时候，某个房间中所发出来的光，看上去似乎比实际上离我们的距离更远一些，那么这些错误的判断是怎样产生的呢？那是因为我们的大脑习惯于通过视觉的清晰度来判断距离的远近，会不自觉地将亮度的削弱与距离的增加联系起来，而实际上，亮度削弱也有可能是因为空气的透明度不够。

↓4. 一座高山，孤零零地矗立在地平线上。我们非常容易对它跟我们之间的距离产生错觉。我们认为几个小时就能走到这座山前，但实际上花

---

①同样的情形也会出现在月亮上。月亮在地平线上的时候要比它在天空最高处时看上去更大些。对于这一现象的解释，与对太阳的解释是一样的。——原注

几天的时间都可能不够。为什么会这样呢？——这是因为，当我们眼睛望向这座山时，在我们的前面没有任何其他景色来参考，没有看到成排的丘陵，也没有弯曲的小河……如果这些东西一个个摆在那里，那么我们就可以通过跟这些东西的比较，来估测出这座高山离我们的路程远近。如果我们能够看到一座座连绵起伏的山岭，它们峰峦叠嶂，那么，我们就能知道，在它们后面的这座高山离我们就更远一些。

正是由于这两个原因，我们对于太阳才会有这样的错觉。太阳在地平线上的时候，由于受靠近地面的雾气遮挡，它的亮度会降低。此外，在我们与天边之间，能看到一些地面物体的远景，在我们看来，太阳是在这些物体的后面出现的。相反，当太阳到达最高点时，它处于最亮的状态，这时它在天空中的位置是最高的，我们的视线没有任何参考点。因此，太阳在前一种情形下看上去，似乎比在后一种情形下离我们更远。这些是我们对太阳的距离产生错觉的原因，同时也是使得我们对太阳的大小产生了错觉的原因。一个物体，错觉在于它是处于实际离我们更远的地方，但同时我们的视网膜上总是会对它产生相同大小的像，那么我们会觉得这些物体更大一些。这是因为，尽管距离增加了，但是影像却没有变小，我们将原因归结为是物体变大了。出于这个原因，处于地平线上太阳看上去离我们更远，因此在我们看来它仿佛更大些。

↓ 5. 大气层所造成的错觉比上文中所提到的原因所造成的错觉更为明显：在太阳实际升起来之前，我们已经能够看到整个的太阳，而在实际落山之后，我们还是能够看到整个的太阳。早上，当太阳的圆盘已升起来的时候，事实上，它的上缘仅仅刚擦过地平线。在傍晚，当我们看到太阳与天际线相接时，实际上它刚刚完全消失。大气层把太阳移到我们的视线之外，也就是说，大气层将太阳从地平线上升高了一段距离，这段距离跟太阳的直径大小相等。对于其他的星体来说，情形也是一样的。通过大气层的帘幕，我们看到了这些星体，同时，大气层也使得它们看上去比实际上的更高一些。这不仅仅发生在地平线上，而且在其他的区域也会出现同样的景象，只不过当星体越来越接近天空顶部的时候，这种偏差就会越来越小。在天空顶部，我们看到的太阳位置跟它实际的位置是一致的。但是在

其他时候，从表面上看太阳所在的位置，并不是它实际所在的位置。在下文中，我们研究一下发生这种奇怪的偏移的原因。

光线只有在一种情形下才会沿着直线传播：即我们所说的它处于同一个空间并穿过同样的物质，即穿过同样的介质。如果介质发生了改变，那么光的传播方向也会发生改变，而且是瞬时改变的。在图 39 中，两种不同的介质被平面 MM′ 分开，比如说，在平面之上是空气，在平面之下是水。一道光线 AB 穿过空气到达水平面上的 B 点。在 B 点，光线不再沿着一开始传播的方向传播，它会突然改向，沿着 BC 的方向传播，并与垂直于水平面的法线 NN′ 构成角 CBN′，这个角比原先的角 ABN 小一些。倘若光线从真空中进入空气中，从水中进入玻璃中，也就是说从密度小的介质中进入到密度大的介质中，光线的方向都会发生类似的改变。我们一直会看到当光线进入密度大的介质时，它的方向总会改变，并向垂直线靠近。由此我们得出下面的第一条定律：当一道光线从密度小的介质进入密度大的介质时，它会改变原来的方向，向着垂直线靠近。

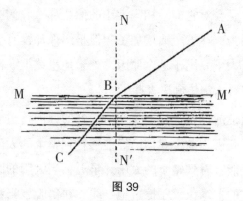

图 39

我们假设在图 39 中光线是从下面传播到上面的，即是从水中进入到空气中的。在水中时，光线沿着 CB 方向传播，但当它进入到空气中时，它会瞬间改变它的路线，它会离开垂直线，沿着 BA 方向传播。当光线从玻璃进入水中，从空气进入真空中，即从密度大的介质进入密度小的介质时，它的方向也会发生改变，它会远离垂直线。由此我们总结出第二条定律：当一道光线从密度大的介质进入密度小的介质时，它会改变原来的方向，并且远离垂直线。

↓6. 当光线从一种介质斜着进入另一种介质时，我们将光线方向的这种改变称为光的折射。我之所以说斜着进入，是因为当光线沿着分开两种介质的平面上的垂线传播时，它的方向不会发生改变。因此，一道光线从空气中进入水中，即它沿着垂线 NB 的方向进入水中，它就会继续沿着 BN' 的方向传播，并不会改变它原来的方向。这是一个很困难的问题。现在我们做几个关于折射的实验。

我们将一个边壁不透明的盆，比如说一个陶盆，放在地上，在这个盆的底部放入一枚硬币。然后你自己移动到一个位置，在这个位置上，你的视线刚好能够沿着盆的边缘看到这枚硬币，从这个位置稍往后退，你就不能看到这枚硬币了，也就是说硬币被盆的边挡住了。但是，如果这个时候有另外一个人往盆中倒满了水，那么通过这种神奇的魔术，硬币就又能被你看到了，尽管硬币的位置没有改变，尽管它实际上还是被盆边挡住了。魔术这个词在这里并不合适，我们不要这样说，不过不管它了，我们说了也就说了。但是我们要在这里插上一句：这是一个非常简单的事实，这个事实是因为光线从水中进入空气中发生偏离而造成的。

↓7. 我们想像有一条直线 AB，如图 40 所示，它经过盆的边缘与硬币的边缘，A 点在盆底，B 点在盆外，也就是说，直线 AB 就是未在盆中注入水之前，从盆外刚好能够看到硬币边缘的那条直线，而其他处于直线 AB 下方的那些光线，就会被盆壁挡住。这样，观察者的眼睛如处于直线 AB 下部比如说 O 点的地方，就看不到硬币了。我们在盆中注入水，那么情形就会发生改变。比如说一道光线 AC，在没有注水的情形下，它会沿着直线 CH 传播，并经过观察者的上方；而在注水之后的情形下，它会从 C 点起沿着偏离垂线的方向，改变它的传播路径。这是因为，它是从密度大的介质进入密度小的介质之中，它会沿着 CO 的方向进入观察者的眼睛，所以，观察就能看到这枚硬币。不过，观察者这时看到的硬币并不位于它实际所处的 A 点位置，而是处于 CO 的延长线上，即 A' 的位置。你们会这样问我，既然弯曲的光线使我们看到了硬币，那么为什么我们没在硬币实际所在的位置看到它呢？这是因为，在通常情形下，物体总是位于眼睛所接收到的光束的端点。所有的日常经验都已经在我们的头脑中留下这样一个印象：我们认为，我们所看到的事物，都正好处于视线的端点。我们已经习惯这样，视觉的教育也是这样，因此光线在传播中不管弯曲了一次、十次还是百次，我们的眼睛都注意不到这一点。我们总是在那个错觉的点上看到物体，仿佛光线是从那个点沿着直线传播过来的。

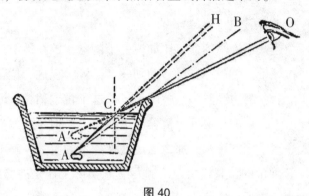

图 40

同样的，下面我们来解释一下，为什么浸入水中的那截棍子似乎从进入点开始就变弯并且变短了。如图 41 所示，从棍子浸入水中的一端发射出来的光线 AC，当它离开水面时就会发生弯曲，偏离垂直线并沿着 CO 的方向传播。由于光线的折射，我们的眼睛会误以为棍子的一端位于光线的延长线的末端，即 A′ 的位置。棍子浸入水中的那段 AD 部分，它上面的其他所有点，都会发生同样的位置变化，因此在我们看来，棍子就会在 D 点变弯了。

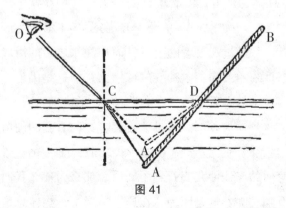

图 41

↓8. 光线在从水中进入空气中时，路线发生了改变，由此我们看到了实际上潜藏于不透明盆底部的硬币。同样的，由于大气层的影响，太阳的光线在传播中的方向也会发生改变，这使得我们在太阳实际升起之前与落山之后都能看到它。如图 42 所示，我们从地球上的 A 点作一个理想的平面，使它与地球表面相切并穿过空间无限地延伸出去。这样就使得地平线AH 把天空分成两个部分：可见的部分与不可见的部分。如果没有人气层，那么处于这个理想平面之下的太阳，在 A 点的观察者是不能看到它的，它会被地球的弯曲球面所遮住，这就像在我们的实验中，硬币被盆的边缘所遮住一样。只有在 AH 或 AH 以上的位置时，太阳才能被看到。正是由于大气层的影响，太阳才会被更早地看到。我们还记得，越靠近地面的地方，大气的密度越大，这是因为它被上方的大气压着。在海面上的大气，它每升的重量是 1.3 克，而在最高处的大气，它的重量几乎等于零。从大气层的最高处，到贴近地面的最低处，大气的密度是递减的。我们用一些同心圆来表示大气密度的逐渐增加：最外面的那些大气最轻，而贴近地面的那些大气最重。

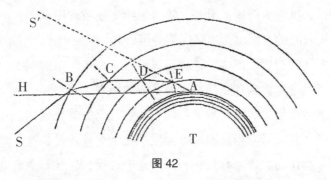

图 42

↓9. 位于地平线下的太阳发射出来的一道光线，它沿着 SB 的方向传播，如图 42 所示，如果没有大气，这条光线的方向不会改变，它会一直沿着 A 点上边的直线传播，这样我们也就不能看到太阳。但是，这道光线是从真空进入第一层大气里的，也即它从没有任何密度（由于真空中没有任何物质）的介质进入到一个有一定密度的介质中。这样，这条光线就会向着与大气层垂直的垂线靠近①，并沿着 BC 的方向传播。在 C 点处，它就

————————————
①当一条直线能够穿过圆或球的中心时，那么这条直线就垂直于这个圆或这个球。——原注

离开较轻的那层大气，而进入较重的大气，这使得它的传播方向再一次发生改变，它会沿着 CD 方向传播，变得更加靠近垂直线了。在 D 处，由于它进入了密度更大的大气层，因此它的方向就会发生新的改变。在 E 处，也会发生同样的情形。就这样，光线由于大气的密度增加而产生了上述一系列类似的折射，最后，光线就会沿着 EA 的方向到达观察者。我们的眼睛却并没有看到光线这么多次的改变方向，它就会在光线传播的延长线上看到太阳，即在 AES′ 的方向上看到太阳。因此，当太阳实际已经落到地平线以下时，由于大气的这种折射作用，太阳看起来似乎还在地平线以上，也就是说，尽管这时地球的球面曲线遮住了太阳，但我们仍然可以看到它。

大气折射的另一个影响，稍微改变了一下地平线上太阳的形状，使得它看起来像一个在垂直方向上扁平的椭圆形。这是因为，大气层中越是靠近地平线的点，它的折射作用越强，因此太阳的底部就会比它的顶部被大气层折射得更高，由于上部与下部的位置偏离产生了不均衡，太阳看上去就呈椭圆形，随着太阳逐渐升高，这种影响就会被逐渐减弱，最终人会感觉不到。满月时的月亮也会出现同样的情形。

由于大气的折射而产生的这种偏离错觉，在一天中的所有时间内都会对每一颗星星产生影响。越是靠近地平线的地方，观察到的偏离就会越明显，我们不会在星星实际位置上看到它，它看上去的位置比它在天空中的实际位置更高些。只有当星星经过天顶，处于垂直线延长线上时，我们才能在它实际所在的位置上看到它，因为这个时候，光线是垂直进入大气层的。我在前文中已经讲过，当光线是垂直地从一种介质进入另一种介质时，它的方向并不会发生改变。当然，天文学家在他们的研究中，已经考虑并排除了大气层的折射所造成的这种偏离影响。这样，就不会把星星在天空中的实际位置弄错。

第十讲 ｜ 不能到达的距离

↓ 1. 到月亮上远足的计划、仍然是几何学。

↓ 2. 一个脑袋的肖像、相似的条件。

↓ 3. 墨渍和相似图形、要构建一个相似的几何图形无需知道太多细节。

↓ 4. 将这一原理运用来测量不可能到达的距离、塔与河。

↓ 5. 角直径、测量一座我们不能到达的塔的实际直径。

↓ 6. 测量地球到月球之间的距离。

↓ 7. 对于这一距离的相关比较。

↓ 8. 角直径与月亮的实际直径。

↓ 9. 周长与体积。

↓ 1. 当月亮掠过一朵朵云彩，仿佛在天空中飞速奔跑时，谁不曾追着它看？①当云彩向着月亮靠近，它就会被白色的月光浸没，就像一团银色的羊毛，当云彩靠得更近时，它就会变得越来越厚、越来越暗，到了最后，月亮就会被那些移动的帷幕遮住。有时，我们会在那不均匀的雾幔后面看到一圈模糊的光晕露出来，但天空中有时会出现一片晴朗的地方，于是月亮又会清清楚楚地完整出现，从天空中好奇地看着我们，于是就会有无数个问题出现在我们脑海里了。我们困惑地看到月亮上有人形肖像，那它究竟是一颗什么样的星星？夜里

---

①只要见过穿过树枝照下的月亮，我们就能知道，在乌云密布的天空，是层层的乌云在不停地运动。出现这种情形，那是云在运动，而不是月亮在运动。因此我们看到的是：云彩在树枝后面奔跑，而月亮却静止不动。——原注

在这样一个寒冷的地方，它在那里做什么呢？人们认为，它在和它的邻居地球玩捉迷藏的游戏。为了满足你们的好奇心，让我们一起到月球上徒步旅行吧！让科学当我们的引路人。你们准备好了吗？开始出发了。等一下，我弄错了。作为谨慎的旅行者，首先应该要说明我们需要走的路程。在你没有知道路程的长短之前，我们是不会进行一次如此遥远的探险的，因此，我们要测量一下地球到月亮的距离。要测量一下地球到月亮的距离？这是不可能的，谁能够拿着米尺一步一步地去测量连接地球与月亮之间的直线呢？谁敢自诩能够跨过空间中的这段距离，一脚踏在地球上，另一脚踏在月亮上，在这两个星球之间拉起一根测量的绳子？几何学家能够创造出这样的奇迹来。几何学家能够借助于角与直线的简单组合，告诉我们不可到达的物体的大小和到我们的距离。你们可能想知道，他们是怎样用最基本的东西、以最巧妙的办法来测量那不可测量的距离呢？这种高妙的方法是人类智慧中最杰出的观念之一。为了研究一下这种方法，我们先将旅行推迟一段时间。当你们亲眼看到实际去测量地球到月亮之间的距离是可能的、而不是简单接受那些你们所引用的数据的时候，你们会有一种满足感。通过记忆去学习是一件很好的事情，但是理解却看得更加清楚明白，因此它是更好的事情。

　　↓2. 给你们一个需要临摹的原图或是一个人的脑袋作为模型，你们可以描摹得和模型一样大，或者比它们大一些，也可以比它小一些，但不管怎样，最重要的是描画得跟原物相像，这一点是再清楚不过的了。这是已经画出来的鼻子，你们画出来的鼻子只有模型鼻子的一半大，对此我没什么可说的，只要画的比例协调就行。下面来画嘴，既然鼻子小了一半，那么很明显，嘴也要小一半！眼睛、耳朵、下巴、卷曲的头发，所有这些是不是都应该比原物小上一半！倘若在巨大的眼睛下边有一个小小的鼻子，或是在一张大嘴的下边有一个小小的下巴，你们——稍微看一下就会知道什么后果。你们画的不再是相像的临摹画，而是一幅难看的漫画。坚持这样画是没有用的：你们明白，既然一开始你们已经将这幅画中的鼻子缩小了两倍，那么，为了描摹得相似，眼睛、嘴巴、下巴等也要缩小；相反，如果你们一开始的时候就把鼻子扩大了两倍，那么画中的其他部位也要比模型中的相应部位扩大两倍。这一原则对于画图来说是没有争议的，这一点也同样适用于几何图形。其实我们应该说这一原则适用于一切情况：在相似的图画中，相对应的各部分之间的比例是相同的。

要使得图画相似，仅仅使不同的线段之间比例保持相同还是不够的，还需要其他的条件。假设你要画一个类似于图 43 中 ABCDH 的几何图形，但是大小要缩小一半。你们先作线段 ab，使它的长度是线段 AB 长度的一半；然后作线段 bc，使它的长度是线段 BC 长度的一半；再作线段 cd，使它长度是线段 CD 长度的一半；最后作线段 dh，使它长度的线段 DH 长度的一半。如图 44 所示。我们看到，相对应的不同线段之间的比例是相同的。但是，我们模仿出来的图画仍然跟原画并不相似。那么，为什么我们的模仿像是缺少了点什么东西呢？那是因为，我们并没有考虑角与角之间的相等。在作画的过程中，我并没有注意到这一点。我们再重新画一幅，并且仔细地画。在模仿图形中，使得对应的角都与原图中的角相等。我们作一个线段 a′b′，使得它的长度是 AB 的一半，如图 45 所示，然后在点 b′ 作一个角，使它的大小正好等于原图中相对应的角的大小，这样一直画下去，就能得到一个与原先图形相似的图形 a′b′c′d′h′。因此我们可以说：在相似的几何图形中，相对应的线段之间的比例是相同的，相对应的角是相等的。

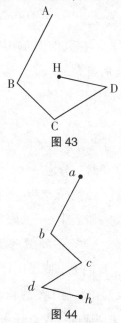

图 43

图 44

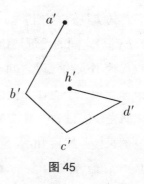

图 45

↓ *3.* 要根据一个眼前的模型画出一个脑袋、一幅风景或其他的什么东西，那么，我们必须要看到这个模型的所有部分，倘若这个模型的某个部位被一摊墨渍盖住了，那么，你还能如实完整地模仿出这个模型吗？——当然不能，为了描摹一幅画，首先应该观察这幅画，它所缺少的部位、不为我们所知的部位，都是不能被模仿的，这是显而易见的事情。但由于几何图形非常简单，所以几何图形是一个非常明显的例外。尽管原图的有些部位看不清楚、不为我们所知，但它还是可以被精确地模仿出来。我们用下面的一个例子来证明这一点。如图 46 中，我们要模仿一个多边形 ABCD，要把它的大小缩三倍。假如原图就像图 46 中的图一样是完整的，那么我们所要做的缩小工作并没有什么需要特别注意的地方。但是请你们想象一下，假如它被一摊墨渍弄脏了，就像图 47 中那样，角 A 就被遮住了，而边 AB 与边 AD 有多长，我们也看不到了。这样，根据这样一幅不完整的图形，我们还能作出一幅跟原图相似的模仿图来吗？这幅原图我们从来没见过呀？我们来试着作一下：我先作一个角 c，使它与原图中相对应的角 C 相等，如图 48 所示；再沿着该角的两边，作线段 cd 和 cb，使得它们的长度分别是线段 CD 和 CB 的三分之一，然后在 b 点处，再模一个与相对应的角 B 相等的角，由此得到一条无限长的直线 bx；同样的，我在 d 点作一个与角 D 相等的角，由此得到一条无限长的直线 dy，这两条直线 bx 与 dy 在点 a 处相交，于是一个完整的满足要求的图就被摹仿出来了。由此可见，在作图的过程中，我们不需要添加什么东西，也不需要考虑我们不知道其大小的角 a 以及边 BA 与 DA 的长度。这样，我们就完成了这个模仿图，这个图形是独立完成的，没有任何的随意性，也没有任何取决于我们选择的因素，这个图形是按照原图严格地作出来的，不存在任何其他可能的构造方式。因此，要作一个与某个几何图形相类似的图形，没有必要了解这个模型图形的所有细节，只要你知道关于这个模型图形的知识能够使绘图到达某个点的时候，它就能自然而然地完成就行。

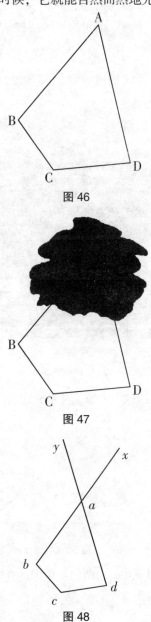

图 46

图 47

图 48

↓ *4.* 现在我们就将这个富有成效的原理应用到下一个问题之中。如图 49 所示，我们位于 A 点，有一条河将我们与塔 C 分开，而我们不能跨过这条河。我们想要测量我们与塔之间距离 AC 的长度以及塔的宽度。为了达到这个目标，在我们这一侧的河边，我们在任意一点比如说 B 点竖起一根杆子，我们直接用米尺或卷尺来测量一下线段 AB 的长度，并把线段 AB 称为底边，我假设它的长度是 70 米。然后我们在点 A 处放置一个经纬仪，测得角 CAB 的大小是 52 度。最后，我们将该经纬仪移到点 B，来测量角 CBA 的大小，假定它是 40 度。

图 49

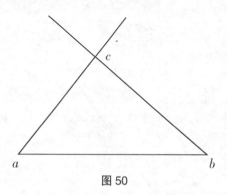

图 50

根据这些测量，我们获得三角形 CAB 中两个角即角 A 与角 B 的大小以及三条边中的一条边即边 AB 的长度，角 C 的大小与另外两条边 AC 与 BC 的长度，我们是不知道的，但这并不是因为它们被墨汁覆盖住我们才不知道，而且是因为河的阻拦，它比墨汁覆盖更加令人沮丧，因为它使得我们不能从河的这边走到河的那边去测量离塔的距离。如果我们不管墨汁的覆盖，能够作出一个相似的图形来，那么，河这个障碍物就不能妨碍我们在纸上如实地描摹出和三角形 ABC 相似的图形，尽管我们对三角形 ABC 只知道其中一半。我们在纸上画一条线段 ab，使它的长度为 70 毫米，如图 50 所示，线段 ab 代表的是图 49 中那条在地上测量出来的 70 米长的底边 AB，然后在点 a 处作一个 52 度的角，在点 b 处作一个 40 度的角，使得这两条直线相交于点 c。由此我们就完成了这个图，这个图是自然而然完成的，因此它与地上的原型是严格相似的，既然如此，那么它们对应的边之间的大小比例是相同的，只不过 ab 的长度是 70 毫米，而 AB 的长度是 70 米。因此，AC 的长度是多少米，那么知道 ac 的长度是多少毫米就足够了。我们用一把非常精确的直尺来测量 ac 的长度，我们发现，比如说，它是 50 毫米，那么，我们所求得的 AC 的长度是 50 米。你们看到，尽管河流阻挡住了我们的去路，但是，我们还是精确地测量出了塔距离我们到底有多远。借助于相似的图形，我们只需要知道一个底边的长度和两个角的大小，就能完美地完成这项工作①。

图 51

①几何学不是通过在纸上画出相似的三角形来求得未知线段 AC 的长度的，而是借助于底边 AB 的长度和两个夹角的大小来计算 AC 的长度的。借助于三角形的这种计算，就称为三角学。通过这种方法所获得的数值，要比运用相似图形所获得的数值精确得多。但很遗憾的是，这种方法对于我们现在的学习程度还是太深了一些。——原注

↓ 5. 一旦我们知道了塔离我们的距离，我们就很容易计算出塔的大小、塔的直径。观察者在点 A 处通过经纬仪上的两个望远镜来观察塔的左侧与右侧，由此，塔的宽度就是经纬仪上两个望远镜所代表的两条边所夹的角度。假设由此形成的角 BAC 的大小是 10 度，我们将这个角称为塔的角直径，因为这个角的两条边之间就是实际的直径，也就是塔的宽度。现在我们在纸上画一个 10 度的角 a，如图 52 所示，在它的两条边上，从顶点开始作两条线段 ab 与 ac，使得它们的长度都是 50 毫米，对应着塔与我们的距离 50 米。完成了这一步后，我们的图形算是完成了。我们用一把非常精确的尺子来测量 bc，假设它是 9 毫米，那么，塔的宽度就是 9 米。

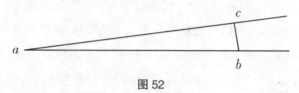

图 52

因此，要测量一个我们无法接触到的物体的大小，首先，我们要运用几何学的方法来确定该物体与我们之间的距离，然后，测量角直径，也就是说，从观察者的角度来看物体，所看到一侧的边与另一侧的边所形成的两条视线的夹角大小。借助于这个角的大小和已知该物体与我们之间的距离长短，我们就完全可以着手解决这个问题了。最后，我们不得不承认：几何学真是一种有效的工具啊！一个物体，不管它在哪里，是高楼大厦也好，是悬崖峭壁也好；也不管它有多远，一千米、一万米，甚至更远的距离，现在我们不必走过去，几何学就能告诉我们这个物体的大小以及它与我们之间的距离，就像用米尺实际测量过一样。借助于几何学来做这些研究，我们如果再说这些是不可能的，那我们就错了。

↓ 6. 倘若我们仅仅依靠简单的表象来判断地球与月亮之间的距离，那我们就犯了一个巨大的错误。单靠眼睛来观察，我们并不能够知道任何事情。我们看到月亮躲在云彩的后面，云彩本身离我们有两千米、三千米、四千米……有时候会高一些，有时候会低一些，那么月亮离我们到底有多远呢？如果不借助于几何学，我们根本不可能知道答案，因此我们就需要运用严格的科学来研究这个问题。

　　有两个观察者分别位于地球上的两个点，他们之间相距很远，这是为了我们的测量有一个足够大的底边。他们要精心选择他们的位置，使得他们之间的连线是正南北向的，也就是说，他们要处于同一条子午线上，比如说，一个观察者位于奥地利的维也纳，而另一个则处于非洲子午线南顶点的好望角。他们之间的距离接近于地球周长的四分之一，以这段距离作为一条巨大的底边，在它的基础上搭建出一个几何的脚手架来。最重要的是，这两个观察者需要于同时同分同秒在好望角与维也纳分别进行观察，这样，他们所看到的月亮应该是处于天空中的同一位置。他们之间的距离相隔如此之远，那么，怎么才能够做到在同一时刻观察呢？月亮自己解决了这个问题，因为满月的月盘会向两个观察者同时发出一个看得见的信号。实际上，在一定的时机，满月会变得越来越模糊，最后变得看不见，隐没在地球的阴影之中，在这个时刻，地球挡住了月亮，使太阳照不到它。这两个天文观察者等着某个信号，以便同时进行他们的观察，这个信号确切地说就是月食。当地球的阴影开始吞没月亮的边线时，这两位天文观察者会用望远镜同时观察到月亮的那条边被吞没。于是，在地球的这两个地方，测量工作同时开始了，就像这两位天文观察者约定好了一样①。

　　↓ 7. 于是，测量工作就简化为对两个角的测量。对此我们说明如下：在图 53 中，弧 VEC 是地球子午线上的一段圆弧，它把维也纳（即点 V）与好望角（即点 C）连接起来。在 E 点，赤道与这根子午线相交。在观察者开始观察的那一刻，月亮位于 L 点。维也纳的天文观察者用经纬仪测量角 HVL，该角是由地球垂线 HV 与望向月亮的视线 VL 构成的；而好望角的天文观察者则用经纬仪测量 DCL，该角是由地球垂线 DC 与望向月亮的视线 CL 构成的。这就是要做的所有工作。现在只要确定一下他们所在位置的纬度，也就是我在前文中讲过的观察者所在的点到赤道的度数，这样就可以了。通过观察相对应的天极，我们就可以得出他们所在的纬度。很明显，对纬度的测量不需要同时进行。每个观察者只要自己掌握时间，来确定他自己所在地的纬度即可，而无需关注他同事的测量时间。我假设维也纳的纬度是

---

①由于作者所处年代的局限,不能运用现代社会方便快捷的通讯工具,在此说明。——编注

48 度，这也就是说，处于赤道与维也纳之间的那条子午线上的弧 EV 是 48 度。好望角的纬度或说弧 EC 的大小是 34 度。这两个纬度之和，即弧 EV 与弧 EC 之和，就是两条垂线之间的角 COV 的度数，角 COV 就是我们所选取的两个观察点所在的地球垂线所构成的角，也即 VO 与 CO 这两条地球半径所构成的角。由此，在地球的这两个地点所进行的观察告诉我们，角 COV 的大小是 48 度加上 34 度，即 82 度。为了确定月亮与地球之间的距离，只需通过相似图形的办法即可，无需再做其他的事情。

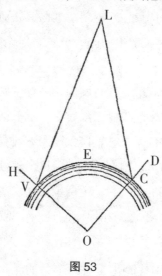

图 53

↓ 8. 我们在纸上画一段弧线，用它来代表地球上的一段圆弧，同时在这条弧线上画出它的任意一条半径，用来代表地球的半径。如图 54 所示。下面我们以点 O 为顶点作一个 82 度的角 COV。首先，在点 V 处作一条线段 VL，使得它跟穿过点 V 的垂直线 HV 构成一个角 hvl，并使得这个角等于在维也纳处的天文观察者所测到的角的大小，其次，在点 c 作一个角 dcl，使得它的大小等于在好望角处的天文观察者所测到的角的大小，这样，两条直线 VL 与 CL 会相交于点 l 处，由此图形 OVLC 就自然而然地完成了，它跟穿过地球与天空内部的直线所构成的图形 OVLC 相似。如果我们用圆规去测量 OL 包含有多少个 OC，那么测量结果就是大约 60 个左右[1]。因此，

①我们不要忽视这一点，这本书中的图形是严重变形的。这是因为，书本纸张的大小不允许我们按照比例来画出真正比例的图形。在图 54 中，OL 的实际长度并没有 OC 的 60 倍。——原注

月亮到地球中心的距离大约是地球半径的 60 倍。我们之所以说大约，这是因为地球到月亮的距离是随着月亮位置的变化而变化，月亮到地球的最远距离是地球半径的 64 倍，而最短的距离则是 56 倍，平均距离是 60 倍①。

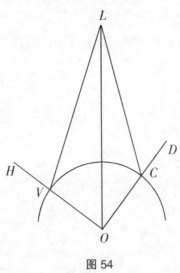

图 54

↓ 9. 月亮在云层后所呈现出来的现象严重地欺骗了我们。实际上，月亮与我们之间的距离要比我们看到的距离要远得多。要到月亮上去，需要 30 个地球连成一串，或是需要一根长绳，它的长度大约是沿着地球赤道绕上 9 圈到 10 圈的样子；一枚炮弹，当它离开炮口时的速度大约是每秒 400 米，如果保持这个速度，它要花上 11 天的时候才能从地球到达月亮；一辆时速为 60 千米的火车，要连续开上 9 个月才能从地球抵达月亮。既然月亮距离地球是如此的遥远，那么月亮实际上要比它看上去大上很多。为了知道月亮的实际大小，我们要重复一次测量塔时所进行的工作：首先要测量它的角直径，然后将该角与距离结合起来计算月亮的大小，通过观察月亮圆盘的上半圆与下半圆，我们测到月亮的角直径大约是半度。然后我们在纸上画一个大小为半度的角，并在它的两条边上截取 60 个单位的长度，以此代表 60 个地球半径，由此我们找到了三角形中对应着月亮实际直径的那条边，它的大小接近于地球直径的四分之

①我们应该还记得，地球的半径大约是 6400 千米。——原注

一，或者更准确地说是十一分之三。这样看来，月亮并不是一个小盘子，而是一个非常大的球，尽管它比地球要小得多。月球的半径大约是地球半径的十一分之三，因此它的周长是 10800 千米，它的体积大约是地球体积的五十分之一。现在我们可以开始我们原先计划好的探险活动了，如果路途太遥远了，那么就让我们乘着思想的翅膀快速飞过去吧！

第十一讲 | 月球旅行

↓*1.* 气球驾驶员从空中坠落。

↓*2.* 穿越大气层。

↓*3.* 空荡荡的太空。

↓*4.* 引力的边界。

↓*5.* 颠倒的旅行者、从 38400 千米的高处向着月亮落下。

↓*6.* 月球表面的微弱重力 I 。

↓*7.* 月球表面的微弱重力 II 。

↓*8.* 火山口的底部、月球景色概览。

↓*9.* 月球上一些山脉的形状与尺寸。

↓*10.* 比利牛斯山脉中的厄阿斯环形山与月球上的环形山。

↓*11.* 怎样测量月球上山峰的高度。

↓*12.* 第谷环形山、明亮的光条与裂谷。

↓*13.* 月球上的白天。

↓*14.* 月球上没有空气。

↓*15.* 月掩星。

↓*16.* 月球上没有水、月球上所谓的海、我们所知道的生命不适合在月球这样的物理环境下生存、月球上温度的极端变化。

↓*17.* 我们通过望远镜所看到的东西。

↓*18.* 罗斯爵士制作的天文望远镜、800 米高的巨人的瞳孔。

↓*1.* 当拉住气球的最后一根绳子解开时，对于气球驾驶员来说是一个激动人心的时刻。这个航空仪器的球形侧面在空中摇摇晃晃，它启动了，出发了，一个铅球沉入海洋底部的速度都没有它升入高空中的速度快。用不上几秒钟，从气球上往下看，地上的人们就像一群微不足道忙忙碌碌的蚂蚁，而地上的房子也变得奇小无比，城市就像一堆小小的白色立方体，似乎可以轻而易举地将他们放在手心。看，那边飘过一片云，气球升入云海中，一会儿就消失不见了，一会儿又从厚厚的灰色云层中冲出来，就像海上的一头怪兽冲出水面呼吸一样。气球升到更高的空中，那个地方总是晴朗的、沐浴在阳光中。气球升到了 1 万米的高空，这是人类在这个时候所能到达的最高处。这时，驾驶员透过厚厚的云层，还能看到地面，但由于距离太过遥远而看不清楚，而且这么高也会让人心生恐惧。他靠着十二根绳子和一个柳条筐被气球悬在高空，倘若这个不结实的柳条筐破了，天啊，从一万米的高空中掉下来，你只会感到寒冷刺骨，45 秒后，这个可怜的人就会掉到地面上，他坠落到地面时的速度是每秒钟 441 米，也就是说接近炮弹的离膛速度。这样的撞击是多么恐怖啊！他摔下来之后就没有人形了！我们将眼睛从这一惊心动魄的场景中移开，如果你觉得自己的意志足够坚强，不会眩晕，那么就一起登上比那气球升得更高的地方，到月亮上去吧。当然出于谨慎和一系列其他原因的考虑，我们的这次月球旅行仅仅是在思想中进行的。

　　↓ *2.* 在路上，我们会看到一些与大气有关的现象。在低处的大气层，它的厚度是几千米，云彩是在这部分的大气层中出现的，在几千米之外的大气层，空气太干燥，里面没有水汽，所以不能结成云彩，于是那里总是一片晴朗，从来不会有暴风雨，也不会有雷鸣电闪。——越是往上，温度下降得越是快，在几千米高的晴朗的高空中，空气已经非常寒冷。尽管太阳的照耀强度并没有减弱，但在一年四季里，高空中的温度比我们冬天里的最低温度还要低。——越是往上，空气也变得越来越稀薄，很快就不能满足呼吸的需要了。据乘坐过气球进入高空的探险家 Glaiser 和 Coxwell 回忆说，在进入大气海洋的中心之前、在一万米的高空中，还在他们上升的过程中，他们失去了意识、冻得发紫，由于缺少空气而几乎窒息。在八千米到一万米的高空中，人类已经感觉到了面临的危险了，这使我们不得不怀疑我们能否到达更高的地方。[1]除非我们只是在想象中去月球旅行，否则我们就只能放弃这次旅行了。一旦我们离开地面，窒息、寒冷，都会使我们的生命受到威胁。但是，由于我们的旅行只是在想象中进行的，所以我们无需对此担心。——这是怎么回事？在大白天里，天空变得暗下来了。我们在出发的时候，天空是瓦蓝瓦蓝的，但现在天空变得黑下来了，在天上还有太阳的时候，黑夜就降临了。天空之所以变得暗下来，这是很容易解释的事情。在我们的头顶上空，只有一部分大气层可以使得光线漫射开来，由于越往高处，大气变得越来越薄，在大气非常薄的地方，天空就不再是白天了，因为没有漫射的发亮物质了。我们很快走完了这一段路程，我们现在已经到了大气层的外面。我们回过头来看着地球，你就会看到大气海洋的边缘，波涛起伏得非常厉害。让我们继续往前吧！

↓ *3.* 现在我们来到的是无限的真空，在这个地方，太阳不断地投射出它的光亮，但并没有出现白天。太阳的周围在闪闪发光，但是其他的地方却是一片漆黑。星星们闪耀着，发出炫目的光芒，这是白天的黑夜，这是阳光下的黑暗，在这里什么都看不见，太阳不能照亮任何东西。太阳的光线徒然地穿过荒漠无边的太空，而我们的眼睛却不能直接接收到这些光线，它们看不到亮光。——这里永远是寂静无声的地方，是一片虚无的沉寂之地，地球上的任何喧闹声都不能到达这里，即使地球爆炸也不能打破这里的平静，这是因为这里没有传播声音的介质，也就不可能听到声音。这里的天气奇寒无比，如果没有大气层的遮挡，地球就会被冻住。没有任何东西能够温暖这片真空，即便是太阳的热和光对它来说也没有用。对地球之外这片荒漠的温度做一个最保守的估计，它大约在零下 60 度左右[2]。这比 1829 年那个最寒冷的冬天里最寒冷的天都要冷上三倍。经过细心的研究，一些研究者甚至认为这里的温度能够下降到零下 140 度[3]。我希望，

---

①当然我们现在知道，上月球我们需要穿太空服。——编注

②严格来说，法布尔所说的从地面起高约 10 千米左右的这层大气层称为对流层，它的最低温度大约在摄氏温度零下 60 度左右。再往上分别有平流层、中间层、热层、逃逸层，它们每层的温度都不一样。平流层的温度要比对流层的温度高；而中间层的最低温度约摄氏温度零下 90 度左右；热层与逃逸层的温度比较高，从一两千度到几千度都有。——译注

③真空中的温度取决于被测量物接收辐射的情况。如果远离恒星光源与热源，真空中的温度大约是开氏温度 3K 左右，即摄氏温度零下 270 度左右，也就是背景辐射的温度。——译注

你们能够明白，在这样恶劣的致命条件下，没有可呼吸的空气，温度又出奇地低，在这样的天空区域中，生命从来就不能生存。那么，我们还要继续到这样恐怖的地区去探险吗？为什么不呢？想象是神奇的坐骑，它对危险一笑了之，能将你们带到任何你们想去的地方。但是，它也很容易产生极端的偏差，因此我们对此要保持警惕，在没有经过科学的严格验证之前，我们不能认可想象所告诉我们的东西。

↓ *4.* 继续在这样单调的空间中停留是没有用的，月球是我们的目的地，我们不要再耽误时间了。但是，在我们的路途中，还有一个非常令人注目的地点需要我们去参观，在连接地球与月亮之间的那条想象的线上，有一个点，它划定了月球引力与地球引力两者的势力范围：在这边，是地球的引力大一些；而在那边，是月球的引力大一些。我们不能把这点跟空间中其他的点区分开，但是它是值得注意的，我们来解释一下这到底是为什么。地球对它周边的物体施加吸引力，使得它们落向地球；而月球也同样对它周边的物体施加吸引力，使得它们落向月球。由于引力是与质量成正比的，而地球比月球更大更重，因此如果把一个物体放在地球与月球的正中间，那么它就会被地球吸过去，但另一方面，引力又与距离的平方成反比。因此，如果被吸引的物体距离月球更近一些，那么短的距离就会补偿它在质量上的弱势。这样，更小的星球对该物体的引力就可以与更大的星球发出的引力相抗衡，甚至可以超过后者的引力，当然这涉及要确定哪一个点，在这个点上，地球的引力与月球的引力相平衡。我们将距离和各自的质量结合到一起考虑来确定这个点的位置：恰好处于该点的物体会同时被地球与月球吸引，它既不会落向这边，也不会落向那边。通过计算我们得知：若是从地球起计算的话，这个点位于地球到月球的距离十分之九处；而从月球起计算的话，则位于地球到月球的距离十分之一处，在这个点的范围这一侧，是地球的引力大；而在这个点的那一侧，则是月球的引力大。因此，位于两个星球之间的直线上的物体，它们是落向地球还是落向月球，这取决于它们位于引力平衡点的这侧还是那侧。

↓ *5.* 我们现在已经到达了这一点，它是两个引力的临界点。在这一刻之前，我们都是头在上面向着月球，脚在下面向着地球，即朝着吸引我们的那个物体的方向。这样的姿势是唯一正常的，也是与我们的生存状态相适应的，因为如果完全颠倒过来的话，即使只持续很短一段时间，我们也会死去。但是在我们到达的这个点，发生了一件非常奇怪的事情。为了不致于不方便，我们的头和脚的位置要跟原先的位置颠倒一下，原因很明显，我们一旦越过了这个临界点，我们就不再属于地球了，我们就属于月球了！这时，它的引力控制住了我们。对于我们来说，现在处于下面的是吸引我们的球，即月球；而处于上面的则是地球，因为我们不再被它的引力控制了。从此之后，我们的旅行不再是上升、而是下落了；我们不再是升上去，而是降下来。我们从 38400 千米的高处向着月亮落下去了，要到达我们的目的地，还需要更多的努力。月亮的引力会吸引着我们越来越快地降落，我们的速度会越来越快，不消几分钟，速度就会达到惊人的程度。这时，我们惊骇万分，立即就会想起那个乘坐气球的探险者从地球的万米高空坠下的情景了。如果从 38400 千米的高空坠落下去，那会发生什么样的事情啊？好啦，一切都好了，我们现在已经到达月球了。好在我们只是在思想中旅行，不会从天上掉下去的。

↓ 6. 现在我们在哪里呢？在一块石坡上，它就像在阿尔卑斯山那些光秃秃的陡坡一样。是的，我们在这里所看到的都是石头、都是真实的岩石，它们都乱七八糟地堆在那里。在这里，我们满眼所见的，尽是像地球上山脉断开后的悬崖峭壁那样犬牙交错的岩石。月球就像地球一样，也是一个石质的球体。石头在这儿也是那么沉吗？这里有块石头，按照它的体积，在地球上大约会重百把公斤吧？但在这里，我们却可以将它轻而易举地用手举起来。在地球上，要举起同样大小的杉木块，都没有这么容易。由于这里的石头重量很轻，我们几乎可以说它就像软木做成的一样，这是一个特别的地方，在这里，石头都没我们地球上的软木来得重！不仅仅是石头，其他的所有东西都变轻了。一种奇怪的感觉提醒我们，对于我们自身而言也一样，我们的重量也减轻了，我们的脚就像踩在棉花上一样，几乎感觉不到地面的压力。我们走路时开始犹豫了，我们只想走出一步，但这一步却比我们预料的走得更远。我们找不到支撑、失去平衡、失去重量感，我们太轻了，不能使上力。我们要克服的阻力和我们要克服阻力使的劲之间，并不协

调。我们滑稽地、笨手笨脚地做着在地球上最容易做的事情——行走。我们希望习惯能够帮助我们爬上周围的山坡。但是请稍等片刻，让我们解释一下这失重的原因。

↓ 7. 一个物体的重量并不是它的固有性质，它并不像它的形状与它的构成一样总是跟随着它。假如同一个物体，我们把它从地面上移到离地球中心两倍远的高空中，同时不要给它添加什么，也不要给它减少什么。那么，它的重量，也就是说它往下落的倾向就会少四倍。重量来自于作用于物体上的吸引力，它与产生吸引物体的质量成正比，它与产生吸引物体的距离平方成反比。因为重量就是一种被吸引力中心拉去的倾向，因此，一个物体的重量就取决于产生吸引物体的质量多少以及与该吸引物体中心的距离长短。月球的质量是地球质量的 1/88[①]。一个物体，如果它离月球中心与地球中心有着同样的距离，那么它在月球上的重量是地球上重量的 1/88。但是由于月亮的半径只是地球半径的四分之一左右，更短的距离弥补了月亮在质量上的弱势，因此，将所有因素都加以考虑的话，在月球表面的物体，它的重量是地球的六分之一。现在你们明白了为什么我们在月球上的每一步都是不由自主地跳跃了吗？我们举起像在平时那样的重量迈开双腿，但我们抬起的重量只是原先的六分之一。为了扔出一个软木球，我们用手指一弹，但实际上我们的力度已经相当于挥出一拳那么大了。

↓ 8. 下坠将我们偶然带到这样一个地方，这个地方让我们感到不安心。我们周围的土地黑乎乎地裸露着，堆成了一个个陡峭的山坡，形成了一个个锥形的深坑，就像一个个巨大的漏斗。它的底部非常黑暗，被崩塌的岩石堆得看不清楚。在我们头顶上方约一千米处，有一个敞开的大口，就像一口废弃的巨大枯井。毫无疑问，我们是掉在一个火山口里了，在这里，很可能并没有什么危险。至少，天文学家并没有观察到月球上有什么火山喷发的情景，这里的火山活动似乎是终年休眠的。不管怎样，我们要从这个火山漏斗中爬出去，我们要爬到顶上去看看四周的景色。

[①]这个数字是当时从月球对地球上海洋所产生的影响即潮汐这一现象推断出来的，现在这个数字已经更正为 1/81。——编注

要见到一片非同寻常的原野，那是很困难的。我们认为，我们面对的是一座座火山岩渣堆成的巨大火山锥，它们连绵起伏，从左边到右边，从前面到后面，我们所见到的都是火山锥。它们有的大一些，有的小一些；有的独立成山，有的连在一起，一个接着一个地就像长在树上的树瘤一样；有的就像鼹鼠丘那么小，其开口向着原野的上空；有的像地球上最高的山峰那么高，它们的漏斗底部很深，太阳光从来照不到那儿。有的直接从地面隆起，高高耸立；而有的被地面的一圈隆起围在中央，我们绕着这圈隆起走上几天都走不完。在这些火山山体的侧面和火山之间的峡谷底部，到处都乱七八糟地布满了高低不平而非常奇怪的锯齿形的山石、带着缺口的石顶以及不规则的乱石。显然，要将地面弄成这样，需要难以置信的巨大扭曲力。

↓9. 我们在观察点的上部所见到的这些情景，在月球的表面到处都是。月球的主要特点就是到处都一片混乱。这让我们想起了奥弗涅与维瓦莱，那儿到处都是休眠的死火山，数量多得惊人。除了有一些比较开阔的地方比较平整，那是被人误认为是海洋的地方，月球的表面到处都是火山形状的山脉，从中间凹下去。它们最常见的形状就是一个巨大的环形物，这个环形物的顶部凹陷下去，在它的中间，通常是一个圆顶或是一个耸立的尖顶。月球上的这些山所具有的所有这些特征，是不是像我们在地球上所看到的那种火山口？但是它们是如此巨大，使得我们不能这么肯定。克拉维斯①火山口的直径是 220 千米，托勒密火山口的直径是 180 千米，哥白尼火山口的直径是 88 千米，第谷火山口的直径是 80 千米。而地球上的火山口，比如维苏威火山与特内里费火山，它们的直径分别只有 200 米与 150 米！月球上这些火山的高度也不低：托勒密火山高 2643 米，哥白尼火山高 3418 米，第谷火山高 5216 米，克拉维斯火山高 7091 米，牛顿火山高 7264 米，多尔非火山高 7603 米。如果月球上的这些火山口能够和地球上的火山相比较的话，那么它们那些巨大的环状隆起带就很容易令人想起某些地球上的环状凹陷，就像在比利牛斯山脉地区出现的一些火山口形的

①我们是用著名天文学家的名字来命名月球上山峰的。——原注

峡谷地带，这些环状凹陷又称为环形山。这些山不像维苏威火山和埃特纳火山那样是喷发型的火山口，而是由于受到月球内部的压力，在月球表面呈环状隆起，并在隆起来的中间塌陷下去，这样就形成了四周呈垂直隆起的环状地带。

↓ *10.* 但是月球上的环形山与地球上的环形山是不成比例的。比利牛斯山脉①中的厄阿斯山，它是一个周长为8千多米的大深坑。它四周的高度不低于800至900米。在这个深坑里，游荡着许多野兽。因此很难找到这个坑的边界。即使有三百万人在里面也不会觉得拥挤，就是一千万人也能个个在里面找到立足之地。但是与月球上的环形山相比，这座巨大的厄阿斯环形山只不过就是一个微不足道的小坑。因为月球上的环形山周长大约是400至600千米，它们的环状隆起高达六七千米。这些环状隆起的坑很深，因为我们要注意到，月球上环形山里面的底部要比外部的地面更低。这似乎是因为，在月球内部剧烈运动的那些遥远年代，月球上的熔岩呈液体状或软状绵，在环状隆起已经变硬固化的同时，处于中间的这些物质被吸向中心。

图55 月球上的一个火山口

月球表面的火山性质如此明显，它们分布又不均匀，这使得它们又具有一个明显的性质，即它们与月球本身相比显得非常巨大。在我们已经测量过高度的1095座月球山中，其中有6座山峰的高度超过6000米，有22

①位于欧洲西南部，是法国与西班牙的国界山。——编注

座山峰的高度超过海拔高达 4210 米的勃朗峰。月球上的多尔非山峰，它的高度达 7603 米，几乎可以与地球上最高的山，即高达 8840 米的 Gaurisankar 与 Kunchinjunga[1]山峰媲美。月球的体积是这么的小，但它的山峰却这么的高，这一点令人啧啧称奇。Gaurisankar 山的高度是地球半径的 740 分之一，而多尔非山却是月球半径的 227 分之一。根据地球与月球上的最高山峰所做的比较，月球上的山要比地球上的山高出三倍多。月球上的山如此之高的一个可能原因就是，它的重量减小了六倍。如果月球上的山像地球上的山一样，也是由于内部剧烈运动而产生并在地面高高耸起的，那么我们就能够猜想到，同样的力在月球上造成的后果更为明显。因为月球上物体的重量要比地球上的物体小 6 倍，因此月球上物体所受到的阻力也会小 6 倍。

↓ 11. 还有一件事情同样会让你惊讶不已。我在上文中已经讲过，月球上环形山的大小与最高峰的高度分别是多少。你们相信这些数字吗？我们在地球上能够测量月球上山峰的高度吗？当然可以，这没什么特别的困难。我们的几何学知识还这么有限，因此我们暂时还不能自己去解决整个问题。但在这里，我至少要向你们阐明这种形式的研究是建在哪几个原理之上的。

假设我们用一架中等倍率的望远镜去观察月球，那么我们就会看到，在月球上面布满了许多圆形或椭圆形的斑点，它们中有一些是明亮的，另一些是暗沉的，它的四周是一圈被照得很亮的环形边。在月亮变成上弦月或下弦月的时候，月亮上可见的部分缩小为一个月牙，这时，月亮上的细节部分清晰可见。我们可以毫不犹豫地辨认出这些圆形斑点就是一些洞，即一些巨大的火山口。在这些深坑里面向着太阳的那些斜坡，被太阳照得很亮；而它对面的那些斜坡，则是背着太阳的，处于一片黑暗之中。环状隆起的顶部仿佛在燃烧似的，整座山峰将自己深黑色的影子投射在它身后的原野上。我们将影子的长度与月亮的直径来做比较，由此就可以推断出这些山的高度与火山口的深度。

---

[1]都是珠穆朗玛峰 1921 年以来被推测的名称。——编注

我们继续往前，如果月球的表面不是高低不平的，那么被太阳照亮的那一部分与处于黑暗之中的那一部分之间的分界线也是非常规整的。但是如果我们仔细看看处于月牙时的月亮，我们就会看到，在这条明暗分界线的外面，还有许多不规则的亮点，它们是一些孤立地闪着光的亮点，仿佛跟月牙分开来似的。这些亮点就是山的顶峰，由于它们高高耸立，因此在太阳照到它们山脚周围的平原之前就先被太阳照亮了，当它们山脚下的所有物体都仍处于黑暗中的时候，它们就先开始发亮了。根据这些亮点到明暗分界线的距离，我们可以推断出这些山峰的高度。这是因为，一座山峰越是高，那么太阳光照射到那里也会越早。

↓ *12.* 让我们走得更远一些。你们跟着我去看看矗立于我们右边那些呈环形的锯齿状巨大缺口。它们是第谷环形山的一部分。现在你们来看一下，这些垂直的岩石壁，围成一个个同心圆的形状，我们无法整个地看清楚这座环形山，这样一座巨大的环形山，它的直径是 80 千米，周长是 250 千米，它的周围岩石壁的高度有的地方能达到 5000 多米。要填满这么大的一个坑，地球上的三座大山钦博拉索山、勃朗峰、特内里费山一起填进去都不够。这座环形山的底部是一片凹凸不平的原野，这片原野就跟环形山的岩壁一样，发出很亮的光，仿佛是一些晶状的物质，在火山口喷发时，从月球内部喷涌出来，于是在岩浆流过的地方就涂上了一层透明的东西。在环形山的中间，矗立着一座高达 5000 米的锥形山，就像雄伟的金字塔一样。

环形山的外壁没有那么亮，仿佛呈现出与内壁不同的性质。但是，在这些外壁的外面，从壁脚处起，在原野上投射下长长的亮条，这些亮条的亮度就跟环形山的中间与内壁一样，我们从地球上看去，它们就像围绕着这个环而发散出来的许多光束一样，这些光束的数量有成百个或更多。开普勒环形山、哥白尼环形山与其他环形山，同样也是散发出类似光线的中心点。这些发光带从来不投射下阴影，这是因为它们并不是凹凸不平的，它们跟地面处于相同的水平面上。所有现象都表明，在月球发生剧烈变动而在表面产生出了这种火山口的那段时期，月球表面围绕着地震中心产生出了星状裂纹，就像一块玻璃被石子击碎而围绕着击中点产生出了星状裂纹一样，月球内部的物质在被火山口喷向外面时，把这些裂纹填满了，这些物质类似于玻璃的材质，它的反光性非常强，与构成内壁和火山底部的材质是一样的。

月球表面不同的区域，都有着类似的裂纹，但是它们的景象却并不一样，我们将它们称为裂谷，它们是一些深深的沟壑，是一些处于两条像堤坝一样的平行山脉间的笔直裂谷。它们中的大部分都是孤立不相交的，但有些裂谷却像血管一样相连接，杂乱交错。它们的长度大约在 16 至 200 千米左右，它们中的最大宽度大约在 1600 米左右。在满月的时候，这些裂谷看上去仿佛是一些白色的线条，这是因为它们被完全照亮了。在月亮呈月牙状的时候，这些裂谷是暗黑色的，这是因为堤坝的影子投射到了这些裂纹上，它们没有受到太阳光的照射。这些裂纹肯定是在较晚的岁月中由月球表面大量断裂而形成的，至少，它们会比球形山形成得更晚一些。这是因为其中一些裂谷渗透到了环形山里面，沿着它们的环形壁而裂开。

↓ 13. 注意到了月球表面参差不齐的地势之后，观察者会被如下的一个事实震惊不已：那就是光与暗的交界非常鲜明，照下来的光异常地突兀。仅仅这个事实，就使我们不由自主地想起地球上的光照与明暗来，因为我们对于地球上光线乱七八糟地分散照射的白天场景非常熟悉，而在这里，在物体一定距离外看到的它们笼罩在模糊面纱中的景象再也没有了，光线明暗渐变的景象也没有了，而这在地球上，我们是可以据此判断物体离我们远近的。在月球上，地平线不再是一根隐没在模糊亮光中的若有若无的线了，而是一个边界清晰的圆圈。在这里，天边远处的山峰和最近的山峰是一样清楚的。在太阳照不到的地方，不再是阴影部分，倘若没有粗糙地面反射来的微弱光亮，那就是完全的黑暗。从地球上望去，很小倍率的望远镜都能看清，月球上的阴影部分是完全黑暗的，就像一张雪白的纸上染上了一摊墨汁一样地界限分明。在月球上，没有漫射光线，也没有晨曦与黄昏。当太阳升起或落下的时候，白天或是黑夜就来临了，没有任何中间过渡。前一刻还是阳光闪耀的大白天，后一刻就是漆黑一团的深沉黑夜。最后，月球这里的天空也从来不是蓝色的，无论在白天还是在黑夜，无论当太阳升起还是落下，天空永远都是黑色的，星星永远都会在天空中

闪耀。当我们在月球上看到，在孤寂冷清的天宇中，星星在闪闪发亮，而寥廓天宇之下的环形山，一半处于光明之中，另一半则处于黑暗之中。面对这样的月球奇景，我们很难相信自己是处在现实世界之中。我们这些想象中的旅行者，是不是被自己的想象欺骗了呢？——并没有，这是因为尽管我们身处地球，但还是很容易就知道，月球上并没有大气层，因此这一切都是显然真实的：缺少了漫射光的月球，缺少了晨曦与黄昏的月球，阴影就会异常地突兀，而在大白天里的天空也会是一片漆黑地点缀着星光。

↓ *14.* 首先，通过一个非常简单的观察，我们就会了解到，即使围绕着月球有一层大气存在，那么，至少月球上并不会像我们地球上的大气层那样会有云彩。倘若月球上空有云彩飘过，那么在事实上，我们从地球上就可以看到月亮圆盘前面的云层掠过，就像一些会移动的斑点似的。但是我们从来都没看到有过类似的现象。当我们的天空清清朗朗、透彻无云的时候，月亮也是一片清亮，没有一丝一毫的云彩，也没有朦胧的薄雾，而它们则会每过一段时间，把清清楚楚的地面起伏弄得些许模糊。

即使是清澈透亮的大气层，我们也不会承认它会在月球上存在。从我们被洁净大气层所覆盖而推断出来的所有事实来看，其中最不容置疑的一个事实就是：地球上的白天与黑夜的转换是逐渐过渡的。我们从白天进入黑暗的夜晚，以及从黑夜进入明亮的白天，中间都是要经过一段晨曦或一段黄昏的。这段晨曦或黄昏就像戏剧场景变换的序幕一样，它们是那高空中的大气层反射给我们的第一缕或最后一缕太阳光。对于一个离地球很远的观察者而言，地球这个球体并没有呈现出这样的现象：它被一条清楚分明的界线分成黑暗与光明的两个区域。然而实际上他所看到的是：一边是阴影部分，另一边是明亮部分，处于这两个部分中间的，是一条若有若无的、模糊不明的地带，它使得白天逐渐过渡到黑夜，黑夜逐渐过渡到白天。

而在月球上，这一切现象都不会这样呈现。黑暗的部分与光明的部分被一条清晰的线分开，中间没有模糊不明的地带。既然在月球的表面并没有白天与黑夜之间的这条模糊不明而逐渐变化的中间地带，那么结论就很明显：月球上并没有大气层存在。

↓ 15. 我们可以通过下面的考察来得到同样的结果。你们已经知道光线是怎样被地球上的大气层所折射的，在太阳升起之前或落下之后的那一刻，我们还可以看到太阳一段时间。你们也会回想起这个例子：把一枚硬币放到一个不透明的盆的底部，使它刚好被盆壁遮住。在往盆里注入水后，由于折射作用，这枚硬币就能被看见了。但是，月亮在天宇中穿行而过，一遍遍地进行着它的旅行，有时会在某颗星星之前经过，于是这颗星被遮住了，人们把这种现象叫做月掩星。倘若月亮是被一层大气层包围着的话，那么这段遮住的时间就会略略缩短一些。这是因为，这颗星的光线会被月球大气层改变它的方向，这样就会使它在实际上消失在月亮之后时仍然被我们看到，并且当它实际上在月亮的另一侧还没露头之前就被我们看到。这就与地球上大气层的折射作用一样：太阳在冒出地平线之前的那一刻，我们就看到了太阳；在它落下地平线之后的那一刻，我们还能看到它。现在，如果我们要测量一颗星被月亮掩盖的时间长短，我们发现这段时间正好等于月亮在天空中移过它自身大小的那段路程所走过的时间，因为星星被月亮掩盖的时间，正好是月亮移过该星星的时间，这段时间应该是从星星被月亮遮住、它的光线停止射到我们这里的那个时刻起，到月亮从星星前面移开而不再遮住星星、星星的光线重新射到我们这里的那个时刻为止，一共所经过的这段时间。换句话说，星星射向我们的光线应该没有改变它的直线方向，没有在掠过月球两侧时被折射。这个现象的逻辑结论就是月球上并没有大气层。但是我们也要小心，这个否定的结论并不是完全绝对的。只有一点是确定无疑的：倘若月球被一层大气所覆盖，那么这个大气层不会被照亮而产生出晨曦与黄昏，也不会折射光线，因此它会比我们地球上的大气层稀薄几千倍。我们目前最好的真空机所制造出来的真空，就跟这种大气差不多稀薄，我们可以不管这种限制，把这样稀薄的空气视为没有。

↓ 16. 月球上既然没有空气，那我们由此可以推知上面也没有水。这是因为，倘若在月球的表面上有着一片片海水、湖泊或是池塘，那么经过太阳两周连续照射而产生的自然蒸发的水蒸气，就会将月球笼罩在由水汽形成的云层之中，于是月球就像披上了一件厚重的大衣。但是无论是云朵

还是水汽，这些在月球上都没有看到，因为月球上的地面都是干裂的。

但是天文学家会用像沼泽、湖泊、海洋这样的称呼来指称月球上的某些地方，我们会说：神酒海、危海、云海、汽海、风暴洋、静海、梦湖、睡沼，等等。这些名称是用来称呼月球表面上一些灰暗地方的，但我们却能够用肉眼分辨出来其中的大部分区域，这些名字都是为使用方便而起的，实际上它们的表达含义并不恰当。当我们用望远镜望向这些所谓的海洋区域时，我们在那里能够看到一些平原，在上面到处都分布着火山口与裂纹。

既没有水也没有空气，在缺乏这两种生命首要条件的情形下，月球就是一个只有天然物质的地方。如果月球上存在生命体，就要具备与地球一样的恒定的性质。月球是一个永远寂静无声的孤地，它是一片死气沉沉永不变动的荒漠，在这里，不管是植物、动物，还是我们知道的其他任何生物体，最终都会被驱逐出去。一簇苔藓，为了在我们大山的花岗岩石上的一角生存，它只要汲取夜间的几滴露水，供给自己细小的根须，呼吸一下大气，为叶子提供养分，它就足可以维持生命了，但是在月球这样一个永远到处都是岩石的地方，没有赋予一切生命的空气沐浴，生命力再强的植物也不可能生存。我们生命力顽强的苔藓，在地球上即使在房顶瓦片下也能生存，但在月球这样的物质条件下却不能存活。我们更不用说那些对生存条件要求更高的高等植物，特别是动物了。在月球表面上根本就找不到适合它们生存的相似条件。

除了缺少空气和水之外，我们还有个理由使我们确信月球上没有生物，即绝对温度的致命变化。月球要使它的各个面都轮流接受一次太阳的光照所花费的时间是地球的三十倍。它的每个半球连续受到太阳照射的时间，是 24 小时的 15 倍。每个半球处于黑暗的夜晚之中的时间，也是 24 小时的 15 倍①。如果由于夏天的白天太长，长达 16 个小时之多，我们觉得难以忍受，那么月球上的白天长达 360 个小时，白天里，太阳的热气不断袭来，没有云的遮挡，没有风来缓解一下这种炎热，在这种情况下，你们作何感想呢？我们肯定不能承受这种温度。炎热的白天过后，随之而来

①月球上白天的时间平均是 14 天 18 小时 22 分钟。——原注

的是同样漫长的夜晚。这时白天的热气骤然消退，因为这里没有大气，没有气体形成的包围层来保护土地，使其不被冻住，所以月球夜晚温度可能降到像高空温度那么冷。在 15 天里，温度像要烤死人那样的炎热，接下来的 15 天，温度又突然变得像要冻死人那样地寒冷，地球上的生物到月球上会变成什么样呢？显而易见：从各个方面来看，月球就是一片荒漠，除非生命体有我们还不知道的生存能力，才能在那生存。不要在这里犹豫了，我们先不去探索它的神秘性了。

↓ *17.* 天文望远镜可以让我们看清楚月球表面的特殊细节。那么，它能不能以它超强的视力帮助我们，让我们看清楚月球上是不是完全的不毛之地呢？——不能。天文学家目前还没有这么有力的仪器，能帮助我们看清楚像地球上生命体那么小的月球物体。月球到地球的平均距离是 384000 千米。为了将月球上的物体拉近 1000 倍，也就是说，为了看清楚月球，就像我们在 384 千米之外看清楚物体一样，需要用一个 1000 倍率的望远镜。为了将这个距离再拉近一半，需要一个 2000 倍率的望远镜，在这种情形下，月球在我们看来，就像是用肉眼看到的 192 千米外的物体一样。在里昂，我们用肉眼就能清楚地看到 160 千米之外的勃朗峰，虽然它看起来很小。但是在同样的距离下，像一个人，一棵树，甚至是一栋房子那么小的物体，我们就完全看不见了。用一个倍率为 2500 倍的望远镜，我们能够看到月球上的山峰，就像在里昂看到勃朗峰一样。我们能够清楚地看到月球上那些很大的物体，也能够看清楚月球表面是高低不平的。但是用这样的望远镜，我们仍然不能看清楚那些体积较小的物体。让我们再继续往下。如果我们用一个倍率为 4000 倍的望远镜，那么月球就会被带到离观察者只有 96 千米外的地方。倘若我们用一个倍率为 6000 倍的望远镜，那么，月球就距离观察者只有 64 千米了。我们现在可以看清楚像动物那么大的物体了吗？——当然不能。在 64 千米外的地方，谁敢吹嘘说他能分辨出一头牛还是一头像呢？你们可能会对我说，不断地提高望远镜的倍率就能使月球拉到更近的地方，这样月球对我们就没有秘密可言了。

↓ *18.* 首先，我提请你们注意，我在上文中所说的倍率已经大大地超出了目前的望远镜所能达到的最大限度了[①]。用望远镜来放大物体，这必

然地会使来自物体的光线发散在一个更为广阔的空间里，这对于看清楚物体是不利的。当达到与光源的亮度相对应的临界线时，光就会变得如此稀少与微弱，这时我们就不能看清楚物体了。放大的倍数越是大，清晰度就越是低。但是对于月球来说，它的可能放大界限很快就能达到，这是因为月球不够亮。即使使用赫歇尔和罗斯爵士所制作的巨型望远镜，放大的倍数也从来都没有超过 1000 至 2000 倍。最新的天文望远镜是一座有着16.76 米长的镜筒、1.83 米的直径的望远镜，它的重量是 6600 公斤。在镜筒底部是一面重达 3809 公斤的金属凹面镜，它能够收集大量的光线，这样光线就不会被削弱得很厉害，它就能够克服住由于剧烈放大而产生的分散所带来的弊端，从而使我们清晰地看到被观测的星体。这架天文望远镜被放在留有缺口的巨大城墙上。它通过一些绳子和杠杆来转动，可调整转向到需要观测的天空区域。作为一个观测仪器，它就相当于瞳孔大小为1.83 米的 800 米高的巨人的眼睛。通过这样一个巨大的望远镜，我们最多可以看到月球上像我们教堂那么大的物体。因此，到目前为止，仅从天文望远镜的观测来看，我们还不能确定月球是一片没有生命的荒芜之地。但是毫无疑问，当科学在将来能够制造出更强有力的天文望远镜时，我们早晚会解决这个问题。

---

①时至今日，基于射电技术的空间望远镜在观测精度、观测范围、观测对象方面都比法布尔时代的望远镜先进很多。于 1990 年升空的哈勃空间望远镜将于 2013 年退役，它为人类的天文观测作出了非常大的贡献；其接任者韦伯空间望远镜将于 2014 年之后升空。它们是目前人类所能制造出的最先进的望远镜。——译注

第十二讲 │ 从月球上看到的地球

↓ 1. 地球缩小为一个大月球、像一只手掌那么大的法国。

↓ 2. 发光的阿尔卑斯山山顶、奥弗涅火山口、两极的冰雪、赤道上空的云带。

↓ 3. 地球的光、月球夜晚的光辉。

↓ 4. 灰光、为什么地球会发光亮。

↓ 5. 月球上的一半地区永远看不到地球。

↓ 6. 对这一事实的实验证明。

↓ 7. 月球大钟、地球的相位。

↓ 1. 当我们长篇大论地认为在月球表面不可能存在生物时，我们忘记了第谷环形山。我们的想象飞驰般地将我们带到这里，让我们登上这个观察点，从高处眺望一下地球。首先我们选择一个合适的时间，即月球将它的阴暗面朝向我们，我们所在的月球进入夜晚时来观察。那么我们那巨大的地球、在我们看来似乎是宇宙中心的地球，它现在在哪里呢？它就在我们头顶上方的天空一角，它看上去就像一个巨大的月亮，它的光照亮了周边的景物。这就是因为距离太远而看上去变小了的地球吗？的确是。那是欧洲、非洲、亚洲，就像在半个世界地图上画出来的那样精细。海洋是灰色的，带着一点浅蓝色。大地发出更加明亮的反射光，这种光是白色的，但因为地面覆盖着一层绿色植物，从而使这种光带有一抹淡淡的绿。看上去具同样亮度的云层，在空中飘忽不定，它们被一层几乎难以看到的透明物质包围着。在它们移动的同时，地面这个发亮圆盘上的黑色斑点也一起移动，这是云在大气中漂浮，并将它们的影子投射到地面上。在西边天际，从大西洋的灰色海平面再往前走一点的地方，我们会看到我们无比热爱的地球一角。这就是我们的国家，法国，它是各民族智慧和气魄的象征。她思考着、感受着。地球上的这一角，我们从月球环形山上看到的似乎可以用手掌就将其大部分覆盖住的地方，如果很不幸地消失了，那么地球就会出现一片巨大的空白，一片无法弥补的空白。从月球上看，这里似乎是只有一掌大小的土地，但却居住着三千多万和我们一样的同类。伟大的自然，从你那悠远的眼光来看，从我们作为被创造物使你所具有的荣耀和我们的极限来看，在你的眼中我们到底是什么呢？世界万物都不能逃脱你的意志，为了使比我们还要渺小的生物能够在地球上生存，你使地球牢固地绕着轴转动，使宇宙万物和谐地生存于地球上，并慈爱地给小昆虫提供甘露养料，让细弱的小草能够吮吸到露水而茁壮成长。

↓ *2.* 我们知道法国就是那片狭窄的区域，在它的南边和东边，有几排被黑影隔开的点，它们发出格外亮的光芒。这些闪亮的点就是比利牛斯山和阿尔卑斯山的顶端，它们将太阳照过来的光线反射出去，从而发出光亮。那些处于中间的阴影就是太阳还没有照射到的山谷。我们再仔细观察一下，就能看到在阿尔卑斯山的左边有许多圆锥形的洞，它们西边的斜坡受到晨光照射而发亮，而东边的斜坡则处于黑暗之中，这些环形洞跟月球上的环形山相似，但要小很多。这就是维瓦莱和奥弗涅的漏斗形火山口。但是如果不借助于望远镜，我们在月球上根本看不到这么小的火山。

现在我们将眼睛望向地球这个圆盘的两端。在南端，我们看到一片广阔的区域，它被大海不规则地分开，并且发出耀眼的光芒，这种光芒与阿尔卑斯山顶发出的光一样亮，它是由南极冰雪覆盖的圆顶形成的。在地球的北端，也有一片发光的区域，这是由北极冰雪覆盖而形成的。北部的发光区域面积不如南边大，原因是这时地球的北半球正处于夏季，而南半球则处于冬季，在北半球，部分融化的冰雪向着极地移动，这样，冰雪覆盖的面积就会逐渐缩小；而在南半球，由于正是冬天，所以冰雪覆盖面积不断地向着结冰的大海扩张。再过六个月，季节更替之后，那么南北半球的景象就会颠倒过来：北半球的冰雪面积不断地扩大，而南半球的冰雪面积则不断缩小。

下面我们来讲述，从月球上来看地球，所看到的大体景象的另一个引人注目的特点。我们知道，那些在地球圆盘上游移不定、一片一片的、并且呈现出均匀白色的雾状东西就是受到太阳光照射的云彩。我们到处都可以看到一些这样的东西，它们无规律地散布在地球圆盘上：有的地方少些，而有的地方多一些。但在赤道区域，它们的分布却非常特殊，它们从东到西排列成不规则的带状形式，这些云带相互平行，出现这种景象是由信风造成的，因为信风是向着与地球转动相反的方向、长年累月地从东吹向西的。

↓3. 我们刚才将地球比作一个巨大的月球，这一比喻是非常准确的。从我们所处的位置来看，地球就像一个巨大的银盘。从月亮上看，地球闪闪发光，这就像我们从地球上看到的月亮也是闪闪发光的一样，只不过地球的光要更亮一些。地球直径与月球直径之比是 11 比 3，因此地球圆盘的面积是月球圆盘面积的 14 倍。我们可以想象一下，将 14 个满月合成为一个月亮，它发出的光才能像地球最美丽的夜晚发出的光那样明亮。

这时，我们所看到的地球正在散发出它最耀眼的光芒，这个星球，看上去只有磨盘那么大，它不断地从黑色的高空中洒下一道道耀眼的白光，使月球呈现出一幅难以描述的景象。在月球上，我们看到似乎有银色溶液状的物质从山顶倾泻而下，火山口的侧面就像笼罩上了一层白光，那些平整的地方闪闪发光，就像涂上了一层磷一样。我们脚下的平地就像一个闪闪发光的乳白色湖泊，那些黑色的暗点就是它的岛屿。这种照耀，既柔和又有力，既鲜明又清澈，它使月球上的夜晚如此灿烂。而在地球上，只有在某些特定的时期，我们才能看到这样的景观。

↓4. 只有当天空出现一弯细细月牙时的夜晚，我们才能看到如此灿烂的月夜。因为在这个时候，月亮只将它发亮的那一小部分朝向我们，我们并不能看到它整个圆盘。但如果在太阳落山后，尤其是在秋天和春天，我们注意观察一下月球就会看到，除了直接受到太阳照射而发亮的月牙部分，圆盘其他的部分也被一种微光照亮，我们称这种光为灰光。

夜晚月亮半球上的这种微弱光线，是受到地球的明亮光线照耀而产生的。这时地球上被太阳照耀的那半球，正对着月球，当地球在夜晚月光的照耀下产生浅蓝光或灰光时，这种反射光通常很微弱，这是因为这种光来来回回经过了太远的距离：光线，首先从太阳照到地球，然后处于白天的地球半球所散发出来的耀眼光线，再反射到月球上去，将月球照耀得如地球一样明亮，最后光再从月球返回到地球。而这时，经过多次来回和反射的原本非常明亮的光线，已经变得非常微弱了。

地球虽然作为发光的球照亮了月球，但它的这种光也是借来的光。当一面白墙、一条道路，它们沐浴在太阳光线下时，谁没有注意到它们发散出来的那种不能直视的耀眼光芒？除了到处都是灰尘的白色路面与粉刷了白色石灰的墙之外，其他一切被太阳光线照射到的事物，都会发散出不同强度的光线：它们将照射在自身上的光线反射出去，于是自身也成为或强或弱的光源。从远处来看，地球上那发光的半球发亮是因为该半球上的岩石、土地、云、水，即所有物体都受到了太阳照射，从而物体表面发出了光亮，月球也不例外，它将照射在光秃秃岩石上的光线反射给地球。总之，地球和月亮发光都是借来的光照耀的结果，它们的第一光源永远都是太阳。

↓ 5. 无论如何，从月球上看，地球总是一个发光的巨大球体。在月球上的天空中，没有什么能和地球相比，即使太阳也不能。太阳虽然是第一光源，无比炽热、闪闪发光，但在地球圆盘的旁边，它的面积看上去却差不多是原来的 1/4。只有月球上的一半能看到太阳这个天空中的奇迹，另外一半则根本看不到，也不知道有这样一个星体。这是因为，月球总是将同一个半球朝向地球。这一点我们从总是看到月球上不变的黑色斑点和亮点（我们误以为是一个人形的样子）就可以得知。我们今天从地球上看到的月亮的脸，追溯到最遥远的世纪时，它就已经是这个样子了，无论再过多少个世纪，它也会和我们今天看到的一样。月亮总是对我们隐藏起它的另外一半，这并不是说月球不绕着自己的轴转动、不使自己的各个区域都依次朝向太阳。月球和地球一样都自转，但它转的周期更长一些，大约每30天才转上一周，并且在这 30 天内，它还绕着地球转上一周。在月球完成一部分自转时,它也相应完成了绕地球旋转的同样部分。它的自转使得它的表面总有一些区域是我们看不到的,并且这些区域是不断变化的。而它绕地球的转动使得我们总是能够看到一些区域,而且这些区域是不变的,所以它总是将同样的区域朝向我们。同样的,从月球上,我们可以看到太阳和其他星体在做视运动,每隔两周,它们在天空中升起和落下一次。但是对月球来说,地球总是一成不变地悬挂于天空中的同一点,即它总是正对着我们在地球上所看到的那半个月球。

↓ 6. 月亮自身和绕着地球所做的这种双重转动,由于周期相等,所以两者的相对性正好相互抵消,我们可以将这一过程模拟演示出来。你们站在一个房间的中央,然后以脚为轴自转一圈。那么这个房间的所有东西,墙、门、窗户、火炉等,都会一一在你眼前晃过,当你再次看到一开始转动时所看到的第一个东西时,你就已经转完了一周。现在我们在房子的中间放一张圆桌,并在桌子上放置一个地球仪或任意一个东西,如一个橘子或一个苹果,这个苹果代表地球,你的头就代表月球,你围着桌子转,同时眼睛一直盯着苹果。那么以你的头为代表的月球,总是以同一个半球面向地球也即苹果,也就是说,你的脸总是朝向苹果代表的地球。当你绕桌子转了一周时,你也绕自己转了一周。因为房间里的东西,左边的墙、门、窗户、火炉、右边的墙等等,都在你眼前过了一遍,就像你只是以自己的脚为轴转了一圈,而不是绕着桌子转了一周一样。当你的眼睛盯着苹果并绕着桌子转动一周的同时,你自己本身也转了一周。同样的,当月球绕着地球转动了一周时,它也绕着自己的轴转动了一周,因此它面向我们的总是同一个半球。月亮的这个半球,可以看到地球,但另外一个半球,却从来不能看到地球,地球也从来不能看到这半个月球,这种可能性比位于北半球的我们想要看到南半球星空的可能性还要小。

↓ 7. 当我们在谈论月亮的一个半球永远不能目睹地球的神奇景观时,地球依然在高高的天空中绕着自己的轴转动,它在赤道上的速度是每分钟28 千米。随着地球的转动,位于地球西边的法国,不断地向地球圆盘的中央靠近。日本、新荷兰①都看不见了,大西洋整个地出现在我们面前,接着，美国的东边露出了一角。地球每转 12 个小时，法国就从地球的最西端被带到最东端，地球圆盘上的景象就会焕然一新，我们现在看到的土地和海洋一会儿就会被大洋和南北两美洲代替。因此，地球对于我们来说就像一个巨大的时钟，它以海洋、岛屿或任意一个地方作为参考点，通过它们位置的不断变化来标记时间。但是再过几天我们就不能使用这个参考点了。我们在月球上停留两个星期里，即在月球上的一整夜内，我们会看到地球的圆盘不断凹下去，缩小到原来的一半、三分之一，然后变成一弯细细的眉毛那么小，最后就消失不见了。在月球上，我们有时看不到地球，但这并不是在中间有什么屏障挡住了我们视线的缘故，对于站在月球上或站在天空中的任意一点的观察者来说，他只能看到地球被太阳照亮的那半球。另外的半球，因为没有光线照射，所以不可能被看见，但是由于月球的位置是不断变化的，因此地球有时会将被照亮的半球朝向月球，有时会将黑暗的半球朝向它，有时会将被照亮半球的一部分和黑暗半球的一部分同时朝向它。因此从月球上所看到的地球的样子是不断变化的，它一开始是一个发亮的圆盘，后来变成像线一样细的弯眉，最后就完全看不见了。从一个发亮的圆球到消失不见，再到出现一个发亮的圆球，这样一个来回所需的时间大约是一个月。当月球将自己处于黑暗中的那半球朝向我们时，地球将它被照亮的半球面向它，这时我们看到的是新月，而对于月球来说看到的则是圆圆的地球。反过来，当我们看到满月时，在月球上则看不见地球。在下节课中，我们将解释这一奇怪的现象。但首先我们应重返地球，而且我们回去的时间也到了。

---

①1606 年，荷兰人威廉姆·简士的杜伊夫根号到达澳大利亚，这是首次有记载的外来人在澳大利亚的真正登陆，他们将此地命名为"新荷兰"。1901 年 1 月 1 日，澳大利亚的六个英属殖民区统一成为联邦，澳大利亚联邦宣告成立，同时还通过了第一部宪法。——译注

第十三讲 ｜ 月球的相位

↓ 1. 牛顿是一位杰出的几何学家，他向我们揭示了宇宙的运行机制。当牛顿年轻的时候，有一天他在苹果园里散步。这时有一个苹果掉到地上，如果是你的话，你可能会把它捡起来吃掉，但这位年轻的几何学家却问自己，为什么苹果会掉到地上？这是一个伟大的发问。你们会回答道，正因为它成熟了，所以它才会从树枝上脱落并掉到地上。这位年轻的哲学家会对你们这种轻率的回答付之一笑，但他并不会对你们的回答满意，他考虑的是别的东西。他自言自语道，倘若这棵苹果树由于某种奇迹长得很高，这样它的果实会长在 4 千米、40 千米、400 千米、4000 千米的高空，那么，苹果还会掉到地上吗？当然还会掉下来的。在距离地球这么远的地方，往下落的重力也许会变得微弱些。但是，为什么这种重力还存在着，而不会变成零呢？有什么东西阻碍着苹果落到地上呢？没有。因此，月球这个沉重的石球，应该也会落到地面上来，这就像苹果树的枝长到月球那么高，它的果实会落到地面上一样。这位年轻的科学家对月球下落的疑问，从这时起就深深地植根在他的心里，后来，他对这一疑问作出了一个令人赞叹不已的阐释，对于这一点，我在下文中会对你们好好地解释的。是的，孩子们，月球是会下落的。如果它掉到地球上的话，那么，这对于我们和我们那可怜的地球来说，一切就都完了。从天空上降落下来的这颗星球，会与地球发生强烈的撞击，这样，所有一切都会变成碎片。月球一刻不停地往下掉落，尽管它一直在掉落，但我可以向你们保证，它一直跟我们保持着同样的距离。这在你们看来可能是很荒唐的事情，因此我要迫不及待地对这一切作出一个必要的解释。

↓ *2.* 假设在一个小山丘上，沿着直线 CA 水平放置了一架大炮，在距离大炮很远的地方有一面墙，如图 56 所示。由于 CA 是视线，因此大炮看起来正好能够打到墙上的 A 点。但是炮弹并不会沿着大炮所瞄准的 CA 这条水平线走，而是沿着它的射击轨迹即弧线 CBD 走，因此，它打到墙上的点会位于它对准点 A 的下方，即点 D 所在的地方。打中 D 点而不是 A 点，这并不是因为炮手的愚笨。你尽可以假设这位炮手非常熟练，但他也从来不可能让炮弹打到炮口正好对准的那个点，而肯定会打到这个点下面的地方。因此，如果要让炮弹打到 A 点的话，那么就必须将炮口抬起一点。为什么炮弹的轨迹不是视线 CA，而是它总会打在视线的下方呢？没有比这更简单了：当炮弹一旦脱离炮口的时候，它就没有支撑着它的东西了，因此它会下落，因为尽管爆炸的冲力使它向前运动，但它总是受到地球引力的影响，这就是为什么它所走的路线 CBD 会落到视线以下，从而形成一条弧线。在炮弹被火药往前推进的时间内，它在垂直方向上所落下的距离，正好等于在该时间内它自由落体所落下的距离。我们假设，炮弹从炮口飞出打到墙上，需要一秒钟的时间。一个做自由落体运动的物体，它于一秒钟内在垂直方向上所落下的距离，是 4.9 米。现在我们测量一下 A 点到 D 点的距离，A 点即如果地球引力没有使炮弹往下落，那么炮弹就会打在墙上的点，而 D 点就是炮弹实际打在墙上的点，我们发现 AD 之间的距离正好是 4.9 米。如果炮弹从炮口到墙上所经过的时间是 2 秒、3 秒、4 秒，那么我们就会发现 AD 之间的距离就是 4.9 米的 4 倍、9 倍、16 倍。也就是说，这正好是一个重物在同样的时间内做自由落体运动所落下的距离。因此，当炮弹受到水平冲力的推动，在水平方向上往前运动时，它同时也受到重力的作用在垂直方向上运动，就像做自由落体运动一样往下掉落。在弧线 CBD 的轨迹上，炮弹同时受到两个力的作用：在炸药爆破力的单独作用下，它飞出炮口沿着直线 CA 运动；在地球引力的单独作用下，它在同样的时间内落下的距离是 AD 的长度。

图 56

↓ 3. 月球会在每一段比一个月略少的时间内绕着地球转动一周，与此同时，它也绕着自己的理想轴转上一周。在图 57 中，球 T 代表的是地球，在离地球一定距离处，绕着地球的那个圆周代表月球的轨道，也就是月球在一个月中绕地球所走过的路程。当月球到达它轨道上的任何一个点，比如说 L 点时，月球就会受到某种冲力的作用，被推着向前运动，就像一颗炮弹离开炮口时向前运动一样。根据物体的惯性原理，即所有的物体一旦被推动，它就会以不变的速度沿着直线一直做匀速运动，因此，如果没有任何外在的力来改变月球的方向，那么，它就会沿着切线 LA 的方向一直向前运动。切线 LA 是月球在这个时刻所经过的轨迹上一小部分的无限延长线，对炮弹而言也是一样的，在图 56 中，如果没有地球引力使它下落，那么它就会沿着视线 CA 从炮口打到墙上，但是月球所经过的轨迹并不是切线 LA，正如炮弹不是沿着视线从炮口打到墙上的一样。月球所经过的轨迹是弧线 LB，它没有到达无限延长的垂直线 TA 上的 A 点，这个 A 点类似于在图 56 中炮弹的视线到达墙上的那个 A 点，月球所到达的点是 B 点，这个点比 A 点更低一点。这也就是说，它下落了 AB 这么长一段距离，这就像炮弹打中的 B 点处于视线到达墙上 A 点的下方一样。同样的，当月球到达 B 点时，由于受到推动力与惯性的作用，如果没有什么力影响它的话，它就又会离开它的轨道一直向前走，到达由垂直线 CT 所代表的理想墙上的 C 点处。但实际上，月球是沿着弧线 BD 运行的，也就是说，由于它垂直下落了 CD 这么长的距离，因而实际到达的是 D 点。因此，由于月球不断地受到落向地球的这种力的作用，月球从来没有抛弃地球，沿着切线即沿着它惯性向前运动的那条直线，在辽阔的天空中做着冒险旅行。这个忠实的发光体一直绕着我们地球并沿着那不变的轨道周而复始地运动。因此我说月球下落是没有错的。正是因为它在不断地往下坠落，所以才与我们地球保持着同样的距离。如果月球不往下落，那么它就会沿着直线轨道运动，离地球就会越来越远，我们就永远也见不到它了。

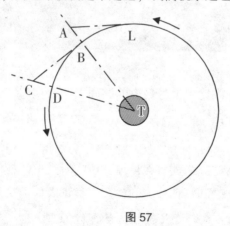

图 57

↓ 4. 月球不断往下掉落的原因是什么呢？月球这颗天空中的巨大炮弹，是否也像从大炮口中发射出的炮弹一样，受到地球引力的作用呢？是否也像从我们手中掉落下去的一颗平凡的石子一样，受到地球引力的吸引呢？——是的。你们知道，正是这个问题，引起了牛顿在苹果树下的深深思索。下面就是这位伟大的几何学家对这一崇高真理的阐释。

一个落向地球的物体，它在下落的头一秒内所经过的距离是 4.9 米。如果该物体被带到了离地心的 2 倍、3 倍、4 倍处，那么它受到的引力就会减少至 1/4、1/9、1/16。由于引力与距离的平方成反比，因此，它在下落的头一秒内所经过的距离是 4.9 米的 1/4、1/9、1/16。如果它被带到离地心 60 倍地球半径的高处，那么，它在下落的头一秒内经过的距离就是 $4.9 \div (60^2)$ 米，也就是比一毫米略多一点的距离。知道了物体在第一秒内所下落的距离后，我们就很容易计算出它在一分钟即 60 秒内下落经过的距离，我们只要将头一秒内下落的距离乘以秒数的平方就能得到结果。[①]因此我们发现，在这个高度，物体往下掉落时，它在 60 秒内所下落的距离等于 $4.9 \times (60^2) \div (60^2)$ 米，即 4.9 米。这也就是说，任意一个物体，无论是炮弹还是石子，当它被带到距离地心是地球半径 60 倍的高空时，它在第一分钟内落下的距离，就等于它在地球表面作自由落体时头一秒内所经过的距离。

↓ 5. 倘若月球是遵循地球物体的运动规律而落向地球的话，那么它在一分钟的时间内落下的距离也是 4.9 米，这是因为它到地球的距离正好是地球半径的 60 倍。这只是逻辑上的预测，具体还需要实验来证明。我们再重新看一看图 57，假设月球从 L 点移动到 B 点需要一分钟，那么，月球落下的距离，也就是在它原来的方向那条直线以下的距离，即落在它视线 LA 以下的距离，也就是说，月球在一分钟内向地球落下的距离，是由 AB 来表示的。但是，如果我们通过几何学的方法，根据月球绕地球所画出的圆圈的大小以及它绕这个圆一周所需要的时间，我们计算出线段 BA 的长度正好是 4.9 米，这个结果是令人震惊的，因为它建立在一个充分的事实之上，也就是说，为了能够让月球的轨迹弯向我们地球，为了使月球不断地重新从那个被抛出的点回到它的圆形轨道上来，地球通过它的引力作用，使得月球不停地往下掉落，就像使炮弹离开炮口后不停地往下掉落一样。牛顿苦思冥想，当这一崇高的真理第一次在他脑海中显现时，他产生

①实际上，人们在力学上证明了：作自由落体的物体下落所经过的距离等于它在头一秒内所经过距离乘以秒数的平方。要证明这条定律并不困难，但这会偏离我们的主题太远。
——原注

出了一个强烈的印象，觉得自己没有能力去完成他的计算。这位著名的思想者刚刚掌握了天空的奥秘，就像窥见大自然的真理之光一样，如果不脱帽致敬，他都不敢呼唤大自然缔造者的名称。他刚刚明白了大自然缔造者之手一旦将这些星体置入天空，这些星体是如何急速而永恒地绕着它们引力的中心不停地运动的。

↓6. 月球受到那原初推动力的作用，这个推动是永远保持不变的，与此同时，它又受到地球引力的作用。这两种力使得它在一个圆形的轨道中运动，就像一匹暴烈的骏马被驯马者驾驭并围着中心绕圈子走一样。月球大约每27.25天绕着地球转动一周，它离地球的距离大约是地球半径的60倍。它的速度超出人们的想象，在一个小时内，月球要走过大约3700千米左右的路程。不过对于从地球上来观察它的我们而言，月球这种飞快的速度就由于距离而显得非常微小了，只是这种速度不会逃出理性的眼睛。月球在天空中快速运动，这种移动效果是很容易被我们辨认出来的。首先，让我们把由于地球自转而产生的幻觉放到一边，地球自转所产生的一个效果就是，在我们看来，仿佛是天空绕着我们从东到西每24个小时转上一圈，与此同时，那些镶嵌在天空中的星星也被带着绕着我们转上一周，月亮跟太阳也像那些星星一样，也是从东往西转动的。问题在于，这种表面上的造成假相的移动，是下文中我们所看到的一种特殊的运动。在某个夜晚，我们来观察月亮，在它从到达天空最高处并穿过我们的子午线那个时刻，我们若仔细观察就会看到，跟它一起穿过子午线的，同时还有其他星星。在第二天的同一时刻，我们再做一次这样的观察。星星又忠实地来到前一天夜里子午线的位置上。24个小时的时间又把星星带回到天空中的同一个位置，或者不如说是地球完成运转一周，使我们又直接面对天空中的同一个参考点。但是月球却错过了这个约会，它到了子午线以东13度多的位置[①]。那么为什么会产生这种延迟呢？——很明显，这是因为月

[①]确切地说，应该是13度10分34秒。这就是人们所说的月球每天的角速度，也即它每天往东所移动的距离。只要观察很短一段时间，就能感觉到月球的这种位置变动。倘若我们观察月球在天空中与附近星星之间的相对位置，两个小时之后，我们就会看到，它会与东边的星星更加接近，而与西边的星星更加远离。——原注

球受到某种特殊的运动的影响，它在 24 小时内沿着与天空视动相反的方向移动了一点。后一天，月球的这种延迟与前一天相比，又会增加一点。如此下去，将这些逆行运动累积起来，最后发现月球已经在天空中由西向东作了一个完整的圆周运动，回到了它原来的出发点即原来的子午线的位置上，与同样的星星又一起出现在同样的位置上了。这个周期需要 27 天 7 小时 43 分钟，我们将这段时间称为月球的恒星周。因此，月球绕着地球从西向东转动的周期大约是 27.25 天。

↓ 7. 由于月球绕着地球做匀速运动，因此它有时会让被太阳照亮的那个半球面向我们，有时会让黑暗的那个半球面向我们，有时会各让两个半球的一部分同时面向我们。由于我们看到的月球的位置是不断变化的，这就使得月球呈现出不同的景象，我们将它称为月球的相位。在图 58 中，我们用 T 来代表地球，A、B、C、D 等是月球在它的轨道上一些连续的位置，而太阳位于离地球很远距离的右侧，我们用平行线来代表太阳的光线。当月球在 A 处时，即位于太阳与地球之间时，我们是看不到月球的，尽管它面向我们，并且在我们与月球之间没有任何障碍物来阻止我们看到月球。我们之所以看不到它，是因为它面向我们这一侧的半球并没有受到太阳光的照射。这一半球处于黑暗之中，没有光线反射出来，于是我们就看不到它。月球跟地球一样，自身都是不发光的，因此我们只可能看到它被太阳光照射的那个半球，而另一个半球由于没有太阳光的照射，所以我们一直看不到它。但是，你们会因为图 58 而马上知道，在月球的运行轨道上的 A 点处，月球面向我们的仅仅是那黑暗的半球，因此，在这个位置我们看不到它是很自然的，这个时期正是新月。当月球与太阳位于地球的同一侧时，月球就会与太阳一起升起，一起在天空中经过，然后一起落下。在月球的运行过程中，它会一直受到太阳光线的强烈照射、一直处于太阳的光照之下，它与太阳的光辉是如此的近，由此我们看不到灰光，即月球在新月时地球反射到月球上的光，它会照耀着新月处于夜晚的那个半球。你们要注意，当月球实际上处于 A 点时，背着太阳的那个半球正好面对着地球被太阳照亮的那个半球。因此，我们在地球上看不到月球的时候，在月球上却能看到整个地球。

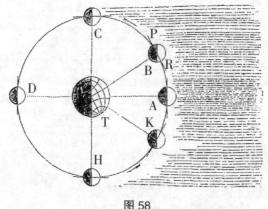

图 58

↓ 8. 三四天之后，月球沿着它的轨道从 A 点到达 B 点，在傍晚时，我们看到它出现在西方，这时它的形状是一弯细细的月牙，它的钩指向东方，与落下地平线下的太阳下落方向相反。这弯月牙是位于月球那发亮的半球上，由于月球不断地移动，因此它渐渐地转向我们地球。为了在图 58 中标出我们可以看到的月球的那一半，我们需要把地球与月球之间画一条连线，然后经过月球中心作一条与该线相垂直的直线 PR，直线 PR 会把月球分割成两半。所有位于这条分界线之内的区域，都是我们眼睛所能看到的；而位于这条分界线以外的区域，我们就看不到了。那么，面向地球的这一半月球，你们就会看到，它是由一大部分的黑暗半球与一个小小的白色尖角所组成的，这个小小的白色尖角是被太阳所照亮的明亮半球上的一部分。在我们的这个平面图中，白色的小角代表的就是月球的月牙。在月球是新月的时候，灰光就能清楚地照到月球圆盘上处于夜晚的那一部分。因为这时太阳已经落山很久，它耀眼的光芒再也不能遮住我们的视线了。在这个时候，月球表面的那些景色，火山口、山脉、环形山，都被对比强烈的明亮部分与阴影部分更好地显示了出来。

一天一天过去，月球落山的时间比太阳落山越来越晚；一天一天过去，月球的月牙也在渐渐地变大，最后，过了一个星期之后，月球完成了它的四分之一旅程，到达了 C 点处，这个时期就是我们所说的上弦月时期。如图 58 中所示，这时月球朝向我们的是被照亮的那个半球的一半以及处于黑暗中的那个半球的一半的组合体。因此，这时月亮在我们看来，它的形状是半个发亮圆盘。在上弦月时期，月球在接近傍晚六点钟时会经过天空最高处，而在半夜的时候会落下山，因此我们只能在前半夜看到它发出的亮光。在这个时候，我们看不到地球反射出的灰光，这是因为，从月球上看，只能看到地球上被照亮的那半个球。由于地球的亮度减弱了一半，因此这时的月球在夜晚所接收到的地球反射光就不够反射回去，于是我们在地球上就看不到月球的黑暗部分了。

↓ 9. 再过两周左右，月球会到达 D 点，这时它正好背对着地球。从上弦月开始，我们所能看到月球的发亮部分便开始从半个圆盘逐渐扩大到整个圆盘。现在月球面向我们的，就是它被照亮的整个半球。而与此相反的是，这时地球正将它黑暗的那个半球朝向月球。因此，地球上的人们看到的是满月，但对于月球来说，则看不到地球，即"新地"时期。因此月球几乎是在太阳落山的时候才升起来，而在太阳升起来的时候才落下去，它会整晚都照耀着地球。

在接近 21 天的时候，月球完成了它轨道运行的四分之三路程，到达了 H 点处。这个时期即是下弦月时期，我们所能看到的月球可见部分这时会缩小成一个半圆，正好与上弦月时期的相位相对，但是月球升起和落下的时期却正好颠倒过来了。在这个时期，月球在午夜时升起，而在早晨六点时经过子午线，当太阳到达天空最高点处即正午时，月球正好落下。因此，这个时期的月球只会在后半夜发亮。

从下弦月开始，这半个发亮的月球开始变小，很快它就缩小成一弯月牙，它会在天蒙蒙亮时在东方升起，这时，它的两个钩尖指向西方，跟太阳升起处的方向相反，并且会逐渐地向太阳靠近，这时，我们又可以看到灰光了。因为，在这个时候，月球圆盘上的黑暗部分正好对着地球圆盘上的发亮部分。每天早晨，月牙都会变得越来越细，在第 29 天与第 30 天之间，它就消失不见了。因为月球又重新回到了它轨道上的 A 点，再一次重新开始进行不同相位的变化了。一个朔望月结束了，另一个朔望月又开始了，月球就这样以不变的次序不断重复产生相同的景象来。

↓ 10. 月球同一个相位会连续出现两次，这两次相位之间所隔的时期就是朔望月。比如说两次满月或两次新月之间的时间间隔，即 30 天左右。由于月球绕地球作匀速运动而产生相位，那么一个完整的相位周期就等于月球绕地球转动的周期。但是前面我们已经知道，月球走完它的轨道一周所需要的时间，大约是 27.25 天。既然月球要用 27.25 天的时间完整地绕地球运行上一周，那为什么从上一次满月到下一次满月之间的间隔是 30 天左右呢？原因是这样的，如果地球只是绕着它的轴转动，而从不改变它在天空中的位置，那么在这里就产生出非常荒谬的不一致了，如果地球绕着一个引力中心转动，围绕着主宰它的星体即太阳作圆周运动，就像月球围绕着地球作圆周运动一样，那么一切就都可以解释了：在一个朔望月的时段中，地球绕着太阳走了一段路程，但月球要赶上地球，并且要出现在与上一次相位相同的视点处，那么月球就要跟在地球后面跑。下面我们来更详细地检验一下这个明显的事实。

我假设在这个时候月球正处于满月时期，它位于天空的高处，处于我们的子午线上方，它的圆盘正好把一颗星遮住了，第二天月球会比这颗星晚一些时候到达子午线，第三天会更晚一些时候……如此这般，日复一日，年复一年。由于月球是不断地从西向东地运动的，它会以跟星星的视动方向相反的方向运行，即不断地向东逆行，就这样围绕着地球转上一周。当绕完一周后，它又回到同一根子午线上，即那跟我们以之作为参考点的星星所在的子午线上。由此我们知道，当月球与同一颗星星再次相遇时，它就完成了绕轨道一周的运行，每绕行一周所需要的时间大约是 27.25 天。

↓ 11. 现在，我们把注意力放到图 59 上。在图 59 中，S 是太阳所在的位置，T 是地球所在的位置，它绕着中央恒星即太阳在它的轨道上作圆周运动，L 是月球所在的位置，它绕着地球转动，并且在地球运行的过程中一直伴随着它运动。当地球处于点 T、而月球处于点 L 时，月球是满月的状态，因为这时它处于太阳跟地球连线的延长线上，从我们地球上看去，在 TE 的方向上无限远的距离处，有一颗星星与月球重叠在一起。27.25 天之后，地球从它轨道上的 T 点运行至 T′点处，而这时的月球则完成了绕地球一周的运动，来到了与 L 点相同朝向的同一个天宇参考点（即同一颗星星）所处的位置即 A 点处，此时星星所处的位置是与直线 TE 平行的直线 T′E′方向上。我之所以说这两条直线是平等的，是因为星星离我们如此遥远，尽管两条直线 TE 和 T′E′都经过同一颗星星，但我们还是可以将它们看成是不相交的两条直线。当月球完成一个恒星周，再次回到天空中的同一点时，它已经绕完轨道一周，到达 A 点处，这是否就是月球完成了一个朔望月呢？月球是否又是满月状态了呢？很明显，并非如此。因为月球要再一次变成满月，就需要从 A 点移到 L′点，即处于地球面向太阳的背侧。月球要从 A 点到达 L′点，要赶上落后于地球的那段距离，它需要走上两天多一点点的时间。两个连续满月之间的时间间隔，或一般而言两个相同相位之间的间隔，我们称为会合周。一个会合周是 29 天 12 小时 44 分钟，而一个恒星周却是 27 天 7 小时 43 分钟。此后我们要经常记起，这两个周期的不一致，正是地球围绕太阳转动的一个强有力的证据。

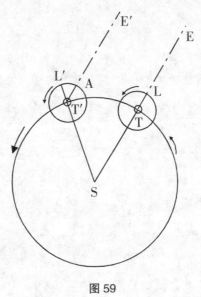

图 59

第十四讲 | 月食与日食

↓ *1.* 光线与影子。

↓ *2.* 地球的影锥、半影。

↓ *3.* 在什么样的条件下会发生日食与月食。

↓ *4.* 为什么在每个朔望月中不止有一次日食与月食。

↓ *5.* 月偏食与月全食、发生月食时月球变红。

↓ *6.* 通过地球的影子是圆形的来证明地球是球形的、月食对于各个区域都是普遍发生的并且是同时发生的。

↓ *7.* 日食的必要条件。

↓ *8.* 黑板上的日食实验、日全食、日偏食、日环食。

↓ *9.* 日食是从一个地区到另一个地区逐步发生的、月球投在地球上的圆形阴影区域。

↓ *10.* 发生日全食的基本情况。

↓ *11.* 日食与月食的预测、天空中不可违反的法则、迦勒底周期。

↓ *12.* 与月食的发生频率、*19* 世纪发生的日全食。

↓ *1.* 光线在同一种介质中是沿着直线传播的①。因此,当一道光线通过百叶窗的缝隙照射进一个黑暗的房间时,由于它照亮了悬浮在空气中的灰尘颗粒,我们就能够看到这道光线形成一条笔直的光束。如果我们在这条光束的传播路径上放置一个不透明的东西,比如说一只手,那么,

---

①我们已经知道,如果介质发生改变,那么光线的直线传播路径也会发生改变,换言之,光线会发生折射。——原注

被该物体挡往的后面，就立即会出现一片黑暗的区域。由于光线在直线的传播路径上被挡住了，不能穿过手继续往前传播，我们将这片黑暗的区域称为阴影或影子。阴影并不是物体投射出的一种特殊的黑暗物质，而是由于障碍物阻碍了光线的传播，从而障碍物的后面缺少光线而造成的。在理想状态下，没有任何反射光线进入到阴影之中，那么一个不透明物体的阴影就是完全黑暗的，并且任何放置于阴影中的物体都会完全看不到。在太阳光束中的手的影子是不完全的，因为仍然会有一些空气与灰尘颗粒的反射光照射进影子中。我们每天都能看到的影子也是不完全的，因为太阳的直射光不能射到影子里，但没有什么东西能够阻止大气、地面等周围这些物体的漫射光射到这些影子里，因此在白天是不可能有完全黑暗的影子的。只有在高空中，在那儿不存在什么东西能够使光线散射开来，光线也就不能被散射到太阳光照不到的区域，影子在这种情形下才是完全黑暗的。要形成完全黑暗的影子，我们需要在太阳光线的传播路径上放置一个不透明的屏障。那么，这样一个屏障是什么呢？有很多种屏障，它们的体积都非常大，如月球与地球，这两个巨大的屏障能够挡住太阳光，就像我们的手遮住了光线，使它不能穿过百叶窗的缝隙一样，这样就在它们的后面形成了一个巨大的圆锥形黑暗区域。我们首先来研究一下地球的影子。

↓ 2. 在图 60 中，圆 S 代表太阳，圆 T 代表地球。我们在图上画两条直线 AC 与 BC，使得它们分别与这两个圆的边相切，在几何学上，我们将这两条直线称为外切线。借助于一张平面图，我们用一个理想的锥形角或圆锥来表示它们：地球和太阳都包含在这个圆锥中，地球靠近圆锥底部一些，而太阳则处于圆锥口附近，它们就像装在一个圆锥形纸筒中的两个大小不等的球一样。这样，我们就可以看到，处于地球面向太阳背侧的那一部分，也即地球 T 至圆锥底部 C 的那部分，是不能被太阳光照射到的。这是因为光线要沿着直线到达这里，它需要整个穿过地球。TC 这一部分，即由于受到我们地球这一不透明的屏障阻碍而使得太阳光线不能到达的区域，我们将之称为本影影锥，这片黑暗圆锥以地球球体圆周作为它的底，这个底的大小是 40000 千米，它的长是地球半径的 216 倍，或是地球到月

球距离的 3 倍至 4 倍①。这就是处于地球后面的本影影锥的大小，它跟着地球在天空中环游，就像我们的影子跟在我们后面走一样。

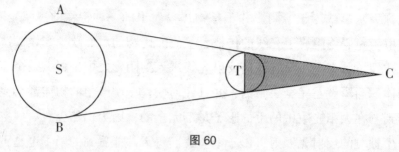

图60

我们再作两条直线 DV 与 BK，如图 61 所示，我们将这两条直线称为内切线。这两条直线交叉形成了两个想象的圆锥，这两个圆锥顶点相对。其中一个圆锥中包含着太阳，而另一个圆锥中包含着地球。KV 圆锥与本影之间的区域，我们称之为半影。这片区域并不像本影那样是完全黑暗的，而是或多或少受到光线的照射，因为在这个地方并不是完全看不到太阳的。现在我们来研究半影上的一个点，比如说 H 点，如果我们作一条直线 HR，使它与地球相切，并在 R 处到达太阳。根据图中所示，我们知道，位于 R 点以下的太阳上的区域，是不能将光线照射到 H 点处的，这是因为地球挡住了太阳光线的传播。但是位于 R 点以上的太阳上的区域，则可以自由地将光线照射到 H 点处。因此，H 处并不是完全被照亮的，因为在这个地方并不能完整地看到太阳。第二个点 H′处，它离本影区域更近些，因此它接收到的太阳光线照射要更加少一些。因为对于该点而言，所有位于 R′点以下的太阳上区域，都是看不到的。因此，在半影上，越靠近本影的区域，它的亮度也就越弱，因为这时太阳的可见部分变小了。现在我们考察被太阳照亮的地球半球后面的三个区域：即受到完整太阳光线照射的区域，本影区域和半影区域。第一个区域，即内切线 K 与 V 形成的理想圆锥以外的区域，在这里可以毫无阻碍地看到太阳，因此它受到太阳的照射是完整的。第二个区域，即太阳和地球的两条外切线形成的圆锥，没有任何太阳光线能够照射到这里，因此它是完全黑暗的。第三个区域，即夹在本影和 KV 构成的圆锥之间的区域，在这里只能看到太阳的一部分，因此在这个区域中，被太阳光照的

①几何学家是根据地球和太阳的大小，以及这两个星球之间的距离来推算出这一长度的。——原注

亮度是逐渐减弱的，从完全的光明逐渐过渡到完全的黑暗。如果在地球的后面放置上一个很大的天体屏幕，那么这块屏幕就会包括这三个区域，本影在屏幕上就是一个完全漆黑的圆，半影是围绕着这个圆的逐渐变亮的圆环，在这两个区域的最外面就是被完全照亮的区域。

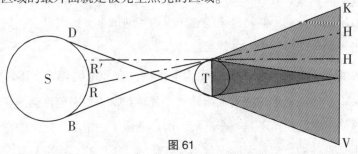

图 61

↓ 3. 在天空中，实际上并没有任何屏幕可以使我们看到地球阴影的样子，就像我们可以看到一根尺子在一张纸上投下的影子那样。尽管这个黑色的圆锥可以延伸至 140 万千米的远处，但在这个范围内它只遇到了一个天体，而且这个天体太小了，并不能作为屏幕来让我们看到上述景象，这个天体就是离我们地球最近的邻居，月球。它离我们地球的平均距离是地球半径的 60 倍，但是那片黑暗圆锥却可以延伸至地球半径的 216 倍处，因此月球有时候就会被地球的影子扫过，甚至有时候会被地球的影子完全覆盖住，那么这时候会发生什么现象呢？当月球进入影锥区中时，月球由于受到地球的遮挡，它不能再接收到太阳的光线照射，而且由于月球本身是不发光的，这样它就会突然地变黑，变成一个完全看不见的东西了，这就是月食。要发生一次月食，需要有一个必不可少的条件，即月球必须位于地球背向太阳的那一侧。我们再重新回到第十三讲中去看看图 58，我们可以看到，这种情形只有在满月的时候才会发生，即天文学家说的冲的时候才能满足这个条件①。按理说每隔 28 天或 29 天就会发生一次月食，这时月球背向太阳，称为满月。但实际上并非如此，我们现在来讲讲其中的原因。在解释相位的时候，你们可能会认为，在新月时，月球正好处于地球与太阳之间，在满月时，月球则处于地球面向太阳的背面，并与地球及太阳在一条直线上，我并

①如图 58 所示，当月球位于它轨道上的 D 点，即与太阳相对的时候，月球这时处于冲的状态；而当月球位于 A 点处，即位于太阳与地球之间时，则称之为合。——原注

没有阻止你们这么认为，但实际情况并不是这样的。在月球绕着地球转动的时候，月球很少能与地球及太阳连成一条直线，这是因为，它的轨道并不是恰好正对着这个方向的。月球有时候会处于地球与太阳连线的下边，有时候在这条直线的上边，有时候在这条直线的旁边，尽管它离那条直线相距不是很远，但这足以使它不能将自己的影子投射到地球上，形成日食，只有它自己完全进入地球的影子中，才能形成月食。

↓4. 但是月球由于受到地球引力的影响，在地球围绕着太阳转动的时候，它会一起伴随着地球绕着太阳转动。月球在每一个时刻都会改变着它的轨道，这使得它的轨道不是一个圆周，而是变成了一根非常复杂的弯弯曲曲的线。由于月球的轨道是无时无刻不在变化的，因此这三颗星只有在很偶然的情况下才能处于一条直线上。只有在这种情形下才能发生日食与月食的情况：在合或新月时期才会发生日食，而在冲或满月时期才会发生月食。

当同时发生日食与月食时，即既处于满月时期，并且太阳、地球、月球这三颗星几乎处于同一条直线上，而且月球位于地球面向太阳的背侧，此外，月球还要进入地球的锥影之中，由于地球的影锥比月球所能达到的距离大上三四倍，因此它足够覆盖住整个月球。当月球经过地球的背后时，可能会发生如下三种情形：月球或者会整个地进入地球的本影中，或者会一部分进入地球的本影，或者它只进入到地球的半影中。我们在图62中可以观察到这三种情形。

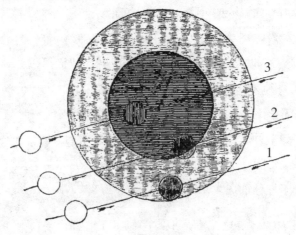

图62

如图 62 所示，当月球运行到地球背后、处于方向 1 的位置时，它只穿过地球的半影，也就是说，这个空间区域由于太阳部分地被我们的地球遮住，并没有被太阳光线完全照射到，因此该区域就是光照不完全的。因此月球的亮度稍微减弱了一些，它那巨大的灰色区域变得更深暗了一些，仅仅是这样而已。月球有时会发暗，仿佛被一层薄雾蒙住了一样，而当它从半影中走出来时，又恢复了它那光彩照人的亮度。在这两种情形下，我们都能看到月球。这时，真正的月食还没有到来。

在图 62 中，现在我们假设月球处于方向 2 的位置上。首先，当月球进入半影时，它的颜色会变得暗淡一些，随后，在它那发亮的圆盘上会出现一个黑色的缺口，这个缺口渐渐地占据了这个圆盘的大部分区域。由于月球有部分区域进入本影之中，所以才会产生这样一个黑色的缺口。所有进入黑色锥影中的黑色区域，都会变得越来越黑，最后变得完全看不见了。由于太阳的光线不能照射到这里，所有位于缺口之外的部分都是可见的，但由于它处于半影之中，所以呈现出变得暗淡的样子，这种情形，我们可以把它称之为月偏食。

当月球的位置完全处于影锥之中时，比如说处于图 62 中的方向 3 的位置上时，这种情形就是月全食。随着月球逐渐地进入到本影的区域，月球的圆盘缺口不断地增大，当月球完全进入本影之中时，它的圆盘就整个地消失不见了，过了一段时间之后，月球圆盘开始逐渐地在另一侧出现。月全食的持续时间有时长一些、有时短一些，这取决于月球穿过的本影的厚度。在月球要穿过本影中心轴的情形下，月全食的持续时间最长，此时，月球完全处于黑暗之中的时间持续大约接近两个小时。在这种情形下，我们将月球所经历的相位都考虑进去，也就是说从它接触到本影、它的圆盘开始凹陷下去，到它的圆盘从另一侧完全显现出来，整个月食过程持续的时间大约是四个小时。

↓5. 在月全食的时候，月球并不总是完全消失不见的，尽管在这种情形中，月球会整个地进入到地球的本影之中，但通常我们还是可以看到月球的，只不过它的颜色是模糊的微弱的红色，这种微弱的红色，是由地球的大气层造成的。你们知道有一种玻璃片，它能够把太阳光集中起来，集中为一个非常亮非常烫的点，我们把这种玻璃片叫做凸透镜。这种透镜之所以具有这种性质，是因为它能够改变光线的方向，换句话说，光线发生了折射。地球的大气层就像一面巨大凸透镜一样起着作用，它能够改变太阳光线的直线路径，将光线折射出去，使得它们集中照射在月球所在空间的后面。因此，尽管地球挡住了月球，但月球还是能够接收到一部分微弱的光线。折射光到达月球上面，要穿过厚厚的大气层，在它的传播过程中，它会遇到靠近地面的湿而重的大气，这样，光线就会变得微弱，呈现出暗淡的红色，就像早晨和落山时的太阳发射出斜斜的光线一样，这就是月食时月球圆盘上会产生红铜色的原因。此外，我们还注意到，在产生月食的时候，大气层的状况会极大地改变月球的可见程度。倘若大气层中含有很多的水蒸气，那么它就会使得传播中的太阳光线变得非常暗淡，由此使得月球完全不可见。

↓ 6. 如果月球的圆盘足够大，大得足够接收到地球的整个影子，那么我们就会看到这个影子的形状是一个黑色的圆，这就是地球是球形的一个强有力证据。月球距离我们地球很远，它要完全地截住地球的本影，就需要足够大的面积，也就是说，月球的大小要足够大。不止如此，在发生月偏食的时候，月球还是向我们提供了另一个地球是球形的证据：每当发生月偏食时，投射到月球圆盘上的影子的轮廓，都是一个规则的圆弧形状。

无论是月全食还是月偏食，这都不是一个局部现象，并不是有些地区看不到而有些地区看得到，也不是有些地区早一些而有些地区晚一些。对于地球上的所有地区，月食都是从同一时刻开始、又在同一时刻结束的，而且，只要月球没有落下山，从地球的一端到另一端，地球上所有的地区看到的都是相同的月食景象，整个半球上的人都同时看到月食。如果我们能够离开地球，到达天空中的任何一个位置，我们会看到月球逐渐地变暗，就像我们在地球上所看到的一样。在一间黑暗的房子中，关掉一盏灯，房间中所有的地方就会马上看不到这盏灯了。同样的，当月球进入地球的本影之中时，月球也就会失去光亮了，也就是说，它就不能接收到使它发亮的太阳光线了，在这个时刻，地球上所有的地方就都能看到月食。不仅从地球上看不到月球，而且在宇宙中的其他地方也看不到月球，因此，月食是对于所有地方都普遍发生的，也是同时发生的。

↓ *7.* 日食则具有相反的特征。它只在某些地方出现，并且是从一个地方到另一个地方依次出现的。你们很快就会明白这一点。现在，首先让我们探讨一番其原因。太阳作为光源而言，它不会像月球那样进入地球的阴影中就会变得黑暗起来。显而易见，只要太阳在的时候，黑暗就不会存在，但是一个不透明的屏障会挡住我们看到太阳的视线，于是对我们来说就有日食的现象。月球就是这样一个屏障。你们还记得，当月球将它处于夜晚的半球转向我们时，即在新月末期时，月球正好经过地球与太阳之间，如果这三个星球正好位于一条直线上，那么就会产生日食。但是我已经告诉过你们，由于月球的轨道是倾斜的，所以这三个星球成一条直线的情形很少出现。月球通常不会正好处于地球与太阳连线上，因此一般不会将它的影子投射到地球上。否则的话，每一个朔望月就会发生一次日食。总之，要产生日食现象，月球首先要处于地球与太阳之间，也就是说，月球正处于新月时期。但这些条件还不够，还需要一个条件，即月球与另外两个星球几乎处于同一条直线上。在第一个条件满足的前提下，请你来做下面的实验。

↓ *8.* 在一块黑板上画一个稍微大一点的圆，用粉笔把圆内涂白，然后在你手里拿着一块小小的圆纸板，最好是一枚硬币，将它放到你一只眼睛的前面，并闭上另一只眼睛。接下来，你站到黑板上白圆的前面。如果这枚硬币离你足够近的话，那么它就会挡住你的视线，使你看不到整个圆圈，不管那个圆圈画得有多大。在某种意义上，它就是食了，但是全食现象只能在遮挡的硬币后面那部分区域才能发生，位于你左边或右边的人，他们还是能够看到黑板上的白色圆圈。现在，请你不要改变硬币的位置，将你的头稍微倾斜一点，从而改变你视线的方向，这时，你就能看到圆圈的一部分，就像月牙一样，这个部分是凹陷下去的，这时发生的是偏食。将你的头继续倾斜下去，那么你看到的这枚月牙就会不断扩大，很快你就能看到整个圆圈了，于是在那个地方就不再有食了，最后我们再回到最初的位置上。这时，眼睛、硬币与白色的圆圈是正好处于同一条直线上的。一开始，圆圈是完全被遮住的，你慢慢地将硬币从眼前往前移动，向着白

圆的方向靠近，你就会看到白圆会慢慢地从硬币周围露出边来，呈现为一个圆环的形状，这种食，即它的中间部分被挡住，而周边则可以被看到，露出一个环的形状，我们将它称为环食。很明显，在这个实验中，这一切都由眼睛的位置决定。在硬币的后面一定距离处，圆圈呈现的食是全食；在同一条直线上再远一点的距离，圆圈呈现的食是环食；在这条直线的旁边，则圆圈呈现的食是偏食；若是再远一点，就不会有食的现象发生了。如果在同一枚硬币的后面同时有几个观察者，那么，根据他们位置的不同，他们会看到不同的食。或者，更经常出现的情形就是，完全看不到食的现象。

↓ 9. 根据前文所作的解释，我们用太阳圆盘来代替黑板上的白色圆圈，用月球圆盘来代替硬币，用地球上的任何一个区域来代替观察者的眼睛，这样，我们就会准确地了解日食的理论。月球要把整个地球上照到的太阳都遮住，或者如果你们愿意的话可以这么说，月球要用它的影锥来覆盖住我们的地球①，那么相对于它的大小，它对于我们地球是太远了。月球相当于我们实验中的硬币，对于正好位于硬币后面的观察者来说，它遮住了他看到白色圆圈的视线；而对于位于旁边一点儿的观察者而言，它使得他能看到白色圆圈的一部分或是能完全看到完整的白色圆圈。在最乐观的情形下，也即当月球离我们最近时，月球可以在地球表面上投下一个直径为88千米的圆形影子。在这个圆形影子内的所有点上，都看不见太阳，因此在这些点上看到的就是日全食；在靠近这个圆形影子的地方，那里的人们能够部分地看到太阳，他们看到的就是日偏食；而离这个圆形影子更远的地方，则能够看到整个的太阳，在那里，就不会有日食现象产生。但是，由于地球绕着它的轴转动，而月球绕着地球转动，因此这个圆形影子就会掠过地球表面的陆地与海洋，就会在地球表面上形成一个黑暗地带，在这个黑暗地带里面，从一个地方到另一个地方就会逐渐出现日全食现

---

①月球影锥的长度是地球半径的57至59倍。月球到地球表面上最近一点的距离是地球半径的56倍至63倍。因此我们可以看到，根据具体情况，月球影锥可以完全不接触地球，或者只有它的锥尖刚刚能够扫到地球。在后一种情形下，月球影锥在地球上所产生的黑圈，最大的时候有88千米宽。——原注

象，在黑暗地带的外围，则会出现日偏食现象。太阳在这些地方看上去是凹陷下去的，仿佛缺了一块，越是靠近这条黑暗地带的地方，太阳被月球圆盘遮住的地方就越大。在这两个区域之外，就不会出现日食现象了。现在你们知道了，日食并不像月食那样是在所有地方都发生的，也并不是同时发生的，它是随着月球往前运行、其圆盘逐渐地侵入地球与太阳之间，日食现象也渐渐地从一个区域过渡到另一个区域。在前文中我们所做的实验中，我们假设在黑板的白色圆圈前面有一排观察者，同时我们还假设硬币是不断移动的，它依次遮住不同观察者的视线，那么，所有的观察者就不会同时看不到白色圆圈，而是一个接一个地看不到白色圆圈。在同一时刻，根据硬币位置的不同，一位观察者看到的是全食，另一位观察者看到的是偏食，其他观察者可能就看不到食的现象。日食也是类似于这样的情况。

如果月球距离我们足够遥远，那么它就不能整个地遮住太阳。同样的，当我们使硬币离我们的眼睛稍微远一些时，硬币就会使得黑板上的白色圆圈露出周围一圈，类似地，太阳在这种情形下有时会透过月球黑色圆盘的边缘射出光线来，呈现出一个闪闪发光的狭窄的圆环形状，这就是日环食。当然，在同一个时刻，对位于地球上的某些区域来说，是日环食现象，而对于其他地区而言，则可能是日偏食现象，或可能是没有日食现象发生。

↓ 10. 日全食当然是太阳让我们看到的最神奇的景观之一。在洒满阳光的天空中，在太阳圆盘的西侧边缘，突然无缘无故地出现一块黑色的缺口，这是从我们地球上观察点看不到的月球圆盘移动过来、将自己投在太阳圆盘上的缘故。这个黑色屏障不断地往前移动，于是太阳圆盘上的黑色区域就会不断地扩大，很快地，太阳的一半都变黑了，似乎它那微弱的光线只能勉强地照亮那片可怜的区域。一分钟一分钟地过去，太阳那发亮的区域变得越来越小，到了最后，它那剩下的一小块边缘都消失不见了，于是黑暗便来临了。这一切尽管很突然，但天空并不是完全的黑暗。这是因为在月球的黑色圆环周围，还发出一圈白色光芒，我们可称之为冕，对此我们还没有作过解释。这个白色圆环有时会产生神奇的效果，日全食现象发生的时候，在黑色的天空中，以往被大气层的光亮所遮住的星星，现在能够被看到了，至少那些最亮的星星是可以看到的。温度下降，露水就出现了，你们会突然感到似乎有点凉爽，植物合上它们的枝叶，闭拢它们的花瓣，就像夜晚休息一样；蝙蝠们，这些黄昏时分出现的忧郁的朋友，离开它们的栖息之处，在广阔的天空中盘旋；而小鸟们则恰恰相反，将它们的头藏在羽毛之中，或者是茫然地飞回到它们的巢中；所有的小动物们都躺在路边，不愿意被鞭子赶着往前走；公牛们在它们的牧场上围成了一个圈，它们的角都一致对外，仿佛它们要联合起来对付一个共同的危险敌人。小鸡们都躲在它们母亲的翅膀下，而小狗们都吓得躲在它们主人的脚跟边发抖。人类自身，尽管他们知道产生这种异常黑暗的原因，而且事先也预测到了黑暗的降临，但也情不自禁地会产生一种莫名的不安。在这种昏暗的现象面前，每个人都会在他的内心深处产生一种不由自主的恐惧。啊，火红的太阳，倘若你的面孔一直被蒙住的话，那是多么令人悲伤、多么令人惊骇啊！人们焦急地等待着，几分钟，最多五分钟过去，然后一道光线就会迸射出来，光芒四射的太阳渐渐地从月球黑色圆盘上显露出来，白天的光明又渐渐地恢复了正常。

    ↓ *11.* 在蒙昧时代，日食与月食会让所有的种族都感到恐惧不安。人们将它们看做是上天发怒的恐怖征兆。在今天，科学让人们的思想观念变得更加健全，我们将日食与月食看做是这样一种永恒定律的表达，即，月球与地球沿着不变的轨道运行，它们会在某个固定的时间，与太阳出现在同一条直线上。我们不再将它们看成是一种灾祸的前兆，而是大自然那神圣的缔造者赋予宇宙的一种永恒秩序的证明。熟悉天空力学的天文学家，不仅能够精确地预测日食与月食的发生时间，而且他们能够在很久之前就作出预测。他们能够精确地计算出日食与月食的发生日期、发生时刻以及持续时间。他们也能预测出在哪些地区发生全食，在哪些地区发生偏食。他们的预测总是与事实相符，因为他们的预测是建立在绝对不会出错的数据之上的，是建立在珍贵的科学遗产之上的，是以天空的不可违背的规律作为基础的。要想跟着他们一起做这些艰难的运算，对于我们来说是不可能的。我们只要知道如下事实就足够了，即每隔 18 年 11 天，日食与月食会回归到同样的秩序中来，我们把这个周期称为迦勒底周期①。因此，只要记录下在一个周期即 18 年 11 天所发生的所有日食与月食，我们就能够预测下一个周期的日食与月食。但这种方法只是一种粗略的方法，它最多只能提供相近的日期，却不能确定日食与月食的详细情况，即日食与月食发生的确切时刻以及可以观测到的地点，因为我们要想知道更加具体的细节，就需要借助于高等几何学的资源。

↓ *12.* 在一个周期即 18 年 11 天的时间里，会发生大约 70 次食，其中有 41 次日食、29 次月食。但是对于某些特定的地区来说，日食的发生次数比月食的发生次数要少将近三倍，这是因为月食是普遍性的，也就是说，面对月球的那个半球上的人们，能够同时看到月食，但日食只会在地球表面上的一些有限的区域才能看到。在一年中，地球上最多只能发生七次食，要么是日食，要么是月食，最少发生两次食，平均发生四次食。对于一个特定的地区来说，每两百年才会出现一次日全食，但如果不考虑某个确切的地区，而是从全球来考虑的话，那么日全食发生的次数并不会很稀少。我们计算出，在一个世纪中，地球上发生日全食的次数是 12 次。1842 年 7 月 8 日，在法国南部出现了日全食，1851 年 7 月 28 日，在德国北部发生了日全食，1858 年 3 月 15 日，在英国发生了日全食，1860 年 7 月 28 日，在西班牙北部发生了日全食，1865 年 4 月 25 日，在南美与非洲南部发生了日全食。要想看到在世纪末到来之前发生的日全食，你们就需要去远游，因为月球的本影会投射到离法国很远的地方。

①即沙罗周期。这个周期是古巴比伦地区的迦勒底人发现的，因此起初被称为迦勒底周期。——译注

第十五讲 | 太阳

↓ *1.* 要测量太阳与地球之间的距离，以地球作为基底线是不够的。

↓ *2.* 萨摩斯岛的阿里斯塔克的方法。

↓ *3.* 金星凌日的方法。

↓ *4.* 太阳到地球的距离、长达三个半世纪的旅行、太阳的体积，一粒麦子与 *140* 升麦子。

↓ *5.* 如何测量太阳的重量。

↓ *6.* 地球的下落。

↓ *7.* 太阳神腓比斯的马和太阳的负重、一辆人们从未见过的货车。

↓ *8.* 太阳表面的重力、被自己重力压垮的人。

↓ *9.* 太阳的密度很小、太阳上的黑斑与太阳的自转。

↓ *10.* 太阳上的飓风。

↓ *11.* 光线被棱镜片改变方向。

↓ *12.* 色散、太阳的光谱。

↓ *13.* 光谱上的黑线、从太阳射到地球上的光线是不完整的。

↓ *14.* 白炽的球所发出的完美光线、金属蒸汽在火焰上燃烧造成的影响。

↓ *15.* 太阳的物理构成、太阳的化学成分分析。

↓ *1.* 我们要想知道地球与月球之间的距离，就首先要有一根基底线，它要大得足够容下大陆的轮廓，并且，从这根基底线的每一端，我们都能够同时测量出球到观察者所在天顶之间的角的大小。画一个相似的图，或者最好是通过计算，我们就能得出月球到地球的距离是地球半径的多少倍，这一方法似乎适用于任何一颗星球。但是如果我们用这种方法测量太阳到地球的距离，那么就会遇到一个困难，也就是说，基底相对于地球到太阳的距离而言太小了。要测量地球和太阳之间的距离，把地球放到这个大尺寸的背景中去，即使地球如此巨大，在这个背景中也只是一个点而已。现在我们再回到第十讲中关于月球的图53，在同一条地球子午线上有两个点，C与V，它们离得足够远，我们测得天顶距DCL与HVL，现在我们假设这两个天顶距不是关于月球的，而是关于太阳的。现在的问题就是，用这些太阳的角数值来构造一个相似图形①。当然，此时，如图54中展现的那样，cl和vl是可以无限延长的。你用来画图的这张纸，无论它有多大，对于这样一个图形而言都是不够大的。如果有两条直线永远都不会相交，我们就认为这两条直线是平行的。这一结果说明了什么呢？显而易见，基底线CV，即从非洲的最南端到达欧洲中心的那条线，在目前的情况下，它的大小是不知道的。地球太小了，因此不能以它为基底线构造以太阳为顶点的三角形。以地球的大小作为基底线来测量地球到太阳之间的距离，这是非常荒谬的，就像以一段那么短的长度作为基底线来构造一个三角形，用它去测量几公里外的塔的距离一样。你们一开始的时候会觉得我们的地球是非常大的，可是现在应该已经改变了看法。对于我们在天空中要做的第二个步骤来说，地球的直径在数量级上太小了，几何学就不能完全自如地利用大陆与海洋的表面来测量地球与太阳的距离了。在我们地球这么狭窄的地方，没有足够大的尺寸来做这么大尺度的测量。要做这种测量，让我们飞到辽阔的太空里去寻找吧，或许在那里我们可能会找到所需尺度的基底线。

　　↓ 2. 我们找到了这样一根基底线，它就是地球到月球之间的距离。对于一条60倍地球半径长度的线段来说，几何学对此应该感到满意。倘若能够在这条基底线的两端进行观察，倘若能在月球上进行观察，看到一边是地球而另一边是太阳，这就像在地球上进行观察，看到一边是月球而另一边是太阳一样，那么几何学对此就应该感到满意了。由此我们得到两个角，通过这两个角，几何学能够

①出于简便的需要，我们在这里继续用构造相似图形的方法来解决问题，但是很显然，通过计算我们可以得知，这个基底线是太小了。——原注

建造一个相似的三角形，这就可使我们求得地球与太阳之间的距离。这就像我们通过一个已知其两条边与一个角的三角形，就能够克服河流的障碍而获得河对面塔的距离一样。但是很遗憾，几何学家的眼睛不能够到达月球，也不能通过放置在月球上的经纬仪来瞄向地球与太阳。因此，为了避免测量月球位置上的那个角，我们就应该绕过这个困难并重新调整方法，根据月球的相位，我们只要在这个角变成直角的那一刻开始观测就行了。首先具有这一天才想法的人是古时候一位著名的天文学家，他就是萨摩斯岛的阿里斯塔克。科学界为了纪念他，用他的名字来命名月球上的一座环形山。下面我们来介绍他所采用的方法：

如图 63 所示，T 即地球上观察者所在的位置。S 是太阳，L 是月球。在上弦月或下弦月时，也即月球将它发光的那一面朝向我们地球时，观察者能在一条边上看到太阳的中心，并在另一条边上看到月球上的明暗交替处，这两条边就形成了一个角 STL，或说地球上的这个角。至于月球上的这个角 TLS，我们不用测量都知道，因为这个角是直角。实际上，在我们所选的这样一种情形之下，太阳光线是垂直于视线 TL 的，因为我们正好可以看到被太阳照亮的那半个月球，我们可以把线 SL 看成是一条太阳光线，所以它也垂直于 TL，因此在三角形 TLS 中，我们知道 LT 的长度是地球半径的 60 倍长，而角 L 是直角，通过直接测量，我们就可以知道角 T 的大小。这些条件就足够我们来构造一个相似的三角形，就像我们在测量一个不能到达的塔的距离时要构造一个相似三角形一样。由此我们就能得知，线 TS 或者说地球到太阳之间的距离，是地球半径的多少倍。

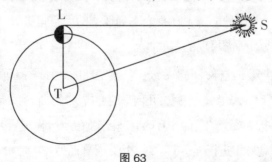

图 63

3. 阿里斯塔克的方法在理论上是完美的，但在实际操作中却是有缺陷的。因为这种方法会遇到一个棘手的难题，即如何去知道月球正好将它发亮的那一面朝向我们的精确时刻。这一时刻的微小误差，就能导致结果与事实的差距非常大，而且在我们现在的研究中，人们比较青睐为灵活尤其是更为精确的方法。尽管如此，我还是很愿意向你们解释阿里斯塔克的方法。因为这一方法是你们现今为止唯一能够理解的方法，而且，因为它清楚地向你们展现了如下细节：如何以在天空中所测得的第一个距离作为基底线来测量第二个更大的距离，然后再以第二个距离作为基底线去测量第三个距离，如此下去，不断地借助建造起来的一个个脚手架，天文学家就能测量出遥远太空中的最高最远处的距离。

确定太阳与地球之间距离的最好方法是金星凌日的方法。现在我来解释这一方法，你们对此还一无所知呢！不过你们很快就会知道，地球并不是唯一一个绕着太阳作圆周运动的星球。地球有很多的同行者，有一些比地球小，有一些比地球大。它们是一些跟我们地球相类似的行星，也一样永不停息地在太阳的周围绕着它旋转，接收着太阳传递给它们的光亮与热度。其中一颗行星叫做金星，它的体积跟我们地球相近，但它更靠近太阳一些。尽管它的体积是这么庞大，但当它在我们地球与太阳之间穿过时，它也只不过是出现在太阳圆盘上的一个小黑点而已。如果它离地球更近一些的话，那么它的影子就会覆盖住地球，从而造成一次日全食。不过，在它现在所处的位置上，它只能遮住太阳上的一个小点那么大的地方，在我们的肉眼看来，它只不过在太阳圆盘上造成一个非常小的黑斑而已。因此，金星凌日的现象，就是金星掠过太阳圆盘并在它上面产生一个黑点。不过，由于观察者在地球表面所处位置的不同，这个黑色的点在太阳圆盘上看起来也会处于或高或低的位置，因为随着观测点的改变，金星在太阳上的位置也是改变的。倘若在地球上有两位相距很远的观测者，各自都观测金星掠过太阳圆盘时走的路线，那么，从观测所得的这两个数据以及这两位观测者相隔的距离，我们就可以推算出太阳离我们地球的距离了。

↓ *4.* 这些研究得到的结果表明：我们地球离太阳大约有 24000 倍个地球半径的距离，也就是 1.52 亿千米。为了填满这段距离，为了建造起一座桥，并且使它的第一个桥桩打在地球上，最后一个桥桩打在太阳上，那么就需要把 12000 个像我们地球这么大的天体放到一起并排成一行，像 12000 颗珠子串成一串珠链，并且每一颗珠子都像我们地球这么大。我们假设去太阳旅行是可行的，那么，即使活得足够长，即使运用最先进的交通工具，我们中还是没有任何人能够夸口说有一天他能到太阳上去。在去太阳的路上，他就会变老，以至于超出人类的年龄极限，他的年龄要达到好几百岁才行。我们跑得最快的火车，以每小时 50 千米的速度[①]一刻不停地向前行进，那么，他要穿越太阳与地球之间的这段距离，需要三个半世纪。一颗刚离开炮口的炮弹，它的速度是每秒 400 米或说每小时 1440 千米，那么，如果它一直保持最初的速度，它要从地球到达太阳，就需要 12年多的时间。

我们根据这一距离和太阳的角直径（大约是半度多一点[②]）运用我在上文中所说的方法，我们就能够计算出太阳的实际半径、直径以及体积。由此我们求得太阳的半径是地球半径的 112 倍，太阳的体积是地球体积的 140 万倍[③]。我们假设太阳是中空的，就像一个球形的箱子，根据上述这些数字，如果我们要将太阳填满，那么就需要放进去 140 万个像地球那么大的球才行。或者，如果太阳的中心占据了地球所在的空间位置，那么这个巨大的球就会将地球完全包围起来，地球就会在太阳那巨大的空间中就变得微乎其微了，太阳那巨大的体积，可以把月球绕地球旋转的活动范围都覆盖住，而且可以再延伸出一个月球的活动区域。实际上，月球到地球的距离是地球半径的 60 倍，它的两倍是地球半径的 120 倍，而太阳的半径是地球半径的 112 倍——两者相差不大。我们再来做最后一个比

①现在我们的火车时速已经达到好几百公里，还有更快的飞机，所以用现在的速度推算到达太阳的时间，或许就要短很多了，可以看下文作者举的炮弹的速度。——编注
②太阳的角直径平均是 32 分 6 秒。我们之所以说平均值，这是因为地球与太阳之间的距离并不总是保持不变的，因此太阳的角直径也会不断发生变化。——原注
③几何学证明，如果一个球，它的半径比另一个球大 2 倍、3 倍、4 倍，那么它的体积就比另一个球大 8 倍、27 倍、64 倍。在算术上，我们将 8、27、64 等等这些数字称为 2、3、4 等等这些数字的立方，也即这些数字自乘三次所得的数。因此，64 就等于 444。因此，要求得太阳的体积是地球的体积的多少倍，那就是 112 的立方，结果是 1404928，我们只取前两位数，即得到 1400000，作这样的简化是可以的。太阳的体积居然是地球的百万倍大！——原注

较。要将一个容积为一升的容器填满，大约需要一万粒麦子，要将一个容积为十升的容器填满，大约需要 10 万粒麦子，而要填满一个容积为 140 升的容器，大约需要 140 万粒麦子。现在我们假设这里有一堆麦子，它有 140 升，而在它的旁边只有一颗麦子。这一颗麦子代表的是地球，而这 140 升的一堆麦子就代表着太阳！

↓ 5. 天文学并不满足于这些值得惊叹的数据结果。在测得太阳离地球的距离以及太阳的体积后，天文学家开始考虑测量太阳的质量，也就是说太阳的质量相当于地球的多少倍。我们已经知道，太阳的体积是地球的 140 万倍大，但是这些数据并不能告诉我们它的质量。这是因为，比如说，一个木球可能比一个铅球的体积大，但它比铅球要轻。因为体积并不能告诉我们关于物体质量大小的任何信息，所以我们只剩下一种方法来测量太阳的质量，这就是给太阳称重。当我提出这样一个艰难的问题时，你们肯定会笑起来，觉得这难以置信。要给一个距离我们有 1.52 亿千米的天体称重，在你们看来这是极疯狂的妄想，但你们应该还记得，我们已经给地球称过重，就像我们将地球放在一个天平托盘上去称它的重量一样，尽管太阳距离我们是如此的遥远，但是要解决这一困难还是非常简单的。我们知道，当两个星球分别使得两个同样的物体在同样的距离落向它们时，其中一个星球的质量比另一个星球的多 2 倍、3 倍、4 倍，那么，在前一个星球上的物体下落的速度就比后一个星球上物体下落的速度大 2 倍、3 倍、4 倍。由此，问题就转化为：我们要确定一个物体落向太阳的速度比落向地球的速度要快多少倍，假设在太阳上与在地球上物体下落处位置离地面的距离是相同的，并且下落所花的时间也相等。

一个落向地球表面的物体，它在头一秒内所经过的垂直路程是 4.9 米。假如下落不是在地球表面发生的，是在离地球 24000 倍于地球半径的远处发生的，换言之，如果这个物体到地球的距离与太阳到地球的距离一样，那么它落向我们地球的速度就与离地球的距离平方成反比，即 $4.9 \div (24000^2)$，我们先不计算这个算式，直接用 m 来表示。现在我们需要做的就是，通过实验来求得物体落向太阳的速度。通过观测与计算地球的运行，我们就可以进行这项看起来似乎不可能完成的研究。

↓ 6. 现在我们回到第十三讲中的图 58，我们先改变一下图中字母的涵义，T 在这里代表太阳，L 代表地球，它每年绕着太阳转动一圈，这个圆圈的半径是 1.52 亿千米。比如说，在一秒钟内，地球从 A 点运行到 B 点，它落向太阳的距离是 AB 那么长。根据地球轨道的大小，以及它运行一周绕完轨道所需要的时间，我们就能够精确地计算出 AB 的长度，因此在一秒钟内，在距离地球 1.52 亿千米的地方，一个物体落向地球所经过的距离是 m，这一点我们在前文中已经讲过，而物体落向太阳所经过的距离则是 AB。当完成所有这些计算之后，我们就能够知道 AB 是 m 的 354936 倍。因此，太阳的质量就是地球的 354936 倍，因为在离物体同样远的地方，太阳的质量使物体落向它的速度是地球的质量使物体落向它的速度的这么多倍。

在这段解释中，你们可能对其中一点似乎还不是特别确定，尽管所有的下落都是在同样远的距离处发生的，但我们所比较的下落还是不一样的。一方面是地球上物体的下落，我们在想象中将它带到离太阳同样远的距离处；另一方面是地球自身要带着它巨大的重量而往下落。由于地球要比其他物体重得多得多，难道它就不应该比任何一个重量有限的物体，比如说地球上一座山那样的物体下落得快得多吗？我们用手抓一把小球，然后放开手，小球就会并排落下去，这些小球会同时落下并且同时到达地面，因为它们下落得一样快，这就仿佛它们连在一起并且是一个物体一样。因此，一个大球就相当于所有小球的集合体一样，它不会比小球中的任何一个下落得更快①。我们再做一个比较：一匹马拉着一车货物，如果这车货物的重量增加了一倍，而且用两匹马来拉，那么，马车前进的速度会不会快一些呢？很显然不会。如果货物的重量增加了三倍，而马也变成了三匹，那么，马车前进的速度会改变吗？也不会。每一颗小球就相当于一匹拉着马车的马，而小球的重量相当于马要拉的货物，如果马匹增加了，也就是说如果一颗小球变成了相当于 10 颗、100 颗、1000 颗小球那么重的大球，那么，这颗小球的下落速度仍然不会改变，这是因为，要往

---

①关于这一点，请你们参考《基础科学》中的《地球》分册。在该书中，我们提供了一个非常简单的实验，它证明了不同重量物体的下落速度是相等的。——原注

前拉的货物也比原先的货物要重 10 倍、100 倍、1000 倍。总而言之，只要下落是发生在同样的条件之下的，那么一粒沙子和地球下落的速度是一样的。

↓7. 古代的人曾经产生过这样疯狂的想法，他们认为太阳是在天空中由四匹马拉着往前走的，这四匹马的名字分别是厄斯、皮贺斯、艾顿与弗雷贡，它们的眼睛和鼻子往外喷射着火焰。我并不知道这四匹马在奥林匹亚山的哪个牧场上吃什么草才得到它们的力量的，但是可以确定的是，它们能够飞快地拉动这辆马车。现在请允许我们作一个疯狂的假设，我们假设地球被放在一辆马车中，这辆马车在与我们平时走的路相似的路上被拉着向前行驶，那么，对于这样的一车货物，要有什么样的动力才能拉动它呢？通过计算，我们找到了答案。我们在车的前面套上一百万匹马，然后在它们的前面再套上一百万匹马，再在第三排前面也套上一百万匹马，这样依次套下去，一百排……直到一万排，如此我们就有一百亿匹马来拉这辆车。即使全地球的牧场加起来，也饲养不了这么多匹马。现在我们用鞭子抽打它们，使它们往前走。但车子还是一动不动，这是因为拉车的力量还不够大。我完全相信车子不会动，因为要将地球这个庞然大物拉起来，还需要一千万倍这么多的马！但是要拉动比地球还要重 354936 倍的太阳，那将是什么样的情形呢？哎呀，神话中那些可怜的马呀，要拉动太阳神腓比斯的四轮马车，我完全相信你们是足够强健的，但你们会强健到在天空中的地面拉动那科学意义上的太阳吗？安排你们去做这一工作的那些人，他们简直像孩子似的在幼稚幻想，这么巨大的天体，在他们的眼中只不过是一个磨轮那么大的盘子罢了。这样的想法太过疯狂了，让我们忘记奥林匹亚山、太阳神腓比斯以及那些拉车的马吧！在太空中，唯一能够推动这不可想象的重物前行的力量，只有大自然。

↓8. 根据太阳的质量以及它的半径，我们可以推出这颗星体表面重力的大小。这个计算是非常简单的。倘若太阳把它的所有物质都集中在一个体积跟地球一样大小的球体上，那么在它表面，它会以比地球引力大 354936 倍的引力来吸引物体。但是，由于太阳的半径是地球半径的 112 倍大，因此我们就要用太阳表面到中心之距离的平方来成比例地缩小这个结果，也就是说，用354936除以112的平方，结果是28。因此，在太阳表面的重力是地球表面重力的28倍，也就是说，一个物体在太阳表面呈自由落体运动，它在第一秒内下落的距离是4.9米的28倍，即137.2米。换言之，一个物体在地球上称得的重量是1千克，而在太阳上的重量就是28千克了，而物体所包含的物质却没有丝毫增多。恰恰是同一个物体，在太阳上就会变重，这是因为它在太阳上所受到的吸引力更大。这样一个事实就让我们知道了，如果我们到太阳的表面上去，那会是一个非常可怜的样子。在地球上，我们的身体构造可以支撑起我们身体的重量，在这样的重力环境下，我们走过来走过去不会遇到什么困难，这是因为我们身体所使出的力是与我们的体重相一致的，但在太阳上，我们的力不会增大，而我们的身体却增加了28倍的重量。在这种情形下，我们就像每个人肩上都背着27个人一样。在太阳的表面，我们会被自己的重量压垮，只能趴在上面不动。或许也有可能，我们会被我们自己的体重压扁，就像一摊又重又软的黄油。

↓ 9. 尽管太阳大得惊人，但它的质量却跟它的体积不成比例。如果把构成太阳的物质均匀分散开来，那么每立方分米的物质质量是1.39千克，这也刚刚比水的质量略多一点。我们已经知道，地球上的物质，假设它们是同质的，那么每立方分米的物质质量是5.5千克。太阳上的物质整个为什么会这么轻，人们对此是这样解释的：我们假设，在太阳的外面一层是由气体包围着的，这一点可以由它的温度很高来证实，太阳的中心是由密度稍高一些的液体状或固体状物质构成的，由于太阳外面被这层气体所包裹，因此太阳的体积跟它的质量并不呈相同比例的增长，这就导致它的质量相对其体积而言比较小。这一假设可以通过天文望远镜的观察来得到证实。

如果我们用一架配有黑玻璃（这是为了减弱太阳光线的亮度和热度）的望远镜来观察太阳，那么我们几乎总是会看到在太阳的表面有一定数量的斑[①]，它们的外形是很不规则的，暗淡发黑地分布在太阳上面，与太阳那白色发亮的圆盘形成鲜明的对比，这些斑的周围环绕着一层镶边，虽然不合适，但我们还是将它们称为半影。这些斑是可以移动的，它们一开始

[①]这就是我们现在所说的太阳黑子。其实太阳黑子并不黑，只是因为它的温度比太阳表面其他地方低，所以才显得暗一些。——编注

位于太阳的一侧，然后慢慢地从太阳圆盘的西边移动到东边，到达圆盘的另一侧，最后就消失不见了。在不到两周的时间里，它们又会重新出现在圆盘的另一侧。我们已经推断出，太阳绕自身旋转，每过 25.5 天这些同样的斑又会返回到原来所处的位置。一个位于太阳的轴上观察者，头朝向太阳上面那个极，他会看到太阳是从右向左转动的。同时他还能看到，地球也是按这个方向绕着太阳转动。

↓ *10.* 太阳上的斑并不是一成不变的。在某一个时期，我们可能会看到很多斑，但在另一个时期，可能会看到很少或是干脆就看不到。在观察者看来，它们有时会像我们地球大气层中的暴风雨出现前的乌云一样。它们有些分裂成一个个的碎片，然后重新组成新的形状，或者分解掉，最后在太阳的白色圆盘上消失；而另外一些则比较稳定，每当我们观察的时候，它们随着太阳的转动都呈现出相同的样子。但是在太阳连续转动了几次后，很少有斑能够保持不变。通过确切的测量，我们能够求得这些斑的面积有多么的庞大。表面积比整个地球还要大的斑，我们并不能经常见到。赫歇尔曾经观察到一块宽度为 76000 千米的斑。这些斑是什么东西呢？也许它们是由一些黑色物质随机组成的团状物，它们会在太阳的正面分散开来，然后消失在火的海洋中。也许在火焰的包裹中，它们会打开一个缺口，让我们窥见其黑暗的里面。也许……但是让我们放弃这些不成熟的猜测吧！太阳还没有说出它的秘密。尽管如此，其中一点还是毋庸置疑的。这些巨大的斑，它们每过几个小时、每过几天，就会形成，或者消散，聚集成堆，然后又消失不见。但是在它们的中心有一种物质，这种物质没有多少抵抗力，它们很容易产生翻天覆地的变化。太阳表面的地方，就是产生飓风、漩涡、暴风的地方，它们撕扯出太阳中的物质，把这些物质搅进一场永无休止的风暴中。因此，通过这种方法，我们得出了相同的结论，即太阳的外层是由一层庞大的炽热气体所构成的。

↓ *11.* 通过对光进行细致的研究，科学家可以推断出太阳这一光源的性质。科学可以告诉我们太阳是由什么物质构成的，这就像在太阳上采集一点物质放到熔炉中进行化验分析它的成分一样。根据我们前面所做的最基础的探讨，我们来对太阳光进行这一神奇的研究。

一束光通过百叶窗中间的缝隙照到一间黑暗的屋子中。在这样的状况下不会有什么特殊的事情发生，这束光是完全笔直的一条线。在它传播的路径上，有一些飘浮其中的灰尘颗粒在闪闪发亮。我们将一片玻璃放在它传播的路径上，那么也不会有什么异常的情形发生，光束会穿过透明的玻璃，继续沿着直线传播。但是如果这不是一片平的玻璃，而是一块楔形的玻璃，或者像人们所说的棱镜，那么，光束就不会沿着直线传播了，而是会发生弯折，在它的传播过程中会突然改变方向。由于这种偏斜，光束传播的方向在棱镜内部发生了两次改变，我们称为一共产生了两次折射。

在图64中，一束光线沿着直线SL传播，在这条直线上，我们放置了一块棱镜片。由于光束是从空气传播到玻璃中去的，或说是从一种密度小的介质传播到了另一种密度大的介质之中，因此当它进入玻璃内部时，它就会靠向玻璃表面的垂直线NO，不是沿着原来的方向即直线IL传播，而是沿着直线II′传播了，直线II′是更加靠近垂直线的。当它到达点I′的时候，它就会从玻璃传播到空气中去，也就是说，它从一种密度大的介质中传播到了另一种密度小的介质中了。因此，它会远离玻璃表面的垂直线N′O，沿着直线I′S′的方向传播，由此，直线I′S′与玻璃表面的垂直线N′O形成了一个角N′I′S′，这个角比前面的那个角II′O要大。因此，一束光线在穿过一个棱镜片的时候，它弯折了两次，更加靠近棱镜片底边的方向。

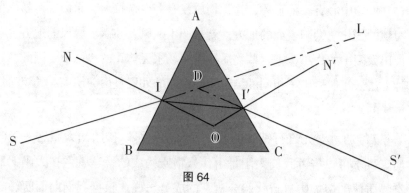

图64

↓ 12. 除了使得光线的方向发生改变之外，棱镜还有另外一个作用，使得光线产生一种非常重要的变化。这束光线通过百叶窗上的开口进入黑暗的房间，直到射到棱镜上的时候，还保持着它原先的形状与大小，但当它射进棱镜时，就变大了，而在它射出棱镜时，就会变得更大，呈扇形发散出来，如图 65 所示。对于原来整个光束而言，它的方向并不会发生同样的改变，因为在光束穿过棱镜后，展开成一个角形半铺开，在其中会发生许多不同的方向改变。换句话说，太阳光线并不是同质的，在整个光束中，这些光线并不是同样的。假设这些光线实际上是同质的，那么不管棱镜片对它们具有什么样的作用，它所产生的效果对整个光束而言都应该是一样的，要是这样的话，那么光线在射出棱镜时，尽管它的方向发生了改变，但仍会保持着原先的形状，而不是呈扇形展开。

现在让我们继续。在图 65 中，我们在光束穿过棱镜后的传播路径上放一张白纸。那么我们立刻就会看到，这张白纸上出现一个长方形，长方形上显示出像天空中彩虹那样各种各样的颜色：有紫色的、有青色的、有蓝色的、有绿色的、有黄色的、有橙色的，还有红色的。我们将这个长方形称为太阳的光谱①，谱这个词在这里仅仅指的是图像，没有什么比对这个光谱的解释更简单的了，这说明太阳光线并不是同质的。太阳光线中不同的成分，即不同的光线，在穿过棱镜片时，它们的方向发生了不同程度的改变，有的改变得多一些，有的改变得少一些，在经过棱镜片时，它们各自分离开，在白纸上的不同位置留下了它们各自不同的颜色。因此我们现在知道了，在普通的光线中，在太阳发出的白光中有着不同颜色的光线，有紫色的、蓝色的、绿色的、黄色的等等。当这些不同的基本光线重新聚集在一起时，它们又会变成一束白光。当它们通过棱镜片而互相分离时，它们每一个又呈现出自身所特有的颜色。光谱不仅仅包括我们在前文已经讲过的七种颜色，它还有夹在中间的一些过渡色，它们之间的这些细

---

①太阳光谱是太阳辐射经色散分光后按波长大小排列的图案。太阳光谱其实包括无线、红外线、可见光、紫外线、χ射线、γ射线等几个波谱范围，而下文作者所说的分散出的各种颜色的光，都属于可见光。因此作者所说的太阳光谱，我们可以理解为狭义上的光谱，它都属于可见光的范畴。其他部分的光我们通过肉眼无法看见，其中一个原因正如作者下文所说，光线到达地球的时候是损失了的。——编注

微差别，我们是难以分辨出来的，比如说，在绿色光结束而黄色光开始的地方，这是一种什么颜色呢？同样的，白色光也是一束包含着不同颜色的光，当它穿过棱镜片时，它也会发生程度不等的方向改变。因此，太阳光谱就像一个五颜六色的键盘，它有着不同的色调变化，包含着从紫色到红色的各种颜色，这就像一个乐器的键盘有着种种不同的音调一样，从最重的音到最轻的音都包含在其中。

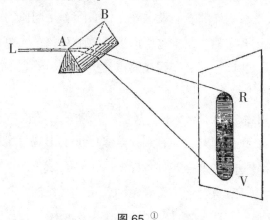

图 65 ①

↓13. 我们来进一步考察这个颜色的键盘。借助于一面放大镜，我们可以看到在光谱的光带上有着无数条不连续的细线，在这些细线的间隔之间，光线并不存在。这些深黑色的间隔彼此平行，它们中有的细一些，有的粗一些；有些相距远一些，而有些相距近一些。如图 66 所示，它们的数量是固定不变的，它们也有先后次序。无论何时何地，人们都能观察到太阳光线的这种不会消除的同样特征。在物理学上，我们将它称为光谱线。那么这些黑色的线代表的是什么呢？这些没有光的线是什么呢？——如果严格说来太阳光线包括所有可能的光，从最紫色到最红色，那么，光谱带上所有可能的位置就都会被占满，因为通过棱镜片的作用，每一种光线的传播方向都会发生改变，这样，从光谱的一端到另一端就不会存在什么间隙。但是如果缺少了一些基本光线的话，那么白光在穿过棱镜片之

---

①在图中，AB 就是太阳光线 LA 所穿过的棱镜片，通过这块棱镜片，光束传播的方向发生了改变，同时，光束的截面扩大了，呈扇形形状。穿过棱镜片之后，这束光线照射到白纸上，显示为一条光带。在这束光带中，紫色位于上方，而红色位于下方。——原注

后，就会出现一些空白的区域，即光谱上黑色的线，这就是那些缺少的光线并没有出现的位置。因此，光谱上存在黑线这一事实，就说明了太阳光线在到达我们地球的时候是不完整的。显然，这是因为有一些太阳光线在传播的路途上消失了。我们用更确切的表达方法来说，就是光谱的颜色键盘是不完整的，它缺少很多键，而所空缺出来的位置就成了一个个的黑色空格。

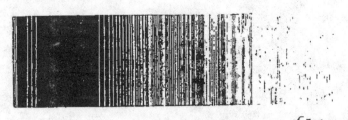

图66 太阳光谱的谱线

月球以及被太阳照亮的其他各个天体，当它们的光射到我们地球上时，也会造成同样的结果。光谱总是被无限多个黑色空隙间隔开，这些黑色空隙按照与太阳光谱同样的次序排列在一起。的确应该是这样的，月亮发光是因为它反射了从太阳借来的光，当这些光线到达我们地球时，它们还具有从原初光源获得的不可消除的特征，至于那些星星，它们的发光性质类似于太阳，距离我们地球也非常遥远，它们形成的光谱也跟太阳光谱一样，会被许多黑色的空隙间隔开。但是，每颗星星的光谱黑线在数量上是不一样的，它们的组合方式也是不同的，这个规则是普遍的，也就是说，那些天空中的光源所射出的光线在经过棱镜片后都会产生一些光谱黑线，它们的光都是不完整的，在它们的光谱带上，都会缺少某些色调的光。不过，在某一颗特定星星所产生的光谱上，这些色调的缺少是不变的，尽管每颗星所缺少的色调都不一样。

↓ *14.* 我们认识到，宇宙中最大的光芒四射的星体[①]，即太阳，并不是完美的，它的光线也不完美。得到这样一个认识，具有非常重要的意义。一旦我们证实了它并不是完美的，那么我们每个人都会自问，其原因是什

①其实这种表述是有误的，太阳未必是宇宙中最大的星体，宇宙是无穷的，有很多我们未曾发现的东西，包括比太阳更大的星体。——编注

么呢？首先，我们是否可能获得一种完美的光线呢？可以的。只要我们用一个白炽的固体来作为光源就可以了，比如说一个白炽的金属球。倘若我们让刚出熔炉的金属球所发射出来的光线穿过一个棱镜片，那么我们就可以获得一个非常完美的连续光谱，在它上面没有任何光谱黑线的印迹。在金属球的这束光线中，基本的光线是完整的，因为在光谱带上，所有的位置都被光线占满了，但是我们也很容易在这条完整光谱上造出黑线来。我们先找一道明亮的火焰，比如说一个煤油喷灯或汽油喷灯的火焰，最好是一个酒精喷灯的火焰。在这道火焰中，我们撒上一些很细的金属粉末，比如说铁的粉末，这时，我们使白炽金属球的光穿过这道火焰再到达棱镜片。我再向你们表述一番这个实验的步骤。在一边，我们放置上一个白炽的金属球，它能够放射出完美的光线，在另一边，我们放置上一个棱镜片，它能够分解光线，在这二者之间，我们放置上一道燃烧着铁末的火焰，光线要从金属球射到棱镜片上，它就要穿过这道冒着金属蒸汽的火焰。经过这一系列操作之后，金属球的光谱就不再完整了。这时，我们在它的光谱上就会看到一些黑色的线，就像在太阳光谱上看到的黑色的线一样。通过细心的观察，我们可以看清楚这些黑线的数量、位置以及排列情况。接下来，我们在火焰的中央撒上一些其他的金属粉末，比如说铜的粉末，这样产生的光谱中还是会有一些黑色的线，但这些黑色的线与我们散铁粉时所产生的黑线大不一样，无论是数量还是它们组合的方式，都不一样。我们再往火焰上依次撒铅、银、锡、金、锌等金属粉末，它们又会产生新的黑线。从一种金属到另一种金属，所产生的黑线在数量与位置分布上都是不同的，但是在同一种金属粉末所产生的黑线则是相同的。因此，当一道完美的光束穿过一道燃着任意一种金属的火焰时，它的一部分光就会消失，于是它就会失去一些基本的光线。这种缺失呈现在光谱上，就会出现一些黑色的线，这些黑线的位置、数量以及排列次序，都取决于金属的性质。

↓15. 为了将我们在这些实验中所获得的信息应用到太阳光线上，我们就要科学地承认太阳的中心是一个液态的或者固态的球，很高的温度使它发出光线，它的热度非常高，我们人类所能制造出来的最高温度是无法跟它比较的。在这个光芒四射的球体中心的周围，包裹着一层体积非常庞大的气体，这些气体是由于太阳的热度而蒸发出来的物质组成的。在太阳上，并不像在地球上一样有一个蓝色的空气穹顶，在穹顶上飘浮着一些能够落下雨的云彩。在这里，太阳被光芒四射的火焰包裹着，这层包裹是金属蒸汽形成的耀眼堆积物，降落着熔化的金属暴雨，然后这些金属再次蒸发，无穷无尽地制造出那令人生畏的金属液体瀑布。从太阳的中心发射出来的光线是完整的，这些光线就像我们实验中白炽的球所发射出的光线一样，但是当这些光线穿过在外层覆盖着的火焰时，就会丢失一部分基本的光线。因此，当它到达地球时，就变成不完整的了，它所产生的光谱上的许多黑线就是太阳大气层上汽化的金属蒸气所造成的，其中有一些金属是我们认识的。实际上，我们发现，在太阳的光谱中，存在着一些非常有特征的黑线，这种黑线跟我们在火焰中燃烧铁末时所产生的光谱黑线一样，它们的数量与组合都是不容置疑的，因此，在包围太阳的那层金属蒸气中存在着铁，同样还有铜、锌和其他的地球金属。因为这些不同的金属造成的光谱黑线与太阳光谱中的一部分黑线是一模一样的。但我们还没有证实，在太阳的包裹层中是否存在着铅、银和金这些金属[1]。我们还有理由相信，在太阳的大气包裹层中存在着一些地球上所不知道的金属蒸气，因为太阳光谱中很多黑线与地球上物质所产生的光谱黑线并不相同。

对光谱研究作一番迅速的考察，我们就能产生一个伟大的想法，也许地球拥有一些自身所特有的金属物质，太阳也是一样，但是在相距 1.52 亿千米的这两个星球之间，它们在化学组成上也有着不容置疑的共同点，它们都是由同样的物质组成的[2]。

---

①20 世纪 70 年代以来，经过多方面观测，太阳大气中包含着铁、镍等金属成分。——编注
②下文中在讲到从天空中落下的陨石的时候，我们还会再谈到这一点。——原注

第十六讲 | 一年与四季

↓ *1.* 地球的自转。

↓ *2.* 椭圆及其作图法。

↓ *3.* 地球的轨道、近日点与远日点。

↓ *4.* 太阳日与恒星日。

↓ *5.* 太阳年与恒星年。

↓ *6.* 太阳日的变化、地球运转的速度是不等的。

↓ *7.* 轮子与铅块的实验。

↓ *8.* 太阳平均日。

↓ *9.* 地轴总是与它自身保持平行、地轴的倾斜与四季。

↓ *10.* 6月21日夏至时的白天与黑夜。

↓ *11.* 对白天与黑夜时间长度不相等的解释Ⅰ、两极上的白天与黑夜Ⅰ、北极圈。

↓ *12.* 对白天与黑夜时间长度不相等的解释Ⅱ、两极上的白天与黑夜Ⅱ、南极圈。

↓ *13.* 太阳光线所造成的影响、夏天与冬天。

↓ *14.* 北回归线。

↓ *15.* 12月21日冬至时的白天与黑夜、南回归线。

↓ *16.* 春分与秋分。

↓ *17.* 四季时间长度不相等、从赤道到两极之间地球各地最长白天的表。

↓ *18.* 五带。

↓ *19.* 陀螺以及地球的圆锥状旋转、26000年时间的长周期、12000年后的北极星。

↓ *1.* 地球被一种原初的推动力推动着往前走，它的轨道永远保持不变。地球一刻不停地向着太阳落去，绕着它的这颗主宰星球旋转，这就像月球也是绕着地球旋转一样。在一年的时间里，地球就绕着太阳完成了一周的转动回到起点，然后又开始它的新一程旅行，永无止境地重复下去。地球以每小时 10.8 万千米①的速度在太空中自己转动。它没有轴，没有支撑，总是绕着一条理想的线转动，神圣的几何学赋予它这条线，以此来确定出它的运动范围。地球运动的速度是如此的快，我们只要想一下就会觉得头晕目眩，但是它运转的时候又是如此的平稳，只有通过科学的思考，我们才可以知道它是在运动的。为了保持住地球转动时的这种惯性推动，并赋予它热量、光和生命的中心星球（即太阳）保持同样的距离，太阳的引力和地球的推动力就必须在一个合适的范围内保持平衡。假如太阳的引力不发挥作用了，那么地球就会被它自身的推动力所带走，从而离开太阳，沿着一条直线逃开，漫无目的地遨游在未知的太空中。倘若地球的推动力失去了它的作用，那么地球就会一头栽向吸引它的那个巨型球体（即太阳）。倘若地球向着太阳自由落体地落下去的话，那么它在 64 天的时间里就会走完 1.52 亿千米的路程，然后投进太阳火炉的深渊处，最终灰飞烟灭。或者，如果地球的这种推动是由于受到阻力的作用慢慢减弱下来，而不是突然消失的，那么地球的运动轨迹就不再是一个总是能够回到起点的圆圈，而是呈螺旋形的，并且转的圈子越来越小，最后必然旋转着落向太阳。这是一些没有根据的假设，没有什么东西能使得地球的推动力减弱或停止下来，也没有什么东西能使得太阳的引力减弱，所以我们地球的轨道是永远保持不变的。

↓ *2.* 到目前为止，为了简便的缘故，我们一直认为地球的轨道是圆形的，但实际上它的形状要更为精巧复杂。它是一个椭圆形，而不是一个圆形。要在黑板上画出一个椭圆形，我们必须按照如下的步骤去做：在黑板上钉两颗钉子，并将一根绳子的两端分别固定在这两颗钉子上，并且让绳子尽量松一些，然后用一根粉笔顶着这根绳子，使得绳子绷紧，接下来，使粉笔一直拉紧绳子并在黑板上转上一圈，如图 67 所示，通过这种方法所画出来的图，我们称为椭圆。固定绳子的两端即点 F 与点 F′ 是固定的，

---

①10.8 万千米每小时是地球的公转速度。——编注

我们将它们称之为焦点。我们将线段 AB 称之为长轴，而将线段 DE 称之为短轴。如果我们将椭圆上的任意一点 M 与两个焦点连接起来，那么线段 MF 与线段 MF′称为向径。那么很明显，根据我们画椭圆的方法，线段 MF 和 MF′之和总是会等于绳子 FCF′的长，不管 M 点是哪个点。因此，我们可以将椭圆作如下定义：一条封闭的曲线，并且该曲线上的每一个点到两个固定点即它的焦点的距离之和是不变的。对于同样长度的一段绳子，两个焦点之间离得越远，那么椭圆就会拉得越长，也就和圆的差距越大；如果这两个焦点离得越近，那么这个椭圆就会越是像圆；如果这两个焦点相遇而合为一个点时，那么所画的这个曲线就会变成一个圆了。

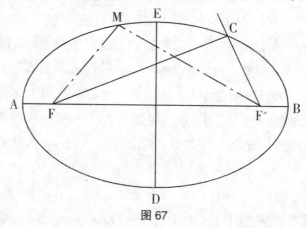

图 67

↓ 3. 地球每年所走过的轨道是一个椭圆，而太阳就是这个椭圆的一个焦点。但是，它的轨道已经相当接近于圆了，所以我们可以将它的轨道当成一个圆，一般来说，这并没有什么不合适的。同样的，月球也是沿着一条椭圆的轨道绕着地球转动，地球就是这个椭圆的一个焦点。但是，由于地球是在不断移动的，月球为了要伴随着地球，因此它总是在一刻不停地改变着自己的轨道，因此，它的轨道就成了一条弯弯曲曲的曲线，这条曲线是由一连串不断调整的椭圆所形成的。但是不管怎么样，它们的规则是普遍的：所有受到另一颗星体引力作用的星体，都会沿着椭圆形的轨道绕着这颗星体转动，它运动轨道的一个焦点就是这颗主导星。

地球沿着椭圆形的轨道转动，它与太阳的距离并不是恒定的。当地球转动到离太阳最近的那个长轴的一端时，它与太阳的距离最小。假设太阳是焦点 F，那么地球在 A 点时离太阳最近，如图 67 所示，我们将这一点称为近日点。当地球到达另一焦点的端点即 B 点时，它到太阳的距离最大，我们将这一点称为远日点①。地球到达近日点的时间是 12 月 31 日，到达远日点的时间是 7 月 2 日。根据这一奇特的结论，我们可以得知，地球在冬天时比在夏天时距离太阳更近。这段距离相差大约是 440 万千米②。

↓ 4. 当地球被带着沿椭圆形的轨道绕太阳转动时，它同时自身也在转动。它每自转一圈的时间，我们称为一日。我们要区分开两种不同的日，即太阳日与恒星日。恒星日就是地球上同一条半子午圈连续两次回到同一颗恒星之间的时间间隔，这一时间间隔是固定不变的，这是因为地球是以一种不变的速度绕着它的轴转动的，没有什么能够改变它的转动速度。并且这种转动使得地球表面上的任意一点，都在完全相同的周期内，回到天空中的同一个位置。我们在其他的课中已经讲到过，20 个或 25 个世纪以来，天文学家从来都没有发现过恒星日的周期有过哪怕十分之一秒的改变。理应如此。恒星日是对使得地球绕着它自身轴转动的一种机械能的量度，如果没有遇到任何阻力的话，这种能是不会消失的，地球的转动也就会保持着恒定的速度。

太阳日就是地球上同一条半子午圈连续两次回到太阳，在这之间所需的时间间隔。如果地球只绕着它的轴自转，而并不在太空中移动的话，那么，太阳日与恒星日的长度就会相等，在这种情形下，地球上的每一个点，要重新回到同一颗星星或太阳面前，所花费的时间是相等的。但是由于地球是转动的，因此这两者就不可能是相等的。这里所讲的情形，跟我在前文中给你们讲到的月球的恒星周与会合周不相等的情形，是相类似的。

↓ 5. 现在我们来考察图 68。在图中，地球位于 1 的位置，此时，子午线 AB 的一边面向太阳 S，而另一边则正对着处于 BE 延长线上的某一颗恒星。该子午线上被太阳照亮的那一半正好处于正午时分，而位丁黑暗半球的那一半则是午夜。第二天，地球沿着它的轨道走出很远一段距离，这段

①近日点的意思是距离太阳近，而远日点的意思是距离太阳远。——原注
②月球的椭圆形轨迹的运动也向我们解释了，为什么月球有时候离我们地球近一些，而有时候会离我们地球远一些。我们已经说过，月球到地球最近的距离接近地球半径的 56 倍，而最远的距离则接近地球半径的 64 倍。——原注

距离很遥远，因为它以每小时 10.8 万千米的速度往前运行，就这样，地球到达了 2 的位置。由于地球绕轴自转，因此它会将 A′B′ 重新带到出发时带到的那颗星星前面。这颗星星此时处于与前一天看到的 BE 平行的 B′E′ 方向上。我将这两条线当做是平行的，这并不夸张。在这里我再重复一次，星星之前的距离是如此遥远，因此地球在一天或者整整几个月内所走过的路程，相对于和星星之间的距离来说都可以忽略不计。无论地球是处于 1 的位置还是 2 的位置，在地球沿着同一个方向去观察，都能看到这颗星星，就仿佛地球的位置从来都没有改变过一样。但是从地球上去看太阳则是另一回事，由于太阳距离地球太近了，所以我们会看到它的方向会不断发生变化。当子午线 A′B′ 再次面对同一颗恒星时，那么，它这时就已经走完一个恒星日了，不过在这个时候，地球还要往前再自转一些距离，到它转了 A′C 那么长距离的时候，才可以正好面对太阳。因此，太阳日的周期总是比恒星日的长一些，平均比恒星日多出四分钟。

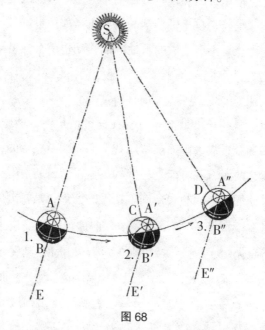

图 68

因此，今天和太阳同时经过我们头顶上空的那颗星星，由于天空的照耀，我们在白天看不到这颗星星；到了明天，它会比太阳早四分钟到达我们头顶上空；到了后天，它会早八分钟，如此下去……一直到六个月后，这时我们将它每天的四分钟提前量累加起来，当这颗星再经过我们头顶上空时，这时就是晚上了，这时它比太阳提前了 12 个小时经过我们的头顶上空，我们现在就能清楚地看到它了①。通过这种方式，我们就可以解释天空中星相的变化。在夏天，我们可以看到某些星团，在冬天，我们看到的又是另外一些星团。从年初到年末，所有的星星都逐渐地在我们夜晚的天空中依次出现。如果太阳日与恒星日的周期是相等的，那么就不会发生这样的情形。在这种情形下，伴随在太阳周围的，都是同样的星星，并且有一半的天空我们是永远都看不到的，它永远被太阳的光遮住，我们每天晚上只能看到另一半天空中的星星。因此，天空中的星星随着四季不断地轮回变化，这向我们提供了一个证明地球自转的新证据。

我们已经说过，六个月后，那些今天与太阳一起出现的星星，会比太阳提前 12 个小时出现，再过六个月后，那么它们提前的时间又会增加，成了提前 24 个小时。由于地球绕太阳完成了一周的公转，因此，这时它又会将这些星星与太阳重新带回到我们头顶上方天空的同样位置，这时，一个周期结束了，而另一个周期则开始了，地球又重新回到了它轨道上的同一位置处，一年也就这样过去了。在这段时间内，从表面上看似乎是太阳绕着地球转了 365.25 次，但是由于恒星会快一些，因此恒星转了 366.25 次。因此，我们认为一年中有 365.25 个太阳日，或有 366.25 个恒星日。

↓ 6. 太阳日不仅仅在长度上比恒星日略长，而且它与恒星日相比还有其他不同的显著特征。恒星日的长度是不变的，而太阳日的长度是变化的。太阳日有时会长一些，有时会短一些，这取决于它所处的年代，但它总是会比恒星日长一些。刚才我向你们提到的多出四分钟的时间，这只是一个平均数。使得太阳日发生变化的所有原因中，如下原因是很容易理解的：

在图 68 中，我们已经假设，地球每绕轴自转一次，它就会从 1 的位置到达 2 的位置。太阳日之所以要比恒星日要长，这是因为，当子午线 A'B' 在 E' 的方向上重新看到同一颗星星之后，它还要从 A' 的位置到达 C 位置才能重新面对太阳，因此，子午线走过的 A'C 这段距离所需要的时间就

---

①由于每天提前四分钟，那么，在六个月的时间里就会提前 12 个小时。——原注

是太阳日比恒星日多出的时间。现在我们假设，地球在它的轨道上运行得更快一些，因此当它自转一周时，它不是从 1 的位置移动到 2 的位置，而是从 1 的位置移动到 3 的位置，在这种情形下，当走过一个恒星日之后，也就是说，当子午线从与 AE 平行的 A″E″ 方向上重新面对同一颗星星的时候，它还要从 A″ 的位置移动 A″D 这样一段圆弧的距离，才能重新面向太阳。但是很明显，圆弧 A″D 要比圆弧 A′C 长。因此，当地球在自转一周的时间内从 1 的位置移动到 3 的位置时的太阳日，要比它从1 的位置移动到 2 的位置时的太阳日长。由此我们可以得出一个普遍的结论：地球在轨道上运转的速度越是快，那么太阳日就越是长，因为这时子午线要重新回到太阳面前，需要转动的距离更长一些，这是由于地球在这个时候已经转出去了更远一些距离。因此，为了要证明太阳日的周期是变化的，我们只需证明地球绕太阳公转时运行的速度是变化的就可以了。

↓ 7. 一开始我们假设，由于地球一直能够完整地保持着它的机械能，所以地球是以恒定的速度沿着它的轨道运行的。但是这种情况只有在地球轨道是圆形的时候才可能满足的，因为地球每天走过的圆弧是完全相等的，因此它每天走过圆弧所需的时间也是相等的。但是如果它的轨道是一个椭圆的话，那情形就不一样了：那样的话，地球有时会离它的轨道焦点（即太阳）远一些，而有时则会近一些。通过如下几个实验，我们就可以明白这一点。

假设有一个竖立着的轮子，它非常轻。摇动它的曲柄，就可以使它绕轴转动。我们在它的一根辐条上，牢牢地绑上一个非常重的铅块，或者把它绑在靠近轮轴的地方，或者把它绑在靠近轮子的边缘，或者把它绑在轮子的任何位置都可以。首先我们使得铅块尽可能地靠近轮轴，如图 69 所示，我们用手来摇动像图中那样安装在轮子上的曲柄，来掌控轮子转动的速度。假设当我们用尽全身的力气来摇动轮子时，我们可以使轮子在一秒的时间内转动一周。

图 69

　　我们来重新做一次实验。但这次我们要移动轮子上的铅块，使它靠近轮子边缘的地方，如图 70 所示。在这种情形下，轮子的重量既没有增加，也没有减少，而铅块的重量也保持不变，只不过它距离转动的中心远了一些。这样会出现什么情形呢？我们还是用刚才使轮子一秒钟转动一周的力气去转动曲柄，但是这时我们却很难使得轮子转动起来，更别说达到先前的那种速度了。因此我们再用同样的力气去转动曲柄，想使轮子一秒钟转动一周是不可能的了。

图 70

倘若你们不能制造出这样一个奇怪的仪器，即借助铅块距离转轴的远近，用手摇动曲柄，来使那个轮子转动得或快或慢。那么我在下面向你们介绍另一个实验。在一根绳子的一端系上一个小球，然后用两根手指夹着绳子的另一端，使得小球在绳子的一端飞快地转起来，然后让这根绳子渐渐地紧紧绕上你的第三根手指。那么你们会看到，随着绳子绕在手指上越来越多，绳子会变得越来越短，而小球转动的速度也会越来越快。因此我们可以知道，用一个恒常的推力使得物体绕着一个中心转动时，这个物体距离中心越近，它转动的速度也就会越快；它距离中心越远，它转动的速度也就会越慢。

↓ 8. 由于地球的运行轨道是椭圆形的，它与太阳之间的距离并不是恒定不变的。在冬天的时候，地球距离太阳近一些；而在夏天时，它会距离太阳远一些。因此，它转动的速度也是在变化的，在近日点即 12 月末时会转动得最快，而在远日点即七月的前几天则会转动得最慢。在不同的年份里，地球在转动的一个周期内，它所移动的距离是不相等的，这是导致太阳日不等的一个原因。

钟表仪器的运转必须是速度均匀的，它并不是忠实地跟着太阳运转，因为太阳回到我们的子午线上的周期是不断变化的。一块手表，在今天正午 12 点时它正好指着 12 点的方向，此时太阳正好经过我们的子午线。那么，在明天或后天以及大后天，它与太阳经过子午线的时间就会不一致了。它会比真正的正午时间到来的那一刻的早一些或晚一些到达正午，即它比太阳实际经过我们天空最高点的时刻要早一些或晚一些。那么，如何在这些持续的变化中知道真正的时间呢？于是大家为了时间的一致性，采用虚构的平均太阳日，将一年中实际的 365 个太阳日平分成 365 等分，我们通过这种方法来求得平均太阳日，这时我们所获得的这种时间单位具有完美规则性的优点，就像钟表仪器所要求的那样，但是它也存在着不方便的地方，即它很少能与太阳的实际运转相符合。不过，与它的优点相比，它这个缺陷并不是很严重。一块表，倘若它根据平均时间校准好的话，那么它有时候会比太阳快一点，有时候会比太阳慢一点。无论它比太阳快还是比太阳慢，它和根据太阳的转动所确定的之间的最大差距可以达到 15 分钟。由于恒星日具有不变的规律性，所以在天文学上经常被使用，但是无论怎样，它不能被应用在日常生活中，如果我们以某一颗星星经过子午线的时间作为参考点来划分时间的话，那么所得的结果是非常奇怪的，我们会依次把早晨、晚上、白天、夜晚的某个时刻当做正午。

↓ 9. 一个被手投掷出去的球，它会在地面上滚动，会绕着自身无规则地转动，有时候它会绕着一根轴转动，而另一时候它会绕着另一根轴转动，这取决于它碰撞所遇到的阻力。它所转动的一个极迟早会处于其赤道上，而位于其赤道上的某个点则迟早会变成它的一个极。小球的转动是非常杂乱无章的，它的轴有时会升高，有时会降低，有时会颠倒过来，总是找不到一个平衡的位置。神圣的推动者所投出的地球这颗球，它沿着一个不变的轴在太空中旋转，它的极从来都不会经过赤道，而它的赤道也从来不会变成经过它极上的线，它永远都稳定地在它那不动的轴上转动。这是一个想象的轴，这是一个地球围绕着转动的轴，不仅保持不变，而且它的方向也是固定的，在地球每年转动经过的所有空间中，它都与自身保持平行。这个轴不会竖立起来，它也不会倾斜一些，至少在一个狭小的范围内，它是不会这样的。我马上就会告诉你们这个范围。在今天它正好对着天空中的某一个点，比如说北极星，那么到明天，它还会对着北极星，到明年，再经过很多年，它仍然会对着北极星。因为地球的轴总是与自身保持平行，方向保持不变，所以它也遵循惯性定律，也就是说，地球在一个没有障碍、没有阻力的空间中，绕着一个它自身都没办法改变其原初方向的轴转动。最后我们再补充一点，地球并不是在太阳面前完全竖直地旋转的，它的轴稍微有一些倾斜，而且总是倾斜向同一个方向，并且倾斜的角度保持不变，它倾斜的方向偏离竖直方向 23.5 度。

由于地球每年绕太阳公转一周，而且它的轴是与自身平行并保持一定的倾斜度，因此就有一年四季的变化。图 71 所表示的就是，地球在它的轨道上所占据的四个主要位置①。在夏季开始的时候，7 月 21 日时，地球靠近远日点；在秋天开始时，9 月 22 日时，地球位于 B 点；在冬天开始

①在这幅图中，为了方便，我们用稍微能看到侧面的圆圈来代表地球轨道，太阳位于圆心。严格来说，我们应该画一个椭圆，并把太阳作为这个椭圆的一个焦点。——原注

时，12 月 21 日时，地球靠近近日点；在春天开始时，3 月 20 日时，地球位于 D 点。当地球从其轨道上的 A 点运行到 B 点时，这段时间正好是夏天；当地球从其轨道上的 B 点运行到 C 点时，这段时间正好是夏天；冬天是地球从其轨道上的 C 点运行到 D 点所经过的这么一段时间；而春天则是当地球从其轨道上的 D 点运行到 A 点时，所经过的这段时间。再作进一步研究之前，我们认真看一下图就会发现，地球的轴总是保持着同样的倾斜方式，总是倾向于同一侧。而且在地球绕着其轨道旋转的所有过程中，它都与其自身保持平行。

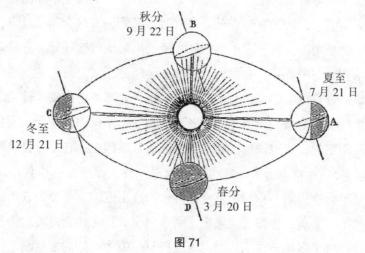

图 71

↓ 10. 现在我假设，我们现在是处于 7 月份的最后几天。一年中的任何其他时期，太阳都不会比现在升起得更早。在早晨四点钟时，太阳就升起来了；而在晚上八点钟时，它的最后一缕光辉才几乎消失不见。在正午时，太阳并不正好位于我们头顶上空，但相差并不远。在这时，我们要想看到太阳，就应该抬头仰望，并且向着天空的最高处看，太阳是多么耀眼、多么炽热啊！它的光线垂直射入大气层中，并将无穷的热力渗透进大地中。在这时，白天时间最长，而晚上时间最短。白天长达 16 个小时，而夜晚则只有 8 个小时。越往北去，白天的时间就越长，而夜晚的时间越短。我们发现，在一些国家，太阳升起的时间比我们法国这里要更早一些，它在早晨 6 点时就升起来了，而到晚上 10 点才落下去；而在另外一些国家，太阳在早晨 1 点钟就升起，到晚上 11 点才落下去；而在另外一些国家里，太阳升起的时间跟落下的时间差不多要重合了，也就是说，太阳刚刚从地平线上落下，然后又立即升起来了。在靠近北极的地方，人们一直会看到太阳，它从来都不会落下去。它一连几周、几个月都会围着观察者转，从来不会消失在地平线以下，无论是在午夜，还是在正午时分，都能看到太阳，因此在这些地方根本就没有夜晚。

在地球的南半球，我们看到的情形则正好相反。太阳暗淡无光，温度很低，越是往南，白天越短，夜晚越长，在靠近南极的地方，则是一个黑夜接着另一个黑夜。在接近六月末时，地球上两个半球之间的情形是正好相反的。这时，北半球的白天长夜晚短，光线充足，温度很高，北极会被太阳光连续地照射着；南半球则白天短夜晚长，光线暗淡，气候很冷，南极则处于连续的夜晚之中。这时北半球正好是夏天，而南半球正好是冬天。

↓ *11.* 太阳光线从地球的一极到另一极的分布是不平均的，这一点很容易理解。在图 72 中，这是地球，它正处于太阳光的照射之下。这时它处于图 71 中 A 的位置，也即这时的地球正处于 6 月 21 日。我们用虚线束来表示太阳光线。我已经告诉过你们，现在的图也很清楚地向你们表明了，地球的轴是向着地球与太阳的连线倾斜的，因此地球并不是在光芒四射的太阳面前竖直旋转的，而是倾向于一侧绕着太阳转动。由于这根轴是倾斜的，因此地球上的明暗分界线也就是白天与黑夜的分界线，并不经过地球的两个极，而是跨过北极，并且不触及南极。现在我们在脑海中想象地球在绕着它的轴转动，那么位于北极和经过明暗分界线的圆周 P 之间的地区，在地球完成了它的一周自转后，它们一直都受着太阳的照射。因此，靠近北极的那些地区，它们没有夜晚，它们一天 24 小时都能看到太阳。我们将圆周 P 称为北极圈。在 6 月 21 日时，在北极圈中的这个区域是没有夜晚的。北极圈与北极之间的弧度是 23.5 度，这正好是地轴偏离太阳垂直方向的度数。

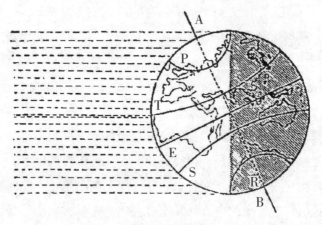

图72 6月21日那天的地球

↓12. 现在我们往南前进，比如说，走到了这样一个地方，在这个地方随着圆圈 T 自转。这上面的每一个点，起初都位于有光线的区域，随着它们往前旋转，又转到了黑暗的区域。因此在这个地方，白天与黑夜会交替出现。但根据图中所示，你们也会看到，而且也会毫不犹豫地辨认出，这些点经过黑暗区域的时间要比它们经过明亮区域的时间短。因此对于这些点而言，夜晚要比白天短。对于其他所有位于这个圆圈上的任意一点，尽管我们并没有标注出来，但我们很容易想象，随着这些点越来越靠近北极，那么它们的白天会变长，而夜晚就会变短。与此相反，当这些点越来越靠近赤道时，这时，夜晚会变长，而白天则会变短。只要略略看一下这幅图，就很容易理解这些。同时我们还看到，位于赤道上的点的白天与夜晚的时间长度是相等的，它们的白天与夜晚都是 12 个小时。因为在赤道附近，位于明亮区域中的部分与位于黑暗区域中的部分是相等的。

当北半球的白天比夜晚时间长时，那南半球会是怎样的一种情形呢？我们看一下图就会马上知道。这时，南半球的白天在变短，而夜晚在变长。因为一方面，南半球明亮的区域在缩小，而另一方面，阴暗的区域在变大。这幅图还告诉我们，在南半球的周围有一个区域，无论地球怎样转动，都不能将它带入明亮的区域，对于它来说，它一直都不能看到太阳，我们将圆周 R 这一区域称为南极圈，这个圆圈所画出的区域，正是在 6 月 21 日的时候太阳光线不能照射到的区域，它到南极的弧度也是 23.5 度。

↓13. 太阳光线并不产生同样的效果，这取决于它是直射还是斜着射到我们这里的。垂直接收到太阳光线的区域就会特别炎热，而倾斜接收到太阳光线的区域就好一些。要理解这个，我们只要观察到如下这一点就够了：要想接收到全部的光源热量，我们必须站在正面面对光源的地方。在第一种情形下，也即热量垂直落到我们身上时，光源所产生的效果是最大的；而在第二种情形下，即热量斜着落到我们身上时，光源所产生的效果就会变弱了。同样的，当地球位于太阳光源前面时，地球表面的各区域所接收到的热能并不是同样的。因为对于一些地区而言，太阳光线是直射给它们的；而对另一些地区来说，太阳光线则多少是有些斜射的。此外，在白天太阳的照射下所获得的热量，在夜晚会损失掉一些，因此夜晚就会变得冷一些。白天越长夜晚越短，那么，温度就会越高，这是因为在白天所接收到的热量远远超过了在夜晚所损失掉的热量。正是由于这两个原因，在一年中的同一时期，各地的温度是相差非常大的：在太阳光线或多或少接近垂直照射的地方，白天长夜晚短的地方，天气就会热一些；在其他的地方，太阳光线斜射的地方，白天短夜晚长的地方，天气就会冷一些。前面的区域处于冬天，后面的区域处于夏天。

↓14. 我们一旦知道在 6 月 21 日时地球上的哪些点是垂直接收到太阳光线的，我们就会知道哪些国家最为炎热。太阳光线垂直照射的方向就是这样一个方向，即通过延长太阳光线穿过地球的中心。在图 72 中，我们很容易得知，到达 T 点的太阳光线，如果将它们延长，那么它们就会经过地球的中心。因此它们是垂直照射的，于是，当我们站在 T 点时，我们正好在头顶上接收到这些到达 T 点的太阳光线。因此，在这些点上，所接收到的太阳光线的热量最强。我们刚才所说的 T 点上的情形，对于经过这一点的那个圆圈，也是同样的情形。因为这个圆上的每一个点，在 24 个小时内，都要转到 T 点所在的位置，并在正午时分正对着太阳，人们把这个圆圈叫做北回归线。我们对之可以作如下的定义：在 6 月 21 日正午时分太阳垂直照射着的那些点所形成的圆圈①。北回归线离赤道的距离是 23.5 度，这个度数是与极圈离其附近极点的度数同样大的，也是与地轴的倾斜

①其实北回归线也是太阳在北半球能够直射到离赤道最远的位置。——编注

度数一样大的。

在这一天，地球表面上其他的地方都不是垂直地受到太阳光线照射的，这是因为其他地方的太阳光线的延长线都不会经过地球的中心。它们都是被太阳光线倾斜着照射的，离回归线越远的地方，无论是赤道还是南回归线，它们所接收到的太阳光线的照射越倾斜越厉害。我们可以通过图来详细证明这一点。在回归线的两侧，温度是逐渐地降低的。法国位于北回归线与北极圈之间，它与这二者的距离几乎相等，它几乎从来都没有受到过太阳光线的垂直照射①。但是在 6 月 21 日那天，太阳光线对于法国来说是接近于垂直的，此时的太阳光线比一年中的其他任何时期都更加垂直于法国。因此，在正午时，我们如果要看到太阳，就要将头抬起，望向几乎是天空的最高处。

↓ 15. 6 个月之后，我们处于冬季，这时已经是 12 月份了。这时的一切是多么的不一样啊！这时，要在正午的时候看到太阳，不需要望向天空的最高处，我们只需要朝向我们的前面，将头抬高一点就可以。这时的太阳热度非常微弱，这是怎么回事呢？难道这时太阳离地球更远了一些吗？难道这个光源变弱了吗？都不是，太阳作为光源，从来没有衰弱过，它一直都是那么活跃，它放射出来的光与热是不变的。太阳也没有离我们更远一些，相反，它离我们更近了，因为此时地球正好经过我们称作近日点的轨道上的那一点。如果我们感觉太阳变暗或者失去热度，这是因为太阳光线是斜着照射的，而且白天变短了。你们是否真正注意过白天有多短吗？在早晨八点钟的时候，太阳才升起来，而在傍晚四点的时候，它就已经落下去了。白天只有八个小时，而夜晚却有 16 个小时。这与在六月份时白天与夜晚的时间正相反。越是靠近北部的地方，这时它的夜晚可能长达 18 个小时、20 个小时、22 个小时，与此相对应，那些地方的白天则有 6 个小时、4 个小时、2 个小时。在北极附近，太阳甚至都不再升起了，那里甚至没有白天，正午时和午夜时一样，都是漆黑一片。

我们只要来看看图 73，就可以明白上面所讲的这一切。在这个时候，

①法国位于北回归线以北是不可能受太阳光的垂直照射的，因此作者所说的"几乎"可以忽略不计。——编注

地球正处于 12 月 21 日所在的位置。也就是说，在图 71 中，它正好经过它轨道上的 C 点。地球的轴总是倾斜的，而且往同一方向倾斜，倾斜的角度也是相等的。地球在转动了半个轨道这么远的距离之后，也丝毫没有改变地轴的方向。但此时太阳的光线却与半年之前照射的方向相反，因为地球这时位于轨道的另一端，在太阳的另一侧。在这里不需要作长篇大论的解释就可以看出，从上面的一极即北极到北极圈的地区，一直都处于黑夜之中，在北半球，白天的时间要比晚上来得短。越是靠近北部的区域，白天的时间就越短。我们同时还知道，在赤道，白天和夜晚的时间总是保持相等的；在南半球，白天要比夜晚长。从南极圈到南极之间的区域，是没有黑夜的。至于太阳光线，我们看到，它是垂直照射到 S 点的，在 24 个小时之内，位于 S 点所在圆圈上的所有点，都会被太阳垂直照射一次。越是处于这个圆圈的上方及下方的点，太阳光线是越来越倾斜地照射的。我们将圆圈 S 称为南回归线①。在 12 月 21 日时，南回归线是垂直受到太阳照射的。它就像前面所讲的北回归线一样，距离赤道是 23.5 度。我们总结如下：6 月 21 日是北半球一年中白天最长、最为炎热的时间；对南半球而言，此时白天最短、天气最为寒冷。在 12 月 21 日时，情况发生了倒转，这个时候是南半球在一年中白天最长、最为炎热的时期；而对于北半球来说，则是白天最短、天气最为寒冷的时间。

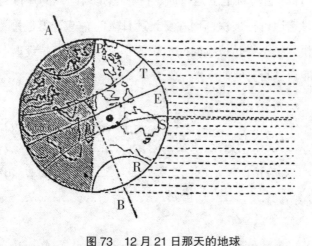

图 73　12 月 21 日那天的地球

---

①同北回归线相对应，南回归线是太阳在南半球能够直射到离赤道最远的位置。——编注

↓ *16.* 在图 71 中，地球要从它赤道上的 A 点到达对面的 C 点，然后再从 C 点回到A 点，它要经过其轨道上的所有的点。我们刚刚考察了其中的几个点。地球上的明暗分界线逐渐地远离或是靠近两极，由此导致的结果是：地球上的每一个地区，其白天的长度与太阳光线的倾斜角度呈现有规律地增加或者减少。在图 71 中，每当 9 月 22 日时，地球到达 B 点。在这个位置时，地球上的赤道是垂直地接收到太阳光线的，因此明暗分界线恰好经过两极，此时对于整个地球来说，白天和夜晚的时间长度是相等的。每当 3 月 20 日，当地球到达其轨道上的 D 点时，也会发生同样的情形。我们将 3 月 20 日与 9 月 22 日分别称为春分与秋分。"分"这个字指的就是从地球的一极到另一极的所有地方，在这个时刻，白天与夜晚的长度都是相等的。我们将 6 月 21 日与 12 月 21 日这两个时间称为夏至与冬至。"至"这个字的意思就是指，太阳在这一时刻停止转动。也就是说，太阳从南方逐渐地往北方移动，向着天空顶点升去，直到它近乎垂直地照射到我们，这时正是 6 月 21 日，在这之后，太阳就不再继续向上升，又重新折返往南，直到 12 月 21 日，在这之后，它又不再往南了，又重新向我们这边移过来。太阳依次在两个半球升起与落下，这仅仅是由于地球转动和地轴的倾斜而造成的假象，对于这一点，我们没有必要再行说明。

↓ *17.* 地球在它的轨道上运行时，并不总是以同样的速度运行的。在冬天近日点时它运行得最快，而在夏天远日点时它运行得最慢。因此四季的长短也不相等：冬天是持续时间最短的季节，夏天是持续时间最长的季节。四季的准确时间长度如下：

春季 ……………………………………………………… 92.9 天

夏季 ……………………………………………………… 93.6 天

秋季 ……………………………………………………… 89.7 天

冬季 ……………………………………………………… 89 天

我们将上一组数据与下一组数据联系起来，下一组数据指出了在从赤道到两极之间的各个纬度上，持续时间最长的白天有多少个小时。

纬度	小时
0（赤道）	12
16°44′	13
30°48′	14
41°24′	15
49°2′	16
54°31′	17
58°27′	18
61°19′	19
63°23′	20
64°50′	21
65°48′	22
66°21′	23
66°32′（南极圈与北极圈）	24

我们用 24 小时减去白天的时间长度，就能获得相应的夜晚的时间长度。从极圈开始，太阳至少有 24 个小时连续地位于地平线以上，由此我们就获得了地球各地最长白天的时间长度，如下所示：

纬度	
纬度 66°32′（极圈）	1 天（24 小时）
纬度 67°23′	1 个月
纬度 69°51′	2 个月
纬度 73°40′	3 个月
纬度 78°11′	4 个月
纬度 84°5′	5 个月
纬度 90°（北极）	6 个月

这些数字可以同时适用于两个半球，在夏至时适用于北半球，在冬至时适用于南半球。当季节颠倒过来之后，上述同样的表格指的是地球上各地最长夜晚的时间长度。

↓ *18.* 根据太阳传递给地球热量的分布情形，我们可以将地球的表面划分为五个区域，我们称之为五带。第一个区域称为热带，赤道正好经过它的中央，北到北回归线，南至南回归线，在热带正午时，太阳总是几乎位于天空的最高处，它的光线垂直到达地面，使得温度非常高，这是南北回归线之间的国家的一个特征。另一方面，在赤道附近，白天和夜晚的时间长度在一年中都保持着均等，都是 12 个小时。在热带的其他区域，白天和夜晚的时间长度也相差不大，夜晚的寒冷正好被白天的炎热所抵消，因此在热带区域，一年四季的温度变化不大。在热带区域的两侧，一个在北半球，一个在南半球，有两个地带，我们将它们称为温带，它们的一条界线是回归线，回归线将它们与热带分离开，另一条界线是极圈，极圈将它们与寒带分离开。住在温带的居民从来没有在头顶上空垂直照射的太阳，一年四季中，太阳的光线都是倾斜地照射到这里的地面上的，但是在冬天比在夏天时太阳的光线倾斜得更厉害些。因此这里的温度要比热带的低。在两个极圈之外，直到相对应的极之间，还有最后两个地带，即寒带。在寒带，太阳光线的倾斜度以及白天夜晚长度的不均等，都比其他地带相差得更大。在夏天时，这里的温度只升高一点点；而在冬天时，这里却异常寒冷。

↓ *19.* 我们已经知道，地球的轴总是一成不变地与自身保持平行。但这并不是完全准确的。由于地球并不是一个完美的球形，因此地轴会非常缓慢地呈圆锥形旋转。陀螺游戏为我们提供了一个地轴旋转的日常情景，我们通过合适的方式将陀螺投掷出去，它就会在地面上旋转起来，并沿着一定的轨道转动。陀螺的这种转动让我们想起了地球绕太阳的转动。当陀螺绕着它的尖端旋转时，这种情形就类似于地球绕着它自己的轴转动一样。到了最后，尤其是当它快要停下来时，它就不再是垂直地转动了，而是歪倒着倾斜地转动，这时候它就会不断地摇晃，它顶部的那端就会画出或大或小的圆圈来，如图 74 所示，地球也是被推动着绕着它的中心作着一个锥形的旋转，它轴上的两个端点，如果我们在想象中将它们延长，那么它们也会在太空中沿着一个圈转动。但是地轴的这种摇摆是多么的缓慢啊！地轴要绕完一圈，地球就要花上 26000 年的时间！因此我们就明白了，尽管地轴是摇摆运动的，但是我们还是可以将它看作是在一年四季里都与自身平行的，这并不会带来什么明显的谬误。但是如果我们把几个世纪以来这种不可察觉的变化累加起来，我们也会对通过天极的变动所表现出来的地球的晃动感到惊讶。我们已经将靠近地轴延长线的那颗星称为北极星，在今天，它位于小熊星座尾巴的末端。随着地轴在 26000 年时画出一个圆圈来，地轴就会在天空中的其他位置遇到别的星星，那么这时的北极星就不是现在这颗北极星了。我们把年代追溯到埃及人建造金字塔的时期，那时候的北极星是天龙座的 α 星，从那时起，地轴逐渐地远离开这颗星，最终来到了小熊星座的面前。在往后的两个半世纪多的时间里，地球会逐渐地向着现在的这颗北极星靠近，直到与它相距只有 0.5 度，然后它就会逐渐地远离现在的这颗北极星，而慢慢地移动到天空中的其他区域中去。12000 年之后，夏夜星空中的最美丽的星星会成为北极星，它就是天琴座的织女星。

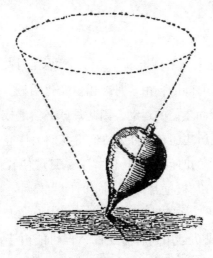

图 74

第十七讲 | 历法

↓*1.* Almanach 这个词来自于东方，它的意思是月亮。在一开始，人们是根据朔望月来推算时间的，由于月球相位变化明显，并且它在相近周期内可以规律性地做周而复始的运动，因此月球必然地成了划分时间的第一个基准。原初的月亮历法还有一件事情值得我们去探究：月份。月份的长度几乎与一个朔望月的时间相等，但并不是月球使我们地球上具有白天和四季的，人们也不是根据月球来确定时间去播种、收获以及采摘葡萄的。反而根据太阳的运行而建立起来的历法，其优点早就被人们所知。据说埃及人是第一个成功运用这种方法的，但可能由于认识不够充分的缘故，他们错误地认为一年中的天数是固定的 365 天，实际上，地球要沿着它的整个轨道转上一圈，需要 365 天 5 小时 48 分钟 50 秒，这一数值取的是一个平均天数，因此古埃及的一年要比实际上的一年少四分之一天。从长期来看，这种不一致性会产生非常严重的后果。我们拿一年中的一个非常有代表性的时间作为起点来进行讨论，比如说春分，我们一开始假定某年的春分是在 3 月 21 日，由于古埃及的一年要比实际上的一年要少四分之一天，那么四年之后，当埃及人的月球历表上又显示到了 3 月 21 日时，实际上地球还没有到达它轨道上的春分时刻。地球是在第二天，也即 3 月 22 日时到达春分时刻的；八年之后，地球是在 3 月 23 日到达春分时刻；12 年之后，这个时刻是 3 月 24 日；16 年之后，是 3 月 25 日。由此，每隔四年的实际春天的开端则都比历表的晚上一天。年复一年，这种延迟不断累积起来，我们可以看到以后的春天会逐渐地在三月、四月、五月、六月才开始。四个季度就跟一年中的 12 个月份不相符合了，会依次经过一年中的 12 个月份。那么，就会有这样的时期，在七月份与八月份的时候会是寒冷的冬天，而在 12 月份与一月份的时候会是炎热的夏天。到了收获粮食的季节，人们却不知道要收获粮食；到了采摘葡萄的季节，人们却不知道要采摘葡萄。之所以产生这种不一致，是因为历表上的时间与实际时间不相符合。当历表上显示天气寒冷、不应该进行农业耕作时，实际的天气却是适宜种植并且很温暖。我们将古埃及人这种只有 365 天的年叫做游移年，因为它使得季节从一个月份游移到另一个月份。在经过 365 的四倍或说经过了 1460 个游移年之后，历表上的每一天都经过了四季中的所有季节，这时，历表上的时间计算又与地球的运行重新变得一致了，但从这个时间起，又开始重复着同样的错乱。古人将这 1460 个游移年的这个周期称为天狼星周期。

　　↓ *2.* 古埃及人由于无知与迷信，把历法弄得跟实际情况相差很大，以致罗马人在春天的时候庆祝起秋天的节日，在冬天时却庆祝起收获的节日来。直到公元前半世纪时，儒略·恺撒才让这种不一致性得以结束。他把真正的一年时间即 365.25 天确立为一年，不过，这个四分之一天却是个棘手的问题。我们是否应该将它添加进历法中的年即民用历法的年中去呢？如果历法上的某一年它开始于一月一日的零时，那么在第二年，它就会开始于早晨六点；在第三年，它就会开始于正午；到第四年，它就会开始于傍晚六点；在第五年，由于走过了一个周期，它就会重新开始于原初的午夜零时了。由于恺撒具有正确的判断力，所以他不容许每年时间起点出现这种变化。因此，他把一年的天数确定为一个整数，即365天，只是他规定每隔四年就要加上一天，来弥补所丢失的时间，使得历法时间与太阳一致。我们将此称为儒略修正，这是根据它的创立者儒略的名字来命名的。

根据儒略修正，会接连出现三个365天的平年，接下来的一年中有366天，这年称为闰年；接下来，又会重新开始一个新的周期，它也是由三个365天的平年与一个366天的闰年组成的……如此这般，一直循环下去。我们知道，在每四个连续的年代数中，有三个数字是不能被四整除的，其中只有一个才能被四整除。根据这个非常简单的规律，我们就可以知道有哪些年可以被四整除，那该年就是闰年，它有366天。如果一年的年份数能够被四整除，或者如果它的后两位数所构成的数字能够被四整除，那么该年就是闰年，如果不是这样的话，它就不是闰年。因此，1868年、1872年、1880年等等这些年份，都是闰年；而1866年、1867年、1869年、1870年等等这些年份，都是平年。根据这一规则，世纪年份如1800年、1900年、2000年等等年份，也都有366天，因为它们的年份数能够被四整除，但我们很快就会知道，在儒略修订之后，有些世纪年并不是闰年。

↓ *3.* 在儒略·恺撒制订自己的历法时，他既考虑到了过去历法的错误，也考虑到了将来历法可能会有的错误，为了修正这种已经存在的历法上的不一致，他规定：在他施行改革的这一年应该有14个月，总共是445天。这一年异常的漫长，他应该把过去所有漏计的时间都补起来了，让时间回到它真正的位置上，这一年被称为混杂年。这一年是罗马帝国建国708年，即公元前46年。最后，为了避免将来出现错误，恺撒创立了每四年插入一天的办法。罗马人在他们的历法中规定出一个不完整的不幸月份，它是12个月份中最短的那个月，即二月。他们规定二月份只有固定的28天。儒略·恺撒可以大刀阔斧地将混杂年延长了两个月，以此来重新确立历法的秩序，但他却不敢触犯人们的偏见，改变以前二月份只有28天的这个规定，因为似乎这样做就是在亵渎神明。但是，他还是在规定，在闰年的时候，把多出来的那一天加到二月份。因此，每过四年这个不祥的月份就会多出一天来，变成 29 天；但在平年中仍是传统上的 28 天。这是一种非常奇怪的组合。

罗马人将每个月的开始那一天称为朔日（Calendes），正是通过这个词，我们获得了历法（calendrier）这个词。但是他们用下个月的朔日作为基准日来称呼上个月的月末那几天。比如说，他们将二月份的最后几天称为三月朔日前的第六天、第五天、第四天，等等。当然，因为在闰年的时候，二月份延长了一天，这并没有违背古人蛮横地要求二月份一定要是 28 天的这样一个传统，于是人们规定三月份的朔日前的第六天有两天，因此，就有朔日前的第一个六天跟朔日前的第二个六天之分别。在作了这样一种叠加之后，二月份又跟以前一样只有 28 天了，它还是跟以往的传统一样，在第 28 天结束。正是根据罗马人语言中的 bissextus（两个六）这样一种表达，我们获得了一个词 bissextile（闰），用它来指称有 366 天的那些年份。在今天，虽然二月份还是像古代那样不完整，但我们至少可以承认在闰年时添加进的那一天是属于二月份的。这是因为，在连续三年中，二月份都只有 28 天，但到第四年的时候，它就会有 29 天了。但是 bissextile（闰）这个词，还是让我们时常想起，在那时迷信的人们是多么置常识于不顾啊！

罗马的教皇们继承了恺撒的历法改革，但是他们犯了一个极端的错误，使得每三年中就有一个闰年。这些举足轻重的人，他们根据乌鸦的飞行以及作为祭品的鸡的食欲来占卜帝国的命运，在他们看到倘若二月份有 29 天，那么帝国就会遭遇到巨大困难的征兆之后，他们不知道四分之一要重复四次才能得到一，于是出现了这种错误。这一错误持续了 36 年之久。直到奥古斯都通过消除这些错误的闰年，才使历法恢复正常。

↓ *4. 儒略·恺撒所采用的一年的时间长度稍有些长了。*地球要重新回到它轨道上的回一点，并不需要 365 天 6 个小时，而是只需要 365 天 5 个小时 48 分钟 50 秒。这一大约只有 11 分钟的差距，在 128 年的时间里，就会使得历法比实际的日期要少一天。当儒略历上的第 128 年结束之时，实际上真正的第 129 年的第一天已经过去了。教皇格里高利八世根据时间的估算来重新建立了历法的次序，这是他的贡献。教皇颁布的旨谕纠正了恺撒的历法上缺陷的地方，在这个旨谕被颁布时，已经有十天不一致了。由于恺撒规定的一年时间太长，所以在合适的期限内，时间并不会走快，这样，格里高利八世规定：将 1582 年 10 月 5 日称为 10 月 15 日，并且以十天的这个增量，一直计算到年末。然后，为了避免以后由于 366 天的年份数重复出现太过频繁而造成的这种不一致性，他颁布法令规定，在儒略历的所有世纪年中，每四个世纪年只许出现一个闰年，这也就是说，在旧制的儒略历中，每 400 年就要去掉三天。如何去掉这三天，人们是按照如下的方法来操作的：首先，去掉世纪年的末尾两个零；接着，把剩下来的这个数除以四，如果这个数是可以被数整除的，那么这一年就有 366 天，否则就只有 365 天。因此，1600 年是闰年，1700 年、1800 年以及 1900 年就都不是闰年，2000 年则是闰年。至于那些不是世纪年的年份，那么它们的闰年规则与儒略历是一样的。当它们的年份数能够被四整除时，它们就是闰年；否则它们就不是闰年。严格说来，格里高利改革并没有使民用年与实际年相一致，因为这太复杂了，但是他的历法已经很接近实际了，在一万年中只需要修正两三天就可以了。因此我们可以说格里高利制定的历法是一部杰出的历法，很长时间都不需要修正。

格里历在所有的基督教国家中都通用，除了希腊与俄罗斯之外，这两个国家一直沿用有错误的儒略历[①]。到今天，这两种时间计算方式之间的差距是 10 天，比如说，当我们处于 5 月 20 日时，俄罗斯和希腊还是 5 月 8 日。在它们跟其他欧洲国家交往时，它们会写上两个历法时间，就像这样的格式：5 月 8/20 日，这个格式的日期指的是儒略历的 5 月 8 日、格里历的 5 月 20 日。

↓ 5. 一年分成十二个时间段，或说是十二个月份。这些月份看上去似乎是由朔望月的大致周期而来的，这些月份的时间长短不等，以及它们有时会蜕变成没有意义的那些奇怪名称，都来自于古罗马人的旧俗。

一月份（Janvier）是这十二个月份的开端，它的名称来自于杰纳斯

---

①俄罗斯、希腊等东正教国家是于 1918 年开始采用格里历的。在作者写作本书时，这些国家还未开始使用格里历。——译注

(Janus)，这是一位生有两张面孔的神，他主宰这个月份，他的一张面孔看着逝去的年份，而另一张面孔则看着新年。

二月份（Février）据说来自于菲布若（Februo）或菲布若利亚（Februalia），他是死亡之神。赎罪节就是在这个月举行的。我们已经知道，正是由于这个二月份，每隔四年就要增加一天，以使我们的历法与太阳相一致。

三月份（Mars）会使我们想起罗马帝国的创立者，他把一部粗糙的历法给了他那个强盗团伙，这部历法规定了一年是 304 天，它们分成 10 个月。三月份是献给战神马尔斯（Mars）的，罗马帝国的创立者罗穆卢斯（Romulus）是战神马尔斯（Mars）的儿子。在接近 3 月 20 日或 3 月 21 日时，地球转到了这样一个位置，这时太阳光线直射赤道，这就是春分时刻。此时，天文学上的冬天结束了，而春天开始了。

四月份（Avril）似乎来自于一个拉丁动词 aperire，它的意思是展开、打开。这是因为，地球在这个月份展开，以使新生的植物萌芽生长，使它们破土而出、生长在空气中。

五月份（Mai）仍然来自于神话传说，这个月份奉献给玛亚（Maia），她是商业之神墨丘利（Mercure）的母亲。

六月份（Juin）似乎是从另外一个神朱诺（Juno）的名字演变而来，这个月的 21 日是夏至，这时太阳的光线垂直照射到我们地球上的北回归线上，于是春天结束，夏天开始。

七月份（Juillet）的词的来源我们知道得更准确一些。古罗马执政官马克·安东尼为了纪念儒略·恺撒对古罗马历法所实行的可喜的变革，颁布旨谕，将一年中的一个月命名为 Julius（儒略），因此，这个月份的名称是根据历法改革者的名字来命名的。

八月份（Août）这个词来自于拉丁词 Augustus，这个拉丁词是罗马皇帝奥古斯都的名字，是他修正了教皇们所犯的关于闰年的严重错误。

奥古斯都的继任者们梯伯尔、克洛德、内弘、多米第安，作了一些无谓的尝试，他们企图将他们自己那些无足轻重的名字放进历法中去。另外还有四个月份我们还没有讲到。在古罗马的罗穆卢斯时代，这余下的四个月份的名称分别是 Septembre、Octobre、Novembre、Décembre，它们的意思分别是第七、第八、第九、第十。在古罗马的罗穆卢斯历法中，这些名称是合理的，这是因为这部历法中的一年只有十个月。但是在恺撒的儒略历里，也就是后来我们所用的历法中，这些名称就不合理了。为了将Décembre 或是第十仍然作为一个月份的名称（而实际上它真正所处的位置是第十二个月份），当权者用了几个世纪的时间，才使得这个荒唐的用法得到认可。最后我们再回忆一下，在 9 月 22 日那天，地球的赤道正处于太阳光线的直射之下。这个时刻正是秋分，在这个时候，夏天结束了，秋天随之而来。在 12 月 21 日时，太阳光线直射在南回归线上，这个时刻正是冬至，在这个时候，秋天结束了，而冬天开始了。

↓ *6.* 月份之间的时间不等有时会令人感到为难。根据年代的不同，有的月份是 31 天，有的月份是 30 天；二月份是 28 天，有时候会是 29 天。那么，如何知道其中的哪些月份是 31 天而哪些月份是 30 天呢？一部刻在我们手上的天然的历法就可以非常简单地告诉我们如何去区分。我们将左手握成拳状，除了拇指之外的其他四根手指，每根手指都会露出一个凸起的关节，它们彼此之间都被一个凹陷部位隔着。接下来，我们将右手的食指依次放在左手上的这些凸起处与凹陷处，从靠近拇指的食指关节开始数数，同时按顺序说出一年中的 12 个月份：一月份、二月份、三月份……当数完左手的所有手指后，再从左手食指关节开始从头数起，这次数的依次是八月份、九月份……根据这种列举方法，所有那些落在手指关节凸起部位的月份都是 31 天，而所有那些落在凹陷部位的月份都是 30 天。当然二月份除外，它落在左手手指的第一个凹陷处。在闰年的时候，二月份有 29 天；而在平年时，二月份有 28 天。

↓ *7.* 每个月份又可分成星期。在平年时，每年有 52 个星期零一天。由于历法的久远性，到今天它们还保留了人类的一些记忆，尽管并不是很详细。一星期中每一天的命名，大部分都烙上了迷信恶习的印记。实际上，异教徒们将一星期中的每一天都奉献给了一位要加以崇拜的神圣偶像，而这些偶像是分别与不同的星体同名的。我们法国人继承了这种用法，即以星体的名字来命名一星期中的七天。因此，星期一（Lundi）指的是月亮日；星期二（Mardi）指的是火星日；星期三（Mercredi）指的是水星日；星期四（Jeudi）指的是木星日；星期五（Vendredi）指的是金星日；星期六（Samedi）指的是土星日；只有星期天（Dimanche）是由我们来命名的，它指的是主的日子，不过由于这个名称来自于基督教，因此异教徒们把它命名为太阳日。

↓ 8. 我们宗教上的节日是根据历法来确定的。其中一些是固定的，另一些则是变化的。前者都是在固定的日子来庆祝的，比如说圣诞节，它是每年的 12 月 25 日；而后者每一年的庆祝日子都不一样，这取决于地球与太阳的运动，其中最著名的就是复活节，它规定了其他变化节日的日期。复活节接近于春分日与该月的月圆日，教堂只要根据天文学上的这两个日期，就可以正确地推断出复活节的日期：在春分之后会出现第一个月圆日，复活节就是该月圆日之后的第一个星期日。这里面包括很多条件：春分、月圆日、星期日。要使得这些所有条件都得到满足，复活节的日期就在一个较宽的期限内变动，于是复活节可能会是从 3 月 22 日一直到 4 月 25 日之间的任意一个日子，从 3 月 22 日到 4 月 25 日，倘若包括这两头的话，一共有 35 天。因此，年复一年，复活节庆祝可以在这 35 个不同的日期中进行。

一旦确定了复活节的日期，那么其他变化的节日的日期，比如耶稣升天节与圣灵降临节等等节日的日子就可以确定了，因为耶稣升天节是在复活节之后的第 40 天，而圣灵降临节是在复活节之后的第 50 天。那么很明显，由于这些节日与复活节所间隔的天数是固定不变的，因此这些节日也会在 35 天的期限内不断变化着。

↓ 9. 我们应该将天文学上的一个特殊日子作为一年的自然起点，比如春分日或冬至日。但是习俗却不是这样的，因为它从来都不遵从理性。于是，我们的每年都是从一月一日开始的，并且，将一月一日作为每年的开端，这种做法很久前就开始了。几个世纪前，查理九世颁布法令，规定法国在 1563 年开始实行这一规定。而在查理曼大帝的时代，每一年还是从圣诞节开始的。不过，在十二世纪和十三世纪时，一年中的第一天是从圣诞节开始的。

我们将一个年代的起点也即以之开始纪年的年代称为纪元。在罗马人

的纪年中，他们是从建立帝国的时期开始纪年的，这大约是在公元前 753
年。因此，我们将自己所处的公元年份加上 753，那就可以知道罗马帝国创
立的年代距今天有多少年了。所有基督教国家都是以耶稣基督诞生的那一年
作为纪年元年的，人们将该年称为耶稣基督元年。伊斯兰教的元年称为伊斯
兰教历纪元（Hégire），该年是耶稣基督纪年的第 622 年。Hégire 这个词的
意思是飞，它指的是穆罕默德从麦加飞到麦地那。伊斯兰教的历法是月亮历
法，每个月中的天数从 29 天到 30 天不等，除非经过非常复杂的计算，否则
很难将我们的年份转化成伊斯兰教历法中的年份。

第十八讲 | 太阳系

↓ *1.* 行星与卫星、行星的词源、恒星。

↓ *2.* 行星的运行。

↓ *3.* 行星的距离、每小时可以拉我们行驶 10.8 万千米的马车、几何学上最长的基底线。

↓ *4.* 波德定律。

↓ *5.* 行星的体积。

↓ *6.* 太阳对其行星群的主宰。

↓ *7.* 对太阳系的想象。

↓ *8.* 磨盘与芝麻、如何称量一颗带着卫星的行星、全部行星的质量之和与太阳的质量相比较。

↓ *9.* 行星的密度、漂浮在水上的行星物质。

↓ *10.* 行星上的年与日。

↓ *1.* 各种与我们地球相类似的星球，由于受到太阳巨大引力的作用，它们与地球一起，在各自的轨道上周而复始地转动。其中，有的体积大一些，有的体积小一些；有的离得近一些，有的离得远一些。所有这些星球都是不发光的，就像地球一样，它们是从太阳那里接收各自的光和热，我们将这些星球称为行星。当这些附属的星球依次绕着主宰它们的那颗星球转动时，而另外一些更不重要的星球则绕着附属星球中的一些星球转动，就像月球绕着地球转动那样，我们将这些不太重要的星球称为卫星。太阳和它的行星以及卫星就构成了我们所说的太阳系。

行星这个词的意思就是指移动的星体。实际上，星体之间的相对位置是保持不变的，就像它们是被牢固地镶嵌在天穹上一样，行星们由于它们是绕着太阳作环形运动的，所以它们在天空中的位置是游移不定的。从我们的观察点看来，它们每天都会经过星空中的不同区域。在今天，这颗星星可能位于这片星团，在明天，它就会被自身的运动带到另外一个星团。因此，只要看一下它在这些星星中间的位置是否有移动，我们就可以辨认出来它是否为一颗行星。如果不移动的话，那么它就是一颗恒星。

卫星是指一颗星星绕着另一颗星星转动的附属运动。它的意思是守卫者或侍者，也就是说，卫星星球是它所围绕着转动的那颗星的侍者。卫星将太阳的光线反射给它所围绕着转动的星球，而这颗星球又将太阳光线反射给卫星。我们将地球称为行星，将月球称为卫星，因此我们就确定了行星与卫星的定义。

↓ *2.* 在今天，天文学家们所辨认出来的行星的数目已经超过90颗，下面就是它们的名称，我们是按照它们与太阳的距离由近到远排列出来的。

水星

金星

地球

火星

一些小行星①

木星

土星

天王星

海王星②

每颗行星都像地球一样，绕着主宰星划出各自的椭圆形轨道，这些椭

---

①人们把处于火星与木星之间的那些小的行星称为小行星。我们在后面一点时会讲到小行星中的主要几颗。——原注

②1930年1月，克莱德·汤博根据美国天文学家洛韦尔的计算发现了冥王星，天文学家们认为它是太阳系的第九颗行星。2006年8月，天文学家们把它降格为矮行星。在作者写作本书时，冥王星还未被发现，因此列表中未曾提及。——译注

圆都接近于圆。所有的椭圆形轨道都有一个共同的焦点，即太阳，但是每颗行星的另外一个焦点都不一样，就像它们各自椭圆形轨道的大小也各不相同一样。因此不同的行星轨道从来不会混淆，也不会相互交叉①。此外，这些轨道是朝向各个方向的，我们并没有发现它们中的哪一些高，哪一些低，哪一些向左倾斜，哪一些向右倾斜。这是因为，它们几乎都处于同一个平面上，就仿佛在一张纸上画了很多同心圆一样。它们这个共同的平面几乎就是太阳赤道的延长面，行星绕着太阳转动的方向都是相同的。我在前文中已经跟你们讲过，一个位于太阳轴上的观察者，他的头向着太阳上面的一极，那么他会看到太阳从右向左转动，行星也是沿着这个方向绕着太阳转动的，而卫星也是沿着这个方向绕着各自的行星转动的。

　↓ 3. 关于行星，第一个要解决的问题就是它们之间的距离。在这里，出现了一个困难，它与我们在测量太阳与地球之间的遥远距离时遇到的困难一样。地球太小了，所以不能作为进行这样测量的必要基底线。天文学家们通过一种非常恰当的方式转换了这一困难。为了求得一个我们不可到达的距离，应该怎么去做呢？要有一个适当长度的基底线以及两个角。但是在地球上，我们找不到一根足够长度的基底线，即便两极之间的距离也是不够长的。正因为如此，我们就得用上这辆以每小时 10.8 万千米速度运行的马车，也就是得用地球的运行速度与路程来测量。在这个时刻，我们位于空间中的这个位置，过了一小时、两小时、三小时之后，我们就会被带到离此地有 10.8 万千米的一倍、两倍、三倍距离的位置处。这是一根最好的基底线，它增长的幅度是非常大的。我们不用离开我们的工作间就可以走过这样一段距离。在今天，天文学家从他在地球上的观测点上观测他所要研究的那颗行星，获得了第一个角；第二天，他在同样的时间再作一次观测，获得了第二个角。至于这个三角形的底，它的长度是 10.8 万千米的 24 倍，正是地球走过了这段距离，并且测量出了这段距离。尽管基底线的长度等于地球最大尺度的 200 倍，但这样长的一段距离可能还是不够的，如果这段距离不够的话，还需要再等上多少天呢？在等待了六个月之后，天文学家会来到地球绕日公转轨道直径的一个端点上再进行一次观

①但那些小行星的轨道除外，它们是相互交错在一起的。——原注

测，而他的另一次观测是在另一个端点上进行的。因此，这根基底线的长度就是我们地球到太阳距离的两倍，即3.04亿千米。当几何学要测量天体时，就会以这段非常长的距离作为基底线来构造三角形。但对于这些行星而言，这样的长度并不是必须的。要使得地球走过的距离可以与地球和行星之间的距离相比，几天的时间间隔就足够了。

↓4. 正是根据我刚刚向你们介绍的这种方法，尽管介绍得并不是很具体，但总体的框架已经介绍清楚了。天文学家测量出了不同的行星与地球到太阳之间的距离。我们不必花费力气努力去记忆这些所获得的数据，通过一种非常简单的记忆方法，我们就能记住行星距离的数字系列。在纸上写下0，然后再写下3，然后再写下3的2倍……即依次将每次所得的结果乘以2，我们得到如下的数列：

0　3　6　12　24　48　96　192　384

然后我们再把该数列中的每一项数字都加上4，从而得到如下的数列：

4　7　10　16　28　52　100　196　388

最后，按照上文所说的与太阳的距离由近到远的次序，我们将这些数字写在这些行星的后面：

水星 …………………………………………………………… 4

金星 …………………………………………………………… 7

地球 …………………………………………………………… 10

火星 …………………………………………………………… 16

一些小行星 ………………………………………………… 28

木星 …………………………………………………………… 52

土星 …………………………………………………………… 100

天王星 ……………………………………………………… 196

这张图表告诉我们，倘若地球与太阳之间的距离以 10 来表示的话，那么金星和太阳之间的距离则是 7，火星和太阳之间的距离则是 16，土星和太阳之间的距离则是 100。如果我们想要把这些相对数字转化成以千米来表示的数字，那么我们只要想一想地球到太阳之间的距离是 1.52 亿千米，根据这一数值，比如说木星和太阳之间的距离就是 1.52 亿千米的十分之一的 52 倍，或者是 521520 万千米，即 7.904 亿千米。

这种记忆方法称为波德定律。定律这个词在这儿并不合适，因为它似乎指的是一种数字比例，通过它能够实际地计算出行星的距离，然而它只不过是一种为了减轻记忆的负担而发明的巧妙组合。在运用这一所谓的定律时，我们不要忘记，它给我们提供的仅仅是一些大约的数值，不过这些大约的数值对我们而言已经足够了。比如说，根据波德定律，木星到太阳的距离是 7.904 亿千米，而它的真正距离是 7.948656 亿千米。我们还需要记住，小行星群所对应的数值是 28，这是一个平均数值，是小行星们到太阳距离的平均数，这个小行星群是由 80 多颗小行星组成的。最后，我们还应该知道，最后一项数字是错误的。假如地球与太阳之间的距离是 10，海王星到太阳的距离则不是 388，而只有 300。

↓ 5. 现在我们花费一点时间来研究一番最后一个距离。海王星位于太阳系的边缘上，它是被太阳照射的距离最远的一颗行星。在它那广阔的轨道中，囊括了所有其他行星的轨道。要测量它的距离，我们需要地球与太阳之间的距离即 1.52 亿千米的 30 倍那么长的距离，难道这就是宇宙的最边界吗？不是。因为在这之外，宇宙的边界还会更远。像海王星的这么点距离，若与宇宙的边界距离相比，几乎不值一提。在宇宙中还存在着其他无数的、光芒四射的恒星团，还有其他无数个像太阳系那样的行星系统的中心，它们全都是恒星。海王星的轨道只不过占据着天空中的一个小小的角落、一个点而已。无论我们的想象力多么丰富，我们都不能够想象出这么一个巨大的空间来。古代一位著名的诗人赫西俄德，他想要赋予他所构想的宇宙一个高度的观念，他认为下面的这个想象是最好的了：假如有一个巨大的铁砧从天穹顶的高处落下来，那么需要十天的时间它才能落到地球上。与科学所揭示出来的天空相比，这个诗人的天空是多么狭小啊！我们可以自问，赫西俄德的铁砧要从海王星上掉到太阳上那得需要多长时间呢？通过计算我们就可以知道，这需要三十年。我们比较一下这两种坠落，不要忘了我们地球只偏安于广阔宇宙的一个小角上。

↓6. 根据行星的距离和它们的视直径，运用我对你们讲过的方法，我们很容易就能推算出它们的体积。下面就是以地球的体积作为单位的各行星的体积：

水星 ……………………………………………………………… 1/17

金星 ……………………………………………………………… 1

地球 ……………………………………………………………… 1

火星 ……………………………………………………………… 1/7

（最大的）那些小行星 …………………………………………… 1/2000

木星 ……………………………………………………………… 1414

土星 ……………………………………………………………… 734

天王星 …………………………………………………………… 82

海王星 …………………………………………………………… 110

你们可以看到，这些与地球一起绕着太阳转动的行星们，它们以地球为单位所得到的相对体积之间相差很大。这里面最小的行星，它小到需要两千个这样的行星才能抵得上一个地球的大小，这些就是小行星们。水星也很小。如果地球是中空的话，那么得 17 个水星才能把它填满。然后就是火星，它的体积是水星的两到三倍。再就是金星，它与地球差不多大。到现在我们说到的这些行星中，地球的体积是最大的。但接下来我们就讲到行星家族中那些大的成员了，尤其是其中的木星，它的体积是将 1414 个地球环抱①在一起那么大。木星和地球的体积差距，就像一个小樱桃与

---

①地球是圆的，因此将许多个类似的球体简单地环抱在一起的话，中间会有很多空隙。所以作者此处说的"环抱"是不够准确的。——编注

一个大橘子之间的差距那么大。

可怜的地球在天王星、海王星、土星和木星这些巨大的星体面前，微小得似乎都看不到了。当我们想到这些时，不禁要自问，太阳只是这些星球轨道上一个焦点，它凭借着引力，如何控制着这些星球，使它们在不变的轨道上运转呢？难道将所有行星的力量加起来都不能超过太阳吗？难道凭借整个行星队列的力量都不能与太阳的能量相抗衡吗？通过一个简单的运算，我们就可以得到答案。我们将前表中的所有数字都加起来。即使再加上表中没有列举出来的卫星们，那么加起来的数字也不到 2400，因此，我们以地球作为单位体积，所有的行星和卫星加起来的体积之和都不到 2400，而太阳，你们一定还记得，它的体积是地球体积的 140 万倍。因此太阳一个的体积就比整个行星家族的体积之和大 600 倍左右。这个体积可以容纳太阳所有的行星和卫星队列，而且不止一个，它可以容纳 600 个。在这个星系里太阳就是主宰者，没有什么比这更确定无疑了。无论土星还是木星，从来都不能摆脱它的控制。

↓7. 为了让我们更容易地构想出整个的太阳系、更好地了解星体之间的距离和体积关系，我们可以在想象中做如下一个实验。在一个非常平整的巨大平面中间，我们放置一个 1.12 米高的球。这个球几乎与一个磨盘那么大，我们用它来代表太阳。至于水星，我们就在离这个大球 48 米远处的平地上放一粒很小的芝麻来代表它。金星和地球，我们就用两个中等大小的樱桃来代表，我们将代表金星的樱桃放在距离大球 84 米的位置上，将代表地球的樱桃放在离大球 120 米距离远处。然后，用一粒小豌豆来代表战争之神——火星就足够了，我们将它放在中央球的 192 米距离处。小行星群用一小撮细细的沙子来代表，我们将它们撒在平均半径为 336 米的圆圈的周围。体积庞大的木星用一个大橘子来代表，我们把它放在离大球 624 米远的地方。土星用一只普通大小的橘子来代表，放在离大球 1200 米远的地方。天王星用一个杏来代表，放在离大球 2352 米远的地方。海王星放在离大球 3600 米远的地方，用一颗大桃来表示。在地球、火星、木星、土星、天王星以及海王星的旁边，放上一个或几个铅粒来代表这些行星的卫星。接下来请你们想象一下，在不等的时间内，所有的这些行星都围绕着中间这个巨大的球转动而形成了一个个圆圈。通过以上的想象，你们就会对太阳系有一个直观的了解。现在，不用我再多说，你们就会明白，在主宰所有行星的太阳面前，这些桃子、橘子、樱桃、芝麻是多么渺小了。

↓8. 我们在前文中曾用过一种方法来测量太阳的重量，现在我们也用它来测量那些由卫星绕着转动的行星的重量。根据卫星的运动，我们可以计算出它在一秒钟内向着所在行星下落的距离，就像我们在讲到月球的下落时所说的那样。然后我们将所获得的结果与地球上的物体普通下落作一比较。如果在相等的距离内，行星落向它的卫星的速度，比受地球吸引的物体落向地球的速度快两倍、三倍，那么，这就说明，行星的质量比地球的质量大两倍、三倍。即使没有卫星，我们也可以测量出行星的重量。但这一操作非常困难。因此，在这里我们没办法对之进行研究。下面的数据就是以地球作为单位质量所计算出来的行星的质量。

水星 ………………………………………………………… 1/13

金星 ………………………………………………………… 9/10

地球 ………………………………………………………… 1

火星 ………………………………………………………… 1/8

木星 ………………………………………………………… 338

土星 ………………………………………………………… 101

天王星 ……………………………………………………… 15

海王星 ……………………………………………………… 21

至于位于火星与木星之间的那些小行星，尽管我们还不知道它们的确切数目，但我们知道它们的质量是非常小的。

太阳不仅在体积上超过了所有的行星与卫星，而且在质量上也大大地超过它们。如果我们实际地将上面的数字累加起来，所得到的总质量不会超过 500，即使将卫星也考虑进去的话。但在另一方面，我们在前文中已经知道，太阳的质量相当于 354936 个地球的质量那么大。因此，如果我们可以将它们放在天平秤的秤盘中来称量的话，那么为了使得天平秤的两端平衡，我们就必须在另一个秤盘中放入所有行星质量的 700 倍质量。

↓ 9. 将行星们的体积与它们的质量作一比较，则会得出一些奇怪的结果。比如木星，它的体积比地球大 1414 倍，但它的质量却只比地球重 338 倍；水星的体积是地球的 17 分之一，但是质量却是地球的 13 分之一。因此，构成木星的物质要比地球上同样体积大小的物质重量轻；而构成水星的物质要比地球上同样体积大小的物质重量重。我们通过下面的方法就很容易知道为什么会有这样的不同。就像我们在第三讲中对地球所做的实验一样，我们假设，构成每一个星球的物质都是完全混合在一起的。然后我们取一升这种混合物，来测量一下它的质量——假设其为同质的一升物质的质量——由此我们得到下面这组数据。

水星 ……………………………………………… 6.76 千克

金星 ……………………………………………… 5.02 千克

地球 ……………………………………………… 5.44 千克

火星 ……………………………………………… 5.15 千克

木星 ……………………………………………… 1.29 千克

土星 ……………………………………………… 0.75 千克

天王星 …………………………………………… 0.98 千克

海王星 …………………………………………… 1.21 千克

火星、地球与金星的密度几乎相同，而水星的密度要大一些，其他的行星密度则小一些。土星和天王星的密度都不如水的密度大，因此它们的物质就会像松木球一样可以漂浮在水面上。

↓ 10. 每个行星要完成绕太阳一周的运行，所需要花费的时间是不一样的。行星与太阳的距离越远，那么它的周期就会越长，这个周期就是行星上的一年。以我们地球上的日与年作为基准来比较，由此我们获得了不同行星的年的时间长度，如下表所示：

水星 …………………………………………………	88 天
金星 …………………………………………………	225 天
地球 …………………………………………………	1 年
火星 …………………………………………………	2 年
小行星（平均）……………………………………	5 年
木星 …………………………………………………	12 年
土星 …………………………………………………	29 年
天王星 ………………………………………………	84 年
海王星 ………………………………………………	165 年

为了简便起见，我们将这些数字都化成整数来表示，而没有标出它们的确切时间。这些数字向我们说明了：每颗行星要绕太阳一周，所花费的时间也就是它们的一年时间，是多么的不同。水星绕太阳一周，需要 88 天，这使得它每个季度的时间只有 22 天，比地球上一个月的时间还要短。位于太阳系边缘处的海王星，它需要 165 年的时间才能绕它的轨道运行一周，因此，它的一年就相当于我们地球上 165 年的时间，它的一个春季或一个冬季就有 41 年。

行星们还会绕轴转动，这种转动就像地球的自转一样，会产生日夜交替的现象。对于水星、金星和火星，它们绕轴自转需要将近 24 个小时，因此，在这些行星上，它们的白天和黑夜的更替与我们地球上白天和黑夜的更替非常相似。而木星，尽管它体积庞大，但它转动得却更快，在十个小时的时间里，它就能使它的各个面都依次受到太阳光线的照射。因此，木星的每个半球被照亮的时间是五个小时，五个小时之后，该半球就会进入黑暗之中。土星与木星的转动速度相接近，它绕轴自转一圈需要十个半小时。天王星和海王星的自转周期[1]到目前为止我们还不知道，因为这两颗行星距离我们太遥远了。

---

[1]我们现在已经知道，天王星自转周期是逆 23 时 54 分，海王星自转周期是 16 小时 6.5 分钟。——编注

第十九讲 ｜ 行星 （一）

↓ *1.* 行星的分类。

↓ *2.* 内行星，它们的相位。

↓ *3.* 外行星，它们没有相位。

↓ *4.* 水星、水星上看到的太阳、水星的大气层。

↓ *5.* 水星上的季节、水星上的山、水星上的火山。

↓ *6.* 金星、启明星、长庚星与黄昏星、金星的相位、金星上的山脉、金星上的大气层、金星上的晨曦雨黄昏。

↓ *7.* 轴的倾斜对季节的影响、水星上的季节 I 。

↓ *8.* 水星上的季节 II 、地球走错一步及其生命条件的变化、地轴不变的稳定性。

↓ *9.* 火星、火星的外观、火星上的大陆与海洋。

↓ *10.* 极上发亮的斑块、从太空中看到的地球两极的冰雪。

↓ *11.* 火星极上的冰雪。

↓ *12.* 从火星上看到的太阳、火星上被照亮的大气层、与地球最相似的行星。

↓ *1.* 根据行星在太阳系中的位置，我们可以将它们划分为两类：一种是内行星，另一种是外行星。内行星包括水星与金星，它们之所以被称为内行星，是因为它们的轨道都被地球的轨道所包围，并且它们离太阳的距离比地球到太阳的距离也更近一些。所有的行星都被太阳所吸引并且都围绕着太阳旋转，这就像地球上的物体都被地球所吸引并且朝着地心的方向运动一样。根据这样的看法，太阳就是太阳系的最里面的那个点，就像地球的中心是我们地球最里面的那个点一样。至于海王星，或是某颗更远的其他行星，如果它存在的话，那么它就是太阳系最外围、最高处的星球。外行星包括火星、小行星、木星、土星、天王星、海王星，它们被称做外行星，正是因为它们的轨道包围着地球的轨道，或者说，因为它们的位置与太阳的距离要比我们地球离太阳的距离更远，因而它们的位置也比地球的更高。

我们应该将这种分类方法与另外一种分类方法结合起来考察，因为另外的这种方法更为普遍地描述了行星的外貌。这种方法将行星分为三类，第一类包括水星、金星、地球与火星，这一类是由中等大小的行星组成的，它们的两极略为扁平，构成它们的物质非常重，除了地球之外，其他星球都没有卫星①。第二类行星是小行星，它们的特征就是数量众多、体积很小、质量很小，它们的轨道在其他行星轨道所构成的公共平面上相互交叉，并且隔得很远。木星、土星、天王星、海王星，组成了第三类行星，这是由巨大行星所组成的行星群，它们的体积庞大、密度很小，两极非常扁平，并且有着很多的卫星。木星有四颗卫星②；土星有八颗卫星③，除了这些卫星之外，还有一个卫星是聚成一个环形的④；天王星也有八颗卫星⑤，而海王星只有一颗卫星⑥。

---

①火星也有两颗天然卫星，它们于 1877 年由美国的 A.霍尔发现。本书法文本成书年代早于 1877 年，因此作者并不知道火星其实也有卫星。——译注

②木星是太阳系中卫星数目较多的一颗行星，这些卫星与木星一起组成了木星系。由于科学不断进步，人类的观测能力不断提高，在伽利略时代，人们发现木星有四颗卫星；随后的几个世纪里，人们陆续又观测到了其他 12 颗卫星；1996 年，伽利略号探测器升空，它对木星系的探测逐渐揭示了木星系中存在着众多卫星；截止今天，木星上已发现的卫星数量为 63 个。——译注

③土星上卫星众多，随着卡西尼—惠更斯号探测器在 2004 年 7 月进入环绕土星分轨道，土星上的卫星逐渐被发现。在 1996 年时它的数目是 18 颗，2000 年就到了 24 颗，2003 年是 53 颗，2005 年则达 60 颗，最近的发现显示其数量一共是 62 颗，其中有 34 颗卫星已经得到命名。值得注意的是，土星上的卫星有一些还有自己的卫星。——译注

④严格来说，土星环不仅只有一个。土星环由蜂窝般的太空碎片、岩石和冰组成。主要的土星环宽度从 48 千米到 30.2 万千米不等，以英文字母的头 7 个命名，距离土星从近到远的土星环分别以被发现的顺序命名为 D、C、B、A、F、G 和 E。土星及土星环在太阳系形成早期已形成，当时太阳被宇宙尘埃和气体所包围，最后形成了土星和土星环。旅行者 2 号飞船的进一步发现是：土星环是由成千上万条细冰密密麻麻拼成的。——译注

⑤迄今为止，已经得到确认的天王星卫星一共是 29 颗。1948 年前发现的 5 颗天卫星均属规则卫星。1986 年旅行者 2 号在天卫五轨道内又发现了 10 颗黝黑、直径也小得多的天卫。1997 年以来，科学家们又陆续发现了其他 14 颗天王星卫星。——译注

⑥目前已经发现的海王星卫星的数目是 13 颗。——译注

↓ *2.* 内行星和外行星的分类对于我们来说是非常重要的。实际上，内行星会呈现出不同的相位，这与月球的相位是类似的。也就是说，根据观察时间的不同，内行星们有时会整个地显示出来，有时会部分地显示出来，而有时会完全看不到。因为它们有时会将自身发亮的半球整个地朝向我们，或是部分地朝向我们，而有时则将它那黑暗的半球朝向我们。与此相反，外行星却总是整个地向我们显现出来，除火星有时会出现少许亏缺现象之外。这两类行星所呈现的面貌不同，是由地球所处的位置造成的。地球的位置有时会将我们带到面向内行星的黑暗半球那一面，但它的位置却总是能让我们看到外行星的发亮半球。借助于下图，我们可以来解释这一现象。

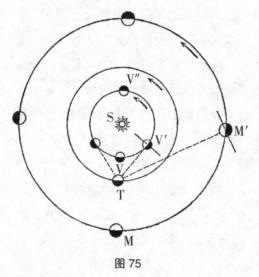

图 75

如图 75 所示，我们用 S 来代表太阳，V 代表一颗内行星，比如说金星，用 T 来代表地球，用 M 来代表一颗外行星，比如说火星。当地球位于它轨道上的 T 点时，内行星 V 有时会在它轨道上的这一个位置出现，而有时则位于它轨道上的另一个位置。当 V 处于地球与太阳之间连线上的 V 点时，它将它黑暗的半球朝向我们，因此这时我们看不见 V，它的这一相位类似于在说到我们地球的卫星月球时所提到的新月时期。如果 V 恰好位于地球与太阳之间的连线上，那么我们就会看到，这颗内行星就像一个黑色的圆点一样，出现于太阳那耀眼的光盘上，这就是金星凌日的现象。随着 V 在它的轨道上不断往前运行，它会逐渐地将它明亮半球的一部分呈现给我们，显示出一个月牙的形状。当它到达 V′时，它正好将它明亮半球的一半呈现给我们，这一相位就类似于月球的弦月时期。最后，当它到达 V″的位置时，它背向着太阳，这时，它就将它整个圆盘的面貌呈现给我们了。因为这时，它的发亮半球完全地朝向着我们。不用我说你们也知道，当内行星 V 正好经过地球面向太阳那一侧的背侧、并且跟这两者成一直线时，就它正好被太阳那巨大的圆盘遮住，但是这种情形很少发生。这颗行星最经常出现的情形是，它处于太阳与地球连线所在直线的上边或者下边。之所以这样，是因为它的轨道与地球的轨道有些略微的倾斜。过了 V″之后，行星的圆盘开始出现亏缺，慢慢地变成了一个月牙状，最后就消失不见了。

↓3. 这与外行星所呈现出来的外貌完全不一样。首先，一个位于太阳上的观察者，由于太阳是行星发亮的光源，很显然，他应该会看到所有行星的整个发亮半球。但由于观察者周围的太阳光线太强烈了，这使得他不能看清楚这些发着微弱光亮的行星。换句话说，对于这位观察者而言，他看到的所有行星就都是圆形的。对于地球上的我们来说，我们观察外行星的时候，也会发生类似的事情，即它们看上去都是圆的，并且离得越远的，就会越圆。我们不是从太阳系的中心来看这些行星的，而是从一个非常靠近的点即地球来看的。地球与太阳之间的距离跟这些行星与太阳之间的距离相比较，地球距离太阳是非常的近了。因此，由于我们地球的位置非常接近太阳系的中心，从这个位置去观察，木星、天王星、海王星等等，在我们看来总是将它们朝向太阳的半球向着我们地球的。我们只要看一看前面的图 75，就能相信这一点，在外行星 M 的轨道上运行过程中，它总是将向着太阳的那半球朝向我们地球。此外，如果我们所考察的这颗行星距离太阳系的中心越远，那么这一点就会表现得越明显。因此，距离我们地球最近的火星，尽管它也是外行星中的一员，但有时它也会将它处于夜晚的那个黑暗半球的一小部分朝向我们，这就使得它的圆盘有时看起来有点儿亏缺，而不是那么圆。不过它从来不会变成月牙形状，更不可能完全变成黑的。从图 75 中我们看到，当火星位于 M′的位置时，它会将黑暗半球上的一小部分呈现给我们地球。

↓4. 水星是内行星中的第一颗行星，我们很少能用肉眼看到它，因为它距离太阳太近了，它围着太阳转，画出一圈很窄的轨道。水星看上去就像一颗一闪一闪、发出明亮光芒的小星星。它有时在太阳刚落山之后才出现片刻，而有时则在太阳升起之前会出现片刻。因此，如果不通过望远镜的话，我们就只能在早晨或晚上的微光中靠近地平线的地方发现它。水星的相位也像月球一样明显地变化：在某一天，它会呈现为一弯窄窄的月牙形状，它的角总是向着与太阳相反的方向，这是因为它的光来自于太阳；再过一段日子，它会呈现出半个圆盘的形状；再过一段时间，它就会变成一个完整的圆盘了。要想看到这颗行星的不同外观，天文望远镜是非常有必要的。水星到太阳的距离[①]是地球到太阳距离的 1/5，因此在水星所见到的太阳的大小是地球上所见到太阳的 2.5 倍。水星上所看到的太阳圆盘的视面积应该比地球上所见到的太阳圆盘的视面积大六至七倍。你们可以想象一下，在那里会有七个像我们平时所看到的那样大小的太阳，它们一起将光线倾泻在我们的头顶上。到那时，你们就可以确切地体会到，太阳在离它更近的水星上所产生的效果，那里的光要比我们这里强上七倍，那里的热度也要比我们这里热七倍。但是天文学上的观察都一致认为，也许水星外围的大气能够改变这种极高的温度与伤害眼睛的亮度。我们知道，由云层形成的厚厚帘子，它在为我们地球削弱掉太阳光线的强度上起了多大的作用啊！水星的大气层中似乎有着非常多的云层，因为有时我们会在这颗行星那发亮的圆盘上突然发现一些黑条，它有时会引起非常明显的亮度变化。[②]

---

①2004 年 8 月，由美国宇航局 NASA 与卡内基学院和约翰·霍普金斯大学共同研制开发的"信使号"探测器，飞向了水星。这是 30 年来，人类首次对这颗神秘的星球进行近距离的探索。2008 年 1 月和 10 月，以及 2009 年 9 月，"信使号"三次接近了水星运行轨道，拍摄下日光照射下的水星图像。按计划，该飞船于 2011 年 3 月进入环水星轨道，对水星展开为期至少 1 年的科学探测。此外，日本计划加入欧洲航天局的一个叫做"比皮·科伦坡"的项目，这个项目将发射二个环绕水星飞行的飞船，计划一个给水星做地图，一个研究它的磁气层。初步的计划中包括的登陆器已经放弃了。另外，俄罗斯计划在 2011–2012 之间用"联盟"火箭送出他们的飞船，飞船将在四年后到达水星，将会绕轨道飞行，绘图并且研究它的磁气层。——译注
②严格来讲，水星上是没有空气的，如果说它有大气层的话，那么它也是一个非常稀薄的大气层，或者叫做磁气层。它的密度是地球上大气层的一千万分之一，它的成分为 42% 的氢、42% 的钠、15% 的氧，其余是一些微量气体。这个大气层会在水星上的白天出现，在它的晚上凝固。——译注

↓ 5. 不管怎样，水星上的环境状况是异常炎热、异常明亮[①]，因此产生的四季对于我们地球上的人类而言，是非常难以想象的。水星绕太阳一圈，需要 88 天，这就是它一年的时间长度。因此，它的每一季度只有 22 天。而且，水星的轴在它的轨道平面上是如此倾斜，以致太阳从它的一极照向另一极，而没有给温带留出位置。在这颗行星上，以它的北极为中心的一个广大区域，有 44 天的时间是总能看到太阳从地平线上升起而从来不落下去的；而在另外一片区域，即以南极为中心的这片区域，则在这段时期内会处于连续的黑暗之中。到一年的下半年时，情形就会颠倒过来，但这段时期还是 44 天。这时，水星上的南极处于光亮与炎热之中，而它的北极则处于黑暗与寒冷之中。只有在它的赤道区域，每隔 24 小时零 5 分钟[②]——即水星自转的周期，白天与黑夜、炎热与寒冷会周期性地出现。

由于在水星呈现月牙形状时，我们能够在上面看到一些锯齿状的东西。我们认为，这是这颗行星上的一些山脉[③]，我们已经对其中的一座山进行了测量，它的高度大约是 20 千米，相对于水星的体积而言，这是一座非常高的山，地球的体积比水星大 17 倍，但却没有与它体积相比这么高的山，因为地球上最高的山峰，其高度才八千多米。最后，在水星经过太阳面前时，每个观察者在这时都能看到在水星的黑色圆盘上有一个小的亮点。于是我们认为，在这颗小小的行星上，存在着熊熊燃烧的火山。[④]

---

①水星不同地域的巨大温差让人难以想象。由于水星绕太阳公转的轨道离心率非常高，因此水星能照射到太阳光的那一面温度通常能达到 450 摄氏度。但由于水星的自转轴不规则，使它在公转时始终保持同一面对着太阳；因此无法接触到阳光的一面，最低温度经常维持在零下近两百度。——译注

②1889 年，意大利天文学家夏帕里利经过多年观测认为水星自转和公转的时间都是 88 个地球日。直到 1965 年，美国天文学家才测量出了水星自转的精确周期是 58.646 个地球日。由于水星的自转速度很慢，仅是地球自转周期的五十九分之一，要在水星上看到一次完整的日升日落，大约需要 176 个地球日。——译注

③水星外观同月球十分相像，表面布满了大大小小的环形山。星面上现在可见几处貌似火山熔岩形成的平原地区，还到处遍布大大小小的陨石坑。——译注

④作者的这种猜测最近获得了证实。2009-2010 年，美国宇航局的"信使"号在三次飞越水星时获得了一些关于水星的最新数据。科学家对这些数据进行分析，已经确定了水星上最近出现的一些火山活动的位置。这说明在水星"一生"中的大部分时间，它上面的火山活动都很活跃，并不像大部分科学家以前猜想的那样，认为它不仅是一颗非常小的行星，而且早已经死去。——译注

↓ 6. 金星是一颗非常神奇的星星①。它的光线如此明亮，以致人们在晨曦出现之前或是太阳落山之后都能看到金星。因为它是如此的光芒四射，就是在白天能够看到金星也不为怪。当它在东方升起时，我们通常将它称为晨星；而当它在西方升起时，我们通常将它称为暮星；古代的人们还将它称作启明星或黄昏星；此外，人们还将它称为太白星或长庚星。它的名字如此之多，这说明了从古至今，这颗耀眼的星星甚至会在人们最不经意的时候，冲进人们的视野之中。金星的相位非常明显，但要观察到这些相位，仅凭肉眼还是不够的。如图 75 所示，当它几乎位于地球与太阳之间、靠近 V′ 的位置时，它呈现的形状是月牙形状。它所发出来的光是如此的明亮，我们似乎可以看到了它最大的面积，虽然这实际上仅仅是它圆盘上可以见到的一小部分面积。当金星到达 V″ 的位置、与太阳相对时，这时，它会将它发亮的整个半球朝向我们地球。不过，它在这时看起来似乎变得小了、变得暗淡了，这是因为，它离我们地球的距离远了很多。当金星处于 V 点的位置时，它离我们地球的距离是 3900 万千米；而当它位于 V″ 点的位置时，它离我们地球的距离是 2.6 亿千米。

↓ 7. 在关于地球的那一讲中，你们已经知道，在地球所经过的轨道平面上，地轴的倾斜是如何产生四季的、是如何造成白天时间的参差不齐的。如果地轴的倾斜再严重一些的话，那么四季就会完全不一样了，白天与黑夜的交替也会完全不一样。水星在太阳光线照射下，它转动时的倾斜幅度要比地球的倾斜幅度更大，这为我们提供了一个例子。金星为我们提供了另一个例子，我会更加具体地向你们阐述这一点。

金星的轴与它的轨道平面形成了一个 18 度的夹角，而地球与轨道平面形成的夹角是 67 度。在图 76 中，金星正处于它的夏至时期。我们将图 76 与涉及地球的那一部分的图 75 相比较，那么，你们会看到，这两颗行星处于太阳光线照射之下的情形是多么不同。为了明白金星轴的巨大倾斜所造成的重大后果，你们可以想象图 76 中的球（即金星）沿着箭头的方向绕着它的轴转动，那么显而易见，在 23 小时 24 分钟内（这是金星自转

---

①星星这个词在这里的用法是不恰当的，因为它指的是那些自身发光的天体，而不是指那些借助于太阳光才发出光亮的行星。——译注

的周期），纬圈 P 上的所有点都位于被太阳照亮的区域内。因此，从北极 B
直到纬圈 P 的区域内，太阳从来都不会落下去，在那里黑夜不会出现。借
用我们对地球已经使用过的术语来说，这个区域是金星的北极圈。因为它
划定出来的这个区域是金星处于夏至时没有黑夜的区域。我们同时还看
到，太阳光线垂直照射到靠近金星北极的纬圈 T 上，因此，这个纬圈就是
金星的北回归线。因此，与地球上所产生的现象相比较，金星上的极圈与
回归线正好是颠倒过来的。地球上的回归线靠近赤道，而极圈靠近极地；
但在金星上，极圈靠近赤道，而回归线则靠近极地。由于这一颠倒，金星
上的季节就与我们所熟悉的季节非常不一样。地球上的北部区域在夏至时
只有白天而没有黑夜，但由于在那儿的太阳光线是斜射的，所以并不炎热。
但金星上的北部区域在夏至时不仅仅只有白天没有黑夜，而且由于在那儿的
太阳光线是直射的，所以在这时它的表面要比地球表面上热很多，它的亮度
也要比地球表面上亮很多[1]。所有这些条件合起来，它们共同导致了金星上
这一区域的气候要比地球上赤道地区的气候更热。

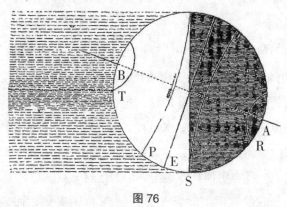

图 76

↓ 8. 当金星上的北部区域持续不断地受到太阳的照射时，它的南部区
域，即从极点 A 到极圈 S 之间的区域，会处于连续的黑暗之中。那里的温
度会降到与我们地球上冬季时两极附近处的温度差不多低。只有位于两个
极圈即极圈 P 与极圈 S 之间的那一块狭小区域，它被赤道 E 平分为两半，

---

[1]金星上太阳光的强度要比地球上太阳光的强度大两倍左右。这是因为，金星距离太阳要比
地球距离太阳来得近。——原注

在这个时候，它的白天与黑夜是交替出现的。金星上的其他区域，则要么是连续的白天，要么是连续的黑夜，所以要么是异常炎热，要么是异常寒冷。

但是这颗行星会继续沿着它的轨道运行。慢慢地，太阳光线不再直射回归线 T 了，而是照射到了低一点的纬圈上了。到了秋分的时候，阳光就直射到了赤道上面。再过不到四个月的时间，金星就走完了它轨道的 半行程。这样，半年就过去了。①这时，太阳的光线开始直射另一条回归线 R 了。由于我们假设在图 76 中，太阳光线是从左边照向金星，而不是从右边照向金星的，因为这时金星处于它轨道的另一端。那么，你们很容易就会看出，在这个时候，金星的南部区域迎来了漫长而炎热的白天，而它的北部区域则处于无尽而寒冷的黑夜之中。

下面我们来总结一下。由于金星的轴倾斜得非常严重，所以金星上没有温带。每四个月，从一个极到另一个极，就会交替出现异常炎热或是异常寒冷的天气。倘若地球上气候也变成这样的话，那么，那些只有在适宜的气候下才能生存的动植物就会灭绝。倘若赤道上出现了极地上的那种黑暗与寒冷，那么，怕冷的那些生物就会灭绝；同样的，当太阳光连续地直射极地时，极地上的那些生物同样也会消亡。因此，地球上的生命与地轴的倾斜幅度是密切联系着的。倘若这个以每小时 10.8 万千米的速度运行着的地球做了错误的运动，使得地轴的方向稍有变化，那么四个季节就会发生变化，那么我们生命的存在条件就会被破坏。但是我们完全不用害怕地球会走出这错误的一步。神圣的大自然控制着地轴，使得地球在太阳面前保持着那个倾斜度，从而给予它适宜的气候。神圣的大自然使地球的轴一直都能平衡在一定的范围内，这样就让生命的存在保持和谐。

↓ 9. 按照与太阳距离由小到大的顺序，地球处于金星的后面。我们在其他的地方已经讨论过地球，因此在这里，我们直接越过它，而直接来到火星。火星排在外行星的第一位。在我们看来，火星就像一颗闪闪发光的星星，因为它发出鲜艳的红色，这使得它与其他的星球明显不同了。它绕轨道一周，需要花费地球上的 687 天，或者说接近于一年零十个月的时

---

①金星上的一年等于我们地球上的 224 天。——原注

间。当它与地球处于太阳的同一侧时，它与我们只相距 5600 万千米，但当它到达了其轨道的另一个端点时，它与我们地球相距 4.24 亿千米。它的视面积和它的亮度在不同的时期相差很大。倘若我们用望远镜来观察火星，尤其是当火星与地球的距离最近时对它进行观察，那时火星是天空中最奇特的景观之一。它的圆盘上总是布满一些保持着固定形状的大斑块，斑块的轮廓非常清晰，有一些是淡红色的，有一些是模糊的绿色的。有些人认为，他们在这个半球上是看到了一张小的世界地图，在它的上面，土地是暗红色的，海洋是绿色的。倘若我们可以从邻近的某颗星上看地球的话，那么地球大概也是这个样子。因此人们推测，这些红色的斑点就是陆地，而那些绿色的斑点则是海洋。这些斑点出现在这颗行星的西部边缘，它们依次进入观察者的视野，然后又消失在火星的东部边缘，最后又在另一侧出现。同一个斑点要在火星圆盘的其中一端连续出现两次，所需要花费的时间是 24 小时 37 分钟，因此，火星绕它的轴转动一圈需要 24 小时 37 分钟。这一周期跟地球的自转周期非常接近，地球要完成自转一圈，需要 24 个小时。

↓ 10. 此外，在火星的每一个极上，都有一块白亮的环形斑点，在淡红色的土地与绿色的海洋的包围中，由于这块斑非常白亮，因此它显得非常清晰。这些极上的白斑的面积是呈周期性变化的。当火星上的北半球处于炎热夏季时的那个半年，随着太阳照到它的边缘，北极上的白斑会逐渐地变小，向极点退去。与此同时，南极正处于冬季，南极上的白斑的边缘会逐渐扩大，侵入到那些原先是红色与绿色的区域中。在火星的另一个半年，火星上的两个极的季节颠倒了过来。这时，南半球处于夏季，而北半球处于冬季。而此时北极白斑的面积就会扩大，而南极白斑的范围会缩小。两极上这些白色的外衣是什么东西呢？因为，随着太阳远离或是靠近它们，它们的面积也会相应地扩大或是缩小。对于一位从天空中的某个点来看我们地球的观察者来说，他所看到的两极上的景象是完全一样的。他所看到的地球的北端，就像一个被冰雪覆盖的巨大圆顶，这些冰雪从来都不会融化掉。他所看到的地球的南端，也同样像一个被冰雪覆盖的巨大圆顶，但是由于这里正处于寒冷的冬天，因此这个圆顶的面积要更大一些。

从天空中来看，这两个被冰雪覆盖的圆顶就像白得刺眼的两块圆斑。根据季节的不同，每过上六个月，它们就会变得更大一些或是更小一些。我假设在这个时候，在地理位置高一点的北极，冬天的雪层发出耀眼的光芒，白霜覆盖着整个北部区域，并且一直延伸到温带。而在位置低一些的南极，那些巨大的浮冰都已经融化掉了。冻住的海洋又重新恢复了活力，皑皑白雪消失不见。在太阳的照耀下，僵硬的大地开始展开笑颜，植物都开始发芽生长。六个月之后，南部的地方就要被雪所覆盖，而北部的地方又有了热量、光明与生命。

↓ *11.* 假如类比法并不是一种错误的指引，那么根据地球与火星之间的这种高度的相似性，我们可以得出什么结论呢？很显然，火星与地球一样，并且在它的极上都有着冰雪覆盖。在冬天时，冰雪的面积会扩展变大；而在夏季受到太阳照射时，冰雪就会由于受到热而融化，向着极地退去。对于地球来说，每过六个月，极地上这些被冰雪覆盖的帽子就会部分地融化或扩展一次。但对于一年的时间更长一些的火星来说，它是每过 11 个月才变化一次。地球南极上的冰帽面积要比地球北极上的冰帽面积更大一些，这在火星上也是一样的情形。在这两颗行星的南半球处于冬季时，它们的这两个半球都在这两颗行星的椭圆形轨道上处于离太阳最远的那些点。对于这二者来说，都是当它们位于远日点时，南极处于冬天，而北极处于夏天。这是因为：行星与太阳之间的距离在不断增大，因此在这两颗行星上，由于南半球处于冬天时离太阳的距离要比北半球来得远，所以南半球的冬天要比北半球的冬天更加寒冷。由此会导致这样一个现象，即在火星与地球上，南半球的冰雪都比北半球更多。

↓ *12.* 火星轴的倾斜度与地球轴的倾斜度几乎一样，前者是 61 度，后者是 67 度。因此，在火星上也有热带、温带与寒带，这与地球上一样。火星上也有四季：春夏秋冬，这与地球上的也一致。但是由于火星上每年时间更长，因此它的每个季度都比我们地球上长大约两倍。由于火星距离太阳更加远一些，因此从火星上看到的太阳是地球上看到的一半大小，从火星上看到的太阳圆盘的视面积要比从我们地球上看到的小百分之四十三。火星上的热量与光亮也比地球上的要弱一半。尽管火星上有特殊的大气层，它也不能改变距离所造成的影响。毫无疑问，在火星的周围一直都有大气层包围着。在火星的极上有着冰雪圆顶，这就说明，火星上也是有水的，而水必然会形成水蒸气，把火星包围起来。而且，火星上也存在着气态的大气层，它和我们地球上的大气层一样清澈透明，也像我们的大气层一样能被太阳光线照亮。做下面的观察就可以证实这一点。火星上的那些红色地方或绿色地方，那些陆地斑块或海洋斑块，只有当它们位于火星的中央地带时，我们才能看到它们。当它们位于火星的边缘时，它们就像被一个发光的帘子罩住了，它们的清晰度被削弱了，在它们到达火星的最边缘地方之前，它们甚至都已完全看不见了。最后，火星的周围有时会异常明亮，超过了它圆盘上的其他所有区域，此时火星的东边到西边就像环绕着一条狭窄的光带一样。根据这些情况，我们可以推断出，在火星上存在着大气层，它能够像地球上的大气层一样被太阳光线所照亮，从而产生出这颗行星上的白天。位于这颗行星边缘的闪闪发光的带子、使得我们看不到这颗行星边缘处的发光帘子，都不是别的东西，而正是这层大气层，这样，我们的视线斜斜地穿过大气层，由此穿过的大气层就变得更厚了。因此，火星的中央部分就比较清晰，而边缘部位就看得比较模糊了。火星的半径大约是地球半径的一半，它的周长是两万千米，它的体积相当于地球体积的七分之一。七个像月球那么大的球体体积合在一起，它们的大小才与火星的大小差不多。不考虑火星的较小的体积，总体来说，火星是与地球最相似的一颗行星。

第二十讲 | 行星（二）

↓ 1. 在火星轨道与木星轨道中间有一个区域，在这个区域内，有一群很小的行星在不停地转动，这些就是小行星，它们也被称为天文望远镜行星。今天我们已知的小行星的数量为 84 个，但我们有理由相信，将来的天文观察会发现更多的小行星①。这些小行星最突出的一个特点就是，它们非常小。小行星中最大的行星分别是：婚神星（Juno）、谷神星

---

① 至今为止在太阳系内一共已经发现了约 70 万颗小行星，但这可能仅是所有小行星中的一小部分。——译注

（Ceres）、智神星（Pallas）以及灶神星（Vesta）。它们的半径从 200 千米到 400 千米之间不等。这些异常矮小的行星，小得就像太空中的灰尘一样，它们的半径一般很难达到 100 千米[①]。我们只要花一天的时间就能绕着这些行星走上一圈。我们最小的一个省的面积都可能比这些小行星的面积大得多。小行星的另一个特征就是，它们的轨道是交错在一起的。太阳系的几大行星就像一些球一样，在同一个平面上绕着一个中心点转动，天文望远镜行星（即小行星）却不会遵循这一规律。小行星的轨道并不处于太阳系那几大行星的轨道公共平面上，它们的轨道一般都是非常倾斜于这个公共平面的。此外，小行星们的轨道并不是一个覆盖着另一个，而是相互交织并纠缠在一起的，就像一团偶然交织在一起的铁环一样，小行星的体积小、数量众多，在天空的同一个区域堆积在一起。它们的运行有时候会呈现出断裂而破碎的样子，它们的轨道交错而倾斜。因此我们可以假设，这些小小的星体原来是一颗行星，它突然爆炸开，爆炸后形成的碎片向着天空中各个方向落去，这些碎片就是这些小行星。这颗处于火星与木星之间的独一无二的行星，与太阳系中其他各大行星一样，在一开始的时候也是围绕着太阳旋转的。在某一个天文学年表所不能确定的时期，发生了一次爆炸，这就像地球的地下力量使得大陆产生震动、有时甚至分裂一样，只不过地球内部的这种力量要弱一些，这颗行星的内部发生了爆发，并把行星的分裂碎片投射到太空中。这一大胆的假设是由奥尔伯斯提出来的，他是一位著名的天文学家，曾发现了智神星（Pallas）与灶神星（Vesta）这两颗小行星。

[①] 只有少数小行星的直径大于 100 千米。到 1990 年代为止最大的小行星是谷神星，但近年在古柏带内发现的一些小行星的直径比谷神星要大，比如 2000 年发现的伐楼拿（Varuna）的直径为 900 千米，2002 年发现的夸欧尔（Quaoar）直径为 1280 千米，2004 年发现的 2004DW 的直径甚至达 1800 千米。2003 年发现的塞德娜（小行星 90377）位于古柏带以外，其直径约为 1500 千米。最大型的小行星现在开始重新分类，被定义为矮行星。——译注

↓ *2.* 对于小行星上的物理构成，我们还一无所知①。它们的季节与周日运动，我们也不知道。由于它们距离我们特别远，而且体积很小，因此我们无法对它们进行观察，从而获得各种关于它们的信息。在这些小行星

---

①通过光谱分析所得到的数据可以证明小行星的表面组成很不一样。按其光谱的特性小行星被分为几类：

C—小行星行星带：这种小行星占所有小行星的75%，因此是数量最多的小行星。C—小行星的表面含碳，反照率非常低，只有0.05左右。一般认为C—小行星的构成与碳质球粒陨石（一种石陨石）的构成一样。一般C—小行星多分布于小行星带的外层。

S—小行星：这种小行星占所有小行星的17%，是数量第二多的小行星。S—小行星一般分布于小行星带的内层。S—小行星的反照率比较高，在0.15到0.25之间。它们的构成与普通球粒陨石类似。这类陨石一般由硅化物组成。

M—小行星：剩下的小行星中大多数属于这一类。这些小行星可能是过去比较大的小行星的金属核。它们的反照率与S—小行星的类似。它们的构成可能与镍—铁陨石类似。

E—小行星：这类小行星的表面主要由顽火辉石构成，它们的反照率比较高，一般在0.4以上。它们的构成可能与顽火辉石球粒陨石（另一类石陨石）相似。

V—小行星：这类非常稀有的小行星的组成与S—小行星差不多，唯一的不同是它们含有比较多的辉石。天文学家怀疑这类小行星是从灶神星的上层硅化物中分离出来的。灶神星的表面有一个非常大的环形山，可能在它形成的过程中V—小行星诞生了。地球上偶尔会找到一种十分罕见的石陨石，HED—非球粒陨石，它们的组成可能与V—小行星相似，它们可能也来自灶神星。

G—小行星：它们可以被看做是C—小行星的一种。它们的光谱非常类似，但在紫外线部分G—小行星有不同的吸收线。

B—小行星：它们与C—小行星和G—小行星相似，但紫外线的光谱不同。

F—小行星：也是C—小行星的一种。它们在紫外线部分的光谱不同，而且缺乏水的吸收线。

P—小行星：这类小行星的反照率非常低，而且其光谱主要在红色部分。它们可能是由含碳的硅化物组成的。它们一般分布在小行星带的极外层。

D—小行星：这类小行星与P—小行星类似，反照率非常低，光谱偏红。

R—小行星：这类小行星与V—小行星类似，它们的光谱说明它们含较多的辉石和橄榄石。

A—小行星：这类小行星含很多橄榄石，它们，主要分布在小行星带的内层。

T—小行星：这类小行星也分布在小行星带的内层。它们的光谱比较红暗，但与P—小行星和R—小行星不同。

过去人们以为小行星是一整块完整单一的石头，但小行星的密度比石头低，而且它们表面上巨大的环形山说明比较大的小行星的组织比较松散。它们更像由重力组合在一起的巨大的碎石堆。这样松散的物体在大的撞击下不会碎裂，而可以将撞击的能量吸收过来。完整单一的物体在大的撞击下会被冲击波击碎。此外大的小行星的自转速度很慢。假如它们的自转速度高的话，它们可能会被离心力解体。今天天文学家一般认为大于200米的小行星主要是由这样的碎石堆组成的。而部分较小的碎片更成为一些小行星的卫星，例如：小行星87便拥有两颗卫星。——译注

中，花神星（Flore）是我们所知的距离太阳最近的小行星[①]，它与太阳的距离平均为 3.36 亿千米。它沿着它的轨道绕着太阳转上一圈，需要 1193 天。小行星 Maximiliana 是距离太阳最远的一颗小行星[②]，它离太阳的距离有 5.2 亿千米，它一年的时间是 2310 天。下面就是按照发现时间早晚的顺序，所排列的前 20 颗小行星的名字。

小行星名称	发现者	发现年代
谷神星（Ceres）	皮亚齐	1801 年
智神星（Pallas）	奥伯斯	1802 年
婚神星（Juno）	哈町	1804 年
灶神星（Vesta）	奥伯斯	1807 年
义神星（Astraea）	亨克	1845 年
韶神星（Hebe）	亨克	1847 年
虹神星（Iris）	亨德	1847 年
花神星（Flora）	亨德	1847 年
颖神星（Metis）	格雷厄姆	1848 年
健神星（Hygiea）	德加斯帕里斯	1849 年
海妖星（Parthenope）	德加斯帕里斯	1850 年
凯神星（Victoria）	亨德	1850 年
芙女星（Egeria）	德加斯帕里斯	1850 年
司宁星（Irene）	亨德	1851 年

①美国天文学家于 2004 年发现了一颗太阳系小行星，它是已知的小行星中离太阳最近的，也是目前已知的第二颗运行轨道完全处于地球公转轨道以内的小行星。据估计，它的直径约为 500 米到 1000 米，每 6 个月绕太阳公转一周。公转轨道是一个比较扁的椭圆，与水星和金星的轨道交叉。这颗小行星轨道的近日点离太阳不足 5000 万千米，比水星离太阳还要近；远日点则位于金星轨道与地球轨道之间。它运行到远日点附近某个地方时离地球最近，距离只有 560 万千米，但仍比月球到地球的距离远 10 倍。这颗小行星后来被命名为 2004JG6。——译注

②2006 年 11 月，美国加州理工学院的布朗（MikeBrown）与其他一些天文学家发现了迄今为止太阳系中离太阳最远的一颗小行星，并把它命名为塞德娜（Sedna）。它与太阳的距离大约是 130 亿千米，它沿着其椭圆形轨道绕太阳公转一周需要 10500 年的时间。它自转一周需要 40 天左右。——译注

司法星（Eunomia）	德加斯帕里斯	1851 年
灵神星（Psyche）	德加斯帕里斯	1852 年
海女星（Thetis）	路德	1852 年
司曲星（Melpomene）	亨德	1852 年
命神星（Fortuna）	亨德	1852 年
王后星（Massalia）	德加斯帕里斯	1852 年

↓ *3.* 在研究了众多的小行星之后，我们沿着距离近远的顺序，来到了木星。它比地球大 1414 倍[①]。从地球上看去，这颗巨大的行星就像一颗普通的星星一样，发出淡黄色的白光，但是非常明亮，它的光辉比金星略暗淡些。由于木星与地球的距离是 8 亿千米，因此它在我们的眼中，就缩小成一个亮点了。如果这颗巨大的行星离我们地球近一些，那么它巨大的圆盘就能遮挡住一大片天空。比如说，倘若它位于月球所处的位置，那么，它所占据的面积是月球所占据面积的 1200 倍，要有十个那么大的圆盘，从最东边一个挨一个连到最西边。随着距离的增大，看到的物体会缩小，这两者是相互影响的。因此，如果从地球上去看一颗星，这颗星的视面积会随与地球距离的增加而减少；同样的，如果从那颗星上去看地球，那么地球的视面积也会随两者距离的增加而减少了同样多的比例。倘若木星对于地球上的人们来说，看上去是一颗星星，那么如果观察者位于木星上，所看到的地球又是什么样子呢？那种情形下所看到的地球就像一颗发出微弱光芒的小星星一样，在天空中几乎看不见。

根据木星在其轨道上所处位置的不同，它到太阳的距离也从 7.52 亿千米到 8.28 亿千米不等[②]，它与太阳之间的平均距离是我们地球到太阳平均距离的五倍左右。在这么远的距离所看到的太阳直径，要比从我们地球上看去的太阳直径要小五倍。因此，太阳的视面积要小 25 倍，因此得到的太阳的热量与光亮是地球上的 1/25。在木星上所看到的太阳是小得多么可怜，如果没有借助什么辅助工具，那么我们在这颗行星上所看到的太阳非

①严格说来，木星的体积是地球体积的 1316 倍。——译注
②最新的科学观测表明，木星的近日距为 7.4052 亿千米，远日距为 8.1662 亿千米。——译注

常的小，它还不如一个手掌那么大。

木星上的一年大约相当于地球上的 12 年。也就是说，在木星绕着太阳转上一周的时间内，地球就能绕着太阳转上 12 周。由于木星的轨道是如此巨大，因此它看起来转动的速度很慢，但这仅是表面现象，实际上木星每小时能够运行 4.8 万千米。

↓ 4. 地球每 24 小时绕地轴自转一周，因此地球赤道上的一个点，每秒所移动的距离是 462 米，这一速度与炮弹离开炮口时的速度相接近。木星要绕着它的轴自转一周，只需要 10 小时零 5 分钟。因此，这个巨大的星球赤道的一个点，在每秒内所走过的距离是 12586 米，这要比地球赤道上的点在每秒所移动的距离多 25 倍。这么快的速度所产生的后果会使得木星的两极更加扁平。我们在前文中曾经讲到过，当一个球绕着它的轴转动时，由于它的自转运动会产生一种离心力，假如构成这个球的物质具有一定的弹性，那么这个球的赤道附近就会鼓起来一些，而它的两极附近就会扁平一些。借助于地球原初状态是液态的看法，我们已经解释了地球在赤道附近凸起以及在两极附近扁平下去的现象。转动的速度越快，离心力就会越大，所以如果木星是处于可伸缩的条件下，那么它的形变程度应该比地球还要大。实际上，如果我们用望远镜来观察木星，就会发现它的圆盘并不是很圆的，而是非常明显的扁圆形状。我们做精细的测量就能得知，木星的每个极压扁了 4000 千米[①]，而地球上的极则只压扁了 20 千米。

毫无疑问，太阳系的所有星体都存在着极地扁平的这种现象，因为它们都是绕轴自转的。但是由于这种自转非常缓慢，所以这种极地扁平的现象有时非常弱，以致从我们地球上看去都觉察不到。太阳自转一周的时间是 25 天，月球自转一周的时间是 27 天，对于这两者，我们看不出它们有什么明显的变形。水星、金星与火星，它们自转一周的时间与地球差不多，由于距离遥远，我们也看不到它们的两极有什么轻微的变形。不管怎样，木星为我们提供了一个强有力的证据，它证明了行星自转的速度与它的极地的扁平程度有着密切的关系。对土星的考察会再次证明这一规律。

[①]木星的赤道直径，也就是通常在天文书中所给的直径，是 142800 千米，但是它的极直径只有 134000 千米。两者相差 8800 千米，也就是说，每个极被压扁了 4400 千米。——译注

↓ 5. 木星的轴并没有倾斜太多，并不像我们在前面所说的那些行星那么倾斜，而是几乎垂直于它的轨道平面的。因此，木星的赤道几乎常年受到太阳光线的直射，所以在这颗行星上并没有季节的周期性变化。木星上的一年相当于我们地球上的十二年，在这个十二年的时间里的每一年它都一直是春天，温度一直没有多大变化。在我们地球上的三月份时，这时地球会将它的赤道面对太阳。倘若我们对木星上产生的气候条件并不熟悉的话，那么木星上的气候就是将这个三月份无限地延长下去，但同时气温要比地球上寒冷25倍。这样我们就得到了一个木星气候单调的观念。这样一个无止境的春天是由一些时间长度总是相等的白天与黑夜构成的：从木星上的一极到另一极，白天都是五个小时，夜晚也是五个小时。

通过天文望远镜，我们看到，在木星的圆盘上有一些不规则的条纹，它们有时是发亮的，有时是暗的，这些条纹与木星的赤道平行。也许这些发亮的条纹是一些云彩，它们按照木星自转的方向分布。由于木星转动的速度是如此之快，因此这些云条是由类似于地球上信风一样的空气流产生的。至于那些黑暗的条纹，它们应该是云在地面上投下的影子。透过一部分清澈的大气层，我们就能看到它们。

↓ 6. 我们已经将卫星定义为：一些围绕着行星转动的附属星体。卫星之于这些行星，就像月球之于地球一样。水星、金星与火星都没有卫星①，

---

①火星有两颗天然卫星，即火卫一与火卫二，它们分别叫做福波斯（Phobos）与德莫斯（Deimos），都于1877年由美国的霍尔发现。水星上是否存在卫星，这一点科学家们一直在争论。至于金星的卫星，这是科学上的一个未解之谜。1686年的8月，法国的天文学家乔·卡西尼宣布，他发现了金星的一颗卫星。卡西尼对这个新发现的"金卫"进行过多次观察，并且测定出了它的直径是金星直径的1/4。这个比例与地、月之比相差不大。并且根据他公布的金卫轨道数据，当时有不少人也观测到了这个卫星，直到18世纪时，金星卫星似乎已经成为了定论。例如1740年（卡西尼已过世28年），英国一个制造望远镜的专家肖特也报告过他见过金卫。1671年蒙太尼也对它进行了多次观测，并留下了不少详细的记录。接着德国数学家拉姆皮特还重新计算了金卫轨道，认为其轨道半长径为40万千米，绕金星的公转周期为11天5小时。直到1764年，还有三个天文学家（2个在丹麦，1个在法国）报告过金卫情况。可是，从此之后，竟再也没有人见过它。金卫在人们的观测中存在了78年，现在再也没有丝毫踪迹可循。现在的太空望远镜，射电望远镜，雷达以及若干宇宙飞船已经证实，现在的金星没有卫星。卡西尼时代是否真有金卫？难道许多天文学家所见的都是幻觉吗？如果真的存在，那么200多年前，是什么能量把一个半径1500千米，质量达几千亿亿吨的"金卫"消灭得干干净净呢？现在的天文界至今存在两种不同的观点：一是根本否认金卫的存在，一是认为它曾经存在过，但后来挣脱金星控制飞走了。但无论持哪种观点，金星卫星目前还是一个未解之谜。——译注

但木星上的夜晚，却被四颗卫星[1]照耀着，其中有三颗比月球还要大。木星的这些卫星们，有时互相分散开，有时两个两个地在一起，有时三个聚在一起，有时四个都在一起，它们从地平线上升起，有时呈满月状态，有时呈月牙状态，有时呈弦月状态，为木星的夜空带来地球上不曾见过的华丽光耀。木星最近的那颗卫星每42小时28分钟围绕着木星转动一周，最远的那颗卫星转动一周所需要的时间是16天16小时32分钟。[2]在围绕木星公转的同时，这些卫星也绕轴自转。由于这两种转动的周期都是相同的，因此这些卫星总是将它同样的一面朝向木星，这完全就跟月球总是将它的一面朝着地球一样。这仿佛是一个普遍的规律：所有的卫星绕着它的行星公转一周所需要的时间，与它绕轴自转一周所需要的时间相等。

从我们地球上看去，木星的这四个月亮缩小成了一些小小的亮点，紧紧地

[1]木星是太阳系中卫星数目较多的一颗行星，这些卫星与木星一起组成了木星系。由于科学不断进步，人类的观测能力不断提高，在伽利略时代，人们发现木星有四颗卫星；随后的几个世纪里，人们陆续又观测到了其他12颗卫星；1996年，伽利略号探测器升空，它对木星系的探测逐渐揭示了木星系中存在着众多卫星；截到今天，木星上已发现的卫星数量为63个。——译注
[2]木星的一些主要卫星如下表所示。作者在本书中提到的木卫一、木卫二、木卫三、木卫四是于1610年由伽利略发现的。

卫星	距离(千米)	半径(千米)	质量(千克)	发现者	发现日期
木卫十六	128000	20	9.56e16	Synnott	1979
木卫十五	129000	10	1.91e16	Jewitt	1979
木卫五	181000	98	7.17e18	Barnard	1892
木卫十四	222000	50	7.77e17	Synnott	1979
木卫一	422000	1815	8.94e22	伽利略	1610
木卫二	671000	1569	4.80e22	伽利略	1610
木卫三	1070000	2631	1.48e23	伽利略	1610
木卫四	1883000	2400	1.08e23	伽利略	1610
木卫十三	11094000	8	5.68e15	Kowal	1974
木卫六	11480000	93	9.56e18	Perrine	1904
木卫十	11720000	18	7.77e16	Nicholson	1938
木卫七	11737000	38	7.77e17	Perrine	1905
木卫十二	21200000	15	3.82e16	Nicholson	1951
木卫十一	22600000	20	9.56e16	Nicholson	1938
木卫八	23500000	25	1.91e17	Melotte	1908
木卫九	23700000	18	7.77e16	Nicholson	1914

由上表我们可以看到，距离木星最近的那颗卫星是木卫十六，而距离木星最远的那颗卫星是木卫九。——译注

贴在木星周围，不断地改变着它们的位置。我们有时看到它们经过木星的前面，掠过圆盘；有时又离它而去，走向左侧；然后又回来，消失在木星的后面；过一段时间重又回来，出现在木星的右边。在卫星经过太阳与木星之间时，每一颗卫星都会将它的影子投在木星那发亮的圆盘上，同时产生出一个个圆形的黑色小斑点。在这块黑色斑点所掠过的木星表面区域中，就会出现日食，当这颗卫星经过木星向着太阳那侧的背面时，它就会因为进入木星的影锥之中而"消失"不见了，这就是被食。这种情形跟我们月球投入地球影锥时的情形完全一样。天文望远镜可以让我们轻而易举地看到这些发生在遥远太空中的食的景象。当地球处于合适的位置时，我们就能看到木星影锥的绝大部分，这时，一个观察者就会时不时地看到：卫星绕着木星公转，有时它就会投入到木星的影锥中"消失"不见，最后又从影锥的另一侧出现，然后又放出光亮来。每当月球到了地球的后面时，月球并没有每次都进入地球的影锥中，因此并没有每次都产生月食现象，因为它的轨道严重地向着地球公转轨道所在的平面倾斜。与此相反的是，木星的至少前三个月亮，每转一次，都要分别被食一次，这是因为它们的公转轨道与木星几乎处于同一个平面上。

↓ 7. 正是借助于木星卫星的食的现象，罗默在 1675 年成功地解决了天体物理学中最困难的问题之一，即光速的问题。下面我们来介绍一下他是如何解决这个问题的。在木星的四颗卫星中，其中有一颗卫星绕着木星转动一周需要 42 小时 28 分钟，在同样的一段时间里，它在木星的影锥外连续出现两次。我们假设，当地球运行到它轨道上的 A 点附近时，如图 77 所示，一位观察者记录下这颗卫星走出木星影锥的准确时间，从这一刻起再过 42 小时 28 分钟，直到这颗卫星再一次出现在木星影锥的外面。每过同样这段时间的二倍、三倍、九倍，那么这颗卫星就会从木星影锥中出现三次、四次、十次。因此，我们能够提前推算出每次卫星出现的确切时间。我们假设已经推算出了卫星第一百次出现时的准确时刻，当这个时刻到来时，我们观察这颗卫星，这时让人惊讶的事情发生了，天体的运行是非常规律的，但计算却与我们的观察结果并不一致：卫星并没有在我们预测的时刻出现。要看到它的出现，还要再等上十五六分钟左右。这种奇怪的延迟是由什么造成的呢？我们一定要记清楚，当这颗卫星第一百次出现时，这时时间已经过去了六个月。在这段时间里，地球已经走完了它轨道一半的路程，从它原先所在的位置点 A 处移动到了与前者相距地球轨道直径那么长距离的位置 R 点处。地球绕太阳公转的速度要慢得多，在六个月的时间里，它所移动的距离几乎都可以忽略不计，因此，我们将它看成仍然处于同一个地方。在卫星出现时，它所发射出来的光线，要到达地球，使得我们看到食结束的时间，那么这些光线除了要走我们一开始通过观察所预计的距离外，它还需要走过地球轨道直径那么长的一段直线距离，即从 A 到 R 这样一段距离，即 30.4 亿千米。这就是产生延迟的原因。要走的路程延长了，所需要的时间也就增加了。因此，光线要走完 30.4 亿千米的距离，大约需要 16 分钟的时间。

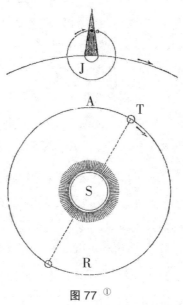

图 77 ①

↓8.土星的体积是地球的 754 倍②，是木星的一半，但在我们的眼中，它看上去却小得可怜。我们看到的土星，是一颗表面呈铅灰色的星星。如果从土星上能够看到地球的话，那么地球看上去应该更小。由于土星与太阳的距离很遥远，我们至少可以确定，在土星上看到的太阳视面积大概是从我们地球上看到的太阳圆盘面积的 1/100。倘若太阳这个光芒四射的光

---

①S 代表太阳，T 代表地球，J 代表木星及其被食的卫星所进入的影锥，在这个影锥旁边所画出来的小球，是从影锥中出现时的同一颗卫星。——原注
②更常见的说法是，土星的体积是地球的 745 倍。——译注

源、这个宇宙中的巨大球体，从土星上看去小到只有一枚两分钱硬币那么大，那么，从土星去看地球，地球又会是什么样子呢？土星在它的轨道上运行一周，时间是 29 年，它的速度是每小时 3.6 万千米，它与太阳的平均距离是 14.48 亿千米，每十个半小时自转一周。土星绕轴自转的速度是如此之快，就跟木星一样，因此它的两极非常扁平。土星两个极扁平的程度是其半径的十分之一，差不多有 5600 千米。土星的物质密度非常小，这导致了它的极地异常扁平。在前文中，我们已经学到过，土星的平均质量只有水质量的十分之七，因此土星可以漂浮在水面上。此外，由于物质的密度从球体表面到中心是不断增加的，越是靠近中心，物质密度就会越大，而且重的物质会聚集到一起，因此，我们要知道土星的表层是由很轻的物质构成的，那里的密度要小于土星的平均密度。那么，土星的地表是比柳木与软木还要轻的物质构成的，而并不是由岩石构成的[①]。对于这样的一个地方，你们会有什么样的想法呢？在这样一种不牢固的支撑上面，能够存在海洋吗？平衡定律认为是不可能的。在地球、金星、火星与这颗被放逐到太阳系边缘的巨大土星之间，是不可能有任何可比性的。它的体积庞大、密度很小、自转速度很快，两极非常扁平，这些因素构成了一个与众不同的世界。

另外，天文望远镜向我们提供了关于土星的很少信息。我们看到，在土星的圆盘上有一些发亮的条纹，中间还夹杂着一些黑色的条纹，它们都平行于赤道，它们看上去类似于木星上的条纹。难道这仍然是由于球体的自转速度快、在行星的大气层中产生了信风，从而产生的云条吗？我们再补充一点，土星轴的倾斜度是 64 度，几乎与地球的相等。因此，这颗巨大行星上的四季也与我们的四季非常相似，但是它每个季节所持续的时间是七年。连续七年都是冬天，对于我们来说有点漫长。而且，这里的太阳还要比我们的太阳寒冷 100 倍。

↓ *9.* 在所有的行星球体中，土星是卫星最多的一颗星球。它有八颗卫

[①]目前认为，土星形成时，起先是土物质和冰物质吸积，继之是气体积聚。因此，土星有一个直径 20000 千米的岩石核心。这个核占土星质量的 10% 到 20%，核外包围着 5000 千米厚的冰壳，再外面是 8000 千米厚的金属氢层，金属氢之外是一个广延的分子氢层。——译注

星来照亮着它的黑夜。①离它最近的一颗卫星绕着它转动一圈，需要 22.5 个小时；而最远的那颗卫星绕着它转动一圈，则需要 79 天。②泰坦（Titan）是八颗卫星中最大的一颗卫星，它的体积是月球的九倍③。土星的卫星还不止这些，它还有第九颗卫星。这是颗在太阳系中是非常独特的一颗卫星，它是一个非常大的平的圆环，相对而言比较窄，它以土星为中心并绕着它转动，但不会碰触到这颗行星。这个环并不是连在一起的，它是由三个同心圆环组成的。里面的那圈是黑色透明的，外面的那圈是浅灰色，而中间的那圈比土星的圆盘还要亮。④最后两个同心圆之间，由于有一条很宽的间隙，因此分界线非常清楚，透过这一空白区域，我们可以看到星空。⑤我们推测，构成环的物质是流动性的物质，因为有时我们能看到非常多分开的细小部分的印迹，这说明它们能够非常容易地分离开。⑥这三个同心圆环的全部宽度加起来有 4.8 万千米；将圆环与土星分离开的空白区

---

①土星上卫星众多，最近的发现显示其数量一共是 62 颗，其中有 34 颗卫星已经得到命名。——译注

②下表是截止至 2005 年所发现的土星主要卫星列表。从表中我们可以看到，法布尔所说的土星最远的那颗卫星是土卫八，它离土星的距离是 3561300 千米；而实际上下表中离土星最远的那颗卫星是土卫 29，它离土星的距离是 23130000 千米。——译注

③ "卡西尼"号土星探测器利用先进的红外光谱技术对土星及其卫星的地表特征、大气层、光环和磁场等进行了深入研究后发现，土卫六上有着厚厚的大气层，因此它的平均直径不是人们原先认为的 5800 千米或 5150 千米，而是 4828 千米。这一数字可能会随着研究的深入而不断改写。由于月球的平均直径是 3474 千米左右，因此实际上土卫六的体积是月球体积的三倍不到。——译注

④在空间探测以前，从地面观测得知土星环有五个，其中包括三个主环（A 环、B 环、C 环）和两个暗环（D 环、E 环）。B 环既宽又亮，它的内侧是 C 环，外侧是 A 环。1969 年在 C 环内侧发现了更暗的 D 环，它几乎触及土星表面。在 A 环外侧还有一个 E 环，由非常稀疏的物质碎片构成，延伸在五六个土星半径以外。1979 年 9 月，"先驱者" 11 号探测到两个新环——F 环和 G 环。F 环很窄，宽度不到 800 千米，离土星中心的距离为 2.33 个土星半径，正好在 A 环的外侧。G 环离土星很远，展布在离土星中心大约 10~15 个土星半径间的广阔地带。除了 A 环、B 环、C 环以外的其他环都很暗弱。——译注

⑤在土星环的 A 环和 B 环之间，有一条宽约 5000 千米的卡西尼缝，它是天文学家卡西尼在 1675 年发现的。——译注

⑥土星环的主环中的物质 99.9% 都是冰，也许还掺杂着少许的杂质，比如一些有机化合物或硅酸盐等。主要环带中的颗粒大小范围从 1 厘米至 10 米都有。而暗环如 D 环、G 环和 E 环，其组成物质的大小几乎都是 "尘埃"，这些小型微粒通常只有微米级的大小；而它们的化学组成像主环一样，几乎完全都是碎冰。而狭窄的 F 环，就在 A 环外侧的边缘，很难分类，它的部分非常密集，但也包含很多尘埃大小的颗粒。——译注

域，其直径有 3 万千米，至于圆环的厚度，我们估测是 400 千米左右。[①]这颗环状的卫星在土星的自转过程中一直伴随着它转动。在土星绕着轴自转时，这颗卫星绕着它转动，就像二者连成了一体一样。动力学甚至证明，土星环的转动速度必须跟土星自转的速度相等，这样才能保持这个脆弱的巨大土星环的构架不致分裂；如果土星环的转动速度跟土星自转的速度并不一致的话，那么在重力的作用之下，土星环崩解后就会将它庞大的碎片落在土星上。[②]这个圆环自身并不发光，因为我们看到，它将自身的影子投射在土星上，同时我们也看到，土星将它自己的影子投射在这个圆环卫星上。因此，这个圆环卫星只是将来自于太阳的光线反射出去，因此对于土星来说，这个圆环卫星就像是一个形状非常奇特的月球，它环绕着土星的整个天空运行一圈，就像一条连续的卫星链一样。因为土星的球面曲线的缘故，在土星的极地区域，我们并不能看到圆环。从纬度 66 度开始，这个圆环卫星逐渐地从土星的地面上开始出现。越是靠近土星赤道的地方，我们看到的这个圆环卫星就越是完整。它就像一个巨大发亮的拱形桥，横

图 78　土星与它的环状卫星

---

①在土星环的 A 环、B 环与 C 环中，B 环的内半径 91500 千米，外半径 116500 千米，宽度是 25000 千米，可以并排安放两个地球。A 环的内半径 121500 千米，外半径 137000 千米，宽度 15500 千米。C 环很暗，它从 B 环的内边缘一直延伸到离土星表面只有 12000 千米处，宽度约 19000 千米。这些环的厚度大约只有 10 米。——译注

②在 1980 年之前，土星环的结构完全都是用万有引力来解释的，直到航海家的影像呈现出 B 环上有被称为轮辐的辐射状特征，而这是不可能如此来解释的。因为它们持续的时间和自转周期与依照轨道力学的环不一致。这些轮辐在背景散射光下变得黑暗，而在前景散射光下显得明亮。主导的理论认为它们是微小的尘埃颗粒，受到主环上的静电排斥而悬浮在圆环平面上，因此它们的转动是与土星的磁气层同步。但是，造成轮辐的确实机制仍然不清楚，虽然有人建议这些电子干扰可能来自土星大气层中释放的闪电或微流星体对土星环的冲击。直到 25 年后轮辐才再度由卡西尼号太空船观测到，卡西尼号的影像小组在保留的土星环影像中搜寻，在 2005 年 9 月就看到了轮辐。——译注

跨在天空中，从一端到另一端。从赤道上看去，也就是顺着土星环的竖直面去看，它就像一根银色的绳子，在天顶处把天空分成两半。当处于一种合适的观看情形下时，土星环那壮丽的光拱，弯曲在从西方到东方的天空中，这时，它的八颗卫星，呈现出不同的相位，一起放射出耀眼的白光：土星上夜晚这种仙境般的景象，是我们无法想象的。

第二十一讲 | 行星（三）

↓ *1. 天王星、天王星的发现、天王星的年、天王星的季节、天王星的卫星。*

↓ *2. 行星之间的相互吸引。*

↓ *3. 天王星的摄动、通过理论推算出来的一颗行星、计算的眼睛与海王星的发现。*

↓ *4. 海王星、海王星的距离、海王星的年、海王星的质量、看上去就像一颗太阳的星星、太阳管辖的最后区域、瓦尔甘行星。*

↓ *5. 天体矿物学。*

↓ *6. 流行、一颗星星不会从天空中落下来。*

↓ *7. 8 月 10 日与 11 月 12 日、圣劳伦的眼泪、一些流星雨。*

↓ *8. 陨星、陨星的体积与速度。*

↓ *9. 小行星的环形漩涡、误入我们地球大气层的小行星。*

↓ *10. 陨石、天上掉下的一颗重达 12.5 万千克的石头、地球外的物质。*

↓ *1.* 从最遥远的古代起，人们就已经认识了水星、金星、火星、木星与土星，不过还不认识它们的卫星。小行星、木星的卫星与土星的卫星、天王星、海王星都是近代天文学才认识的东西。天王星是由赫歇尔在 1781 年发现的，赫歇尔是天体物理学中最杰出的天文学家之一，他那强大的天文望远镜所看到的天王星，看上去仿佛是发出均匀灰光的小圆盘，天王星在周围的星星中不断地变化着自己的位置，于是我们知道这是一颗游移不定的星星。但是现在，在它被赫歇尔发现之前，由于它的光亮非常微弱，人们并不能看到它。但是现在人们已经测量过这颗星的体积、质量、它的轨道，也已经计算过它与太阳之间的距离，还有，人们也发现了它的卫星。

不借助于天文望远镜，我们很难看到天王星。在有利的情形下，我们用肉眼看它，它顶多是一颗第六等亮度的星。我们看不到天王星，并不是因为它的体积小，其实这颗行星是地球的 52 倍大，而是因为它距离我们地球太远了。天王星到太阳的距离是 29.2 亿千米，它在轨道上绕太阳运行一周，需要 84 年。因此，天王星一年的长度就能比得上一个人的寿命了。表面看上去，它以极快的速度绕着自身转动，因为在天文望远镜上，我们能够看到它的两极扁平非常严重，它的扁平程度是其直径的十分之一①。但是由于这颗行星距离我们太遥远了，所以我们就看不清它的小细节，看不到它的圆盘上有什么斑点，也没有任何参考点来观测它的自转时间。人们猜测，它自转的轴稍微倾向于它的轨道平面，因此，这颗行星每过 42 年，就要使它的一个极受到太阳光线的直射，由此它产生出的四季比金星上的四季还要奇怪。最后，我们知道，从天王星上看，太阳的圆盘是从地球上看到的太阳圆盘的1/400 到 1/300。我们知道，天王星上的物质的平均密度比水的密度稍微小一些。最后我们还知道，有八个月亮绕着天王星在垂直于它轨道的平面上转动。我们所认识到的仅限于此，因为它太遥远了。

↓ 2. 海王星的发现，是近代天文学理论精确性的一个最强有力的证据。我们试着来了解一下。

引力是所有物体（无论是大的物体还是小的物体）所共有的一个特性，并且引力的大小与物体的质量成正比。太阳，由于它质量上的绝对优势，因此，将它的行星都吸引到自己周围，让它们不断地保持下坠的趋势，从而使它们绕着自己旋转。同样的，行星也会将它们的卫星吸引住，使它们绕着自己转动。地球吸引月球，就跟太阳吸引地球是一样的。但是很明显，地球的引力尽管能施加到月球的公转轨道平面之外，但它的引力大小却是随着距离平方的增加而减弱的。那它的引力会出于什么原因而突

---

①最新的科学研究发现，天王星的扁率为 0.030。——译注

然消失吗？显然不会。因此，地球也能对它周围的行星——比如说火星、金星与其他的行星施加作用。只不过它的这种作用由于距离遥远而非常小，不能与太阳的引力作用相提并论。但是无论如何，我们的地球对火星等具有一定的影响，不管这种影响从本质上来说是多么的小。如果火星顺从地球的召唤，那么会发生什么样的情形呢？它就会离开它绕着太阳旋转的轨道，向着地球靠近，并且绕着它转动，于是我们就会多了一个月亮，这颗迷途的星星就会失去原先的地位，从行星的行列走到了卫星的行列中。然而天空中的法则是严格公平的，在另一方面，地球也会被火星所吸引，向着火星飞去。因此火星也会吸引着地球，努力使得后者成为自己的月亮。巨大的木星也在吸引着我们地球，以增加它的卫星数目；土星吸引着我们地球，想让我们地球成为它圆环上的一员……总之，其他的所有行星、金星、水星，直到那些最小的小行星，都极力地要把地球从它的轨道中拉出来，吸引到它们的旁边。我们不必自惭形秽，地球同时也在一定范围内对木星、土星以及其他的星球施加着同样的作用力，就像这些行星吸引着地球一样。因此，行星之间存在着无止境的斗争，每一颗行星都根据它们的质量成正比、并跟它们之间的距离平方成反比来互相施加作用，想要把对方据为己有。但是，主宰者还是力量最强大的那个统治者太阳，它所管辖的这些星球始终被它维持在各自的行列中，这使得从来没有任何一个变成其他行星的卫星。我们还要注意另外的一个事实，当一个星球受到周围的质量非常大的另一颗星球的吸引时，它会略微偏离它的运行轨道，但是最终它还是会因为受到太阳引力的作用会回到原先的轨道上来。行星由于受到周围行星的吸引而偏离它们原先轨道的这种现象，我们将它称为摄动。作为摄动者的那个星球离得越近、质量越大，那么这颗行星所产生的偏移也会越大。

↓3. 由此我们可以想到，为了要准确确定一颗行星所走过的路程，并且提前计算出在某一个时期它在天空中的位置，那么，天文学家不仅仅要考虑太阳的引力，同时也要考虑它周围行星的摄动影响。如果我们的计算是准确的，如果我们已经考虑到了所有行星的作用力，那么，我们的观察就应该与力学理论保持一致。一颗移动的天体，在任意一个时刻，都应该出现在科学所预测到的位置处。但是自从天王星被发现以来，这颗叛逆的星星却从来没有在我们所预测的位置出现。即使人们已经考虑到了它附近两颗巨大的星星即土星与木星所产生的摄动影响，但它仍然没有在应该出现的位置出现。因此，肯定存在着一种我们并没有预测到的偏移，它使得我们的计算出现了错误。于是在天文学家的心中，都产生了一种新猜想，他们根据天王星被弄乱的运行轨迹这一事实，推测出在太阳系的最边缘，还有一个新的世界。在天王星之外，应该还存在着一颗我们未知的行星，它对天王星施加着吸引力，使得它偏离它的运行轨道。法国著名的几何学家勒维黑耶，提出要单纯借助理论的力量来修正这一猜想，同时要发现这颗摄动星球，其实一直到那时为止，天文学观察还是通过耐心地探测天空来完成的，但是这位聪明的理论家改变了这种方法。他拿起了他的笔来进行研究，他用计算的眼睛来观测，他将所知的公式综合运用，来表达出天空中的法则。那些无扰动的有序运行的星星，以及有扰动的无序运行的星星，它们的质量、体积、速度、距离，这些数字，无论是已知还是未知的，这位理论家都将它们记录了下来进行综合分析。这种高度的构思所得出的结果是令人称奇的。1846 年 8 月 31 日，勒维黑耶在欧洲宣称，有一颗摄动的行星应该会出现在天空中的某一个点，它的星等是哪一等。几天之后，柏林天文台的台长加勒将他的天文望远镜指向勒维黑耶所指定的天空位置，那边果然有一颗星星，它恰好位于理论的手指所指向的那个确切位置。我们甚至都不用向天空中看一眼，科学就能准确地看到天空的深处！从来没有一次胜利像这次一样完全归功于几何学的永恒法则。

　　↓*4.* 由此，我们将海王星又称为勒维黑耶行星。我们从来不能用肉眼看到这颗行星，尽管它比地球大 110 倍①。在天文望远镜中，它看上去就是一个发亮的小点，亮度跟一颗八度星的亮度差不多，最好的天文望远镜都不能观测到它的大小。它与太阳之间的距离是 44 亿千米。它绕着太阳公转一周，需要 164 年的时间。海王星有一颗卫星，这颗卫星绕着它转动一周需要 5 天 21 个小时②。根据这颗卫星的转动速度，运用我在前文中向

①最新科学发现表明，海王星的体积是地球的 58 倍。——译注
②海王星有 13 颗卫星。——译注

你们讲过的那种方法，我们可以推算出海王星的质量与密度。由此我们得知，海王星的质量是地球的 21 倍，它的平均密度与木星的平均密度差不多，也就是刚刚超过水的密度。①尽管这颗星星比地球大 110 倍，但由于它距离我们如此遥远，因此它看上去非常的小，即使用最好的天文望远镜，我们所看到的也只是很小的一点。要对这样一颗位于太阳系最远边界处的星星称重，并确定构成它的物质的主要特征，这难道不是人类理性力量的最高表现吗？除了力学告诉我们这些结论之外，科学再没有告诉我们关于这颗行星的其他物理状态。它距离我们地球太遥远了，因此我们的观察工具发挥不了作用。要想了解海王星的历史，还有另外一件事情要加以说明：在这颗行星上所看到的太阳圆盘，只有我们在地球上所看到太阳圆盘的千分之一大小。太阳这颗巨大的光源星球，对于海王星来说，只是一颗比其他星星稍亮一点的星星而已。在这颗遥远的行星上，它的亮度是怎样的？白天黑夜是怎样的？它的热度是怎样的呢？我们不要着急下结论，对于我们来说，这一切还都是未知的。

到了海王星这里，我们就到了太阳系的边缘了吗？在这里之外就没有其他的行星了吗？对此我们既不能加以否定也不能加以肯定。我们已经对太阳系中部的区域非常了解了，但太阳系中心的部分以及它外部的区域，还有待考察。也许在海王星之外，在我们还没有观测到的极远处，还存在着一些附属的行星在沿着一定的轨道运转。也许在水星与太阳之间，还有其他的行星在转动。但是由于它距离耀眼的太阳太近了，所以我们看不到它们。②我们不要再关注这些不确定的可能存在行星的区域了，无论行星的家族是从水星到海王星是结束了还是没结束，这从本质上来说并不重要。就我们所知道的而言，太阳系已极为广阔，这一点已经给我们的理解力产生了深刻印象了。

↓ 5. 我们刚刚所考察的这些遥远世界、这些地球的伴随者们、这些行

---

①严格说来，海王星的质量是地球质量的 17.22 倍，平均密度为每升 1.66 千克。——译注
②有一个观察稍稍证实了这一猜想，遗憾的是这一观察不能再加以重复了。一位乡间的医生、一位在他那时代被遗忘的天文学家雷加博（Lescarbaut），在 1859 年看到了一颗比水星距离太阳更近的行星，人们将这颗被看到的行星命名为瓦尔甘（Vulcain）。——原注

星，天文学已提供了关于它们的准确资料：体积、距离、质量、年、季节、卫星，等等。但这些资料总是力学的或是几何学的，并不是那么吸引人。我们更关注的是它们的物理构成，对此我们还知之甚少。比如说，我们惊喜地得知，在火星的两极上面覆盖着冰雪，而在月球的表面则布满了火山坑。我们对于脚边的一颗石子，并不会有任何兴趣，因为我们认为这颗石子是地球上的，但如果我们被告知，这颗石子是从天上掉下来的，它以前是木星、火星或土星上的石子，那么面对这颗珍贵的天体矿物学的样品，谁还会无动于衷呢？人们会走上前去看一看，用手摸一下这个石子，分析分析从其他行星上掉落的这颗小东西，我们那合乎常情的好奇心，会得到多大的满足啊！我们会知道，这些星球，这些壮丽的光芒四射的、使天空异常璀璨的天体，它们是由什么样的物质构成的。当然，这个天空中的石子不是一个无意义的假设：它从天空中有岩石的区域降落到地球上，这种石头落下时产生的冲击力有时会砸碎一栋房子。它们真的来自行星吗？不是，但我们可以肯定，它们绝不是来自地球。它们是天体矿物学的真正样品，就像我们下面将要看到的那样。

↓ 6. 我们还记得那些夜晚在天空中突然出现的星光，它们似乎是从天空中分离出来的，然后就像烟花一样，在天空中划出一条明亮的带子，很快出现，又很快消失。人们通常认为这是一颗陨落的星星，或者至少是一颗在天空中变动位置的星星。因此人们将它们称为流星。这些星真的能够随意移动，跑到天空的尽头吗？它们会不会坠落到地球上呢？在繁星中，如果我们只看一下粗略的表象，如果我们只考虑到那些镶嵌在天穹的微弱的星光，那么我们很自然就承认星星可以离开天空坠落到地球上，就像一颗成熟的无花果的果实从树上落到地上一样，但我们知道这个天顶只是一个错觉，我们还知道这颗星星也许是一个巨大的星体，它甚至可能大到地球都不能与之相比，尽管从地球看上去它只是一个普通的小小的亮点，小到甚至都不能看到它。那么，这些星星比海王星（它的体积是地球的110倍，不借助于高倍天文望远镜我们都无法看到它）还要远。这些星星离我们这么远一段距离，但它传递到我们这的光线还如此亮，那么这些星星有多大呢？毫无疑问它们应该与太阳一样大，甚至比它更大。如果有一颗星星,仅仅一颗,坠落到地球上,那么这颗从天空中掉下来的星球加速下落时会产生强大的力量,在这一力的作用下地球会变成什么样啊!地球会爆裂,就像一个沙子在榔头的重击下被碾碎一样,它的碎片会散落到空间中。我们可以想象一下,地球与一块岩石,它们相隔一段距离并且相互吸引,那么它们二者哪个会向另一个坠落下去呢?最弱的那一个,即岩石会落向地球。同样,我们做一个不可能的假设,如果地球与天空中的星球必得有一个向着另一个落去,那么当然是地球,这个较弱的星球向着另一个较强的星球落去。如果我们认可相反的论据,那结果就是地球落向这块岩石,而不是这块岩石落向地球。因此,星星不会坠落,没有什么比这更确定了。那么流星并不以急遽的速度在天空中奔过,这些流星是什么呢?

↓ 7. 没有一个夜晚是看不到流星的。每小时人们平均能看到四到八颗流星。但在一年中的一些固定时期,尤其是接近 8 月 10 日和 11 月 12 日时,流星的数量会以惊人的比例增加,因此在这段时期有时会出现真正的流星雨。人们很久之前就注意到 8 月 10 日这个时期了,甚至那些对天文观察最不熟悉的人都注意到了。在某些地区,当地人们将这一时期出现的众多流星称为圣劳伦的眼泪,这些信仰单纯的人们,将这些光线比喻成遭受苦难的殉道者的热泪。实际上,圣劳伦节日也在 8 月 10 日。下面我们再列举一些流星雨的盛大景象。

在 1839 年 8 月 10 日这个夜晚,在那普雷斯,四个小时内人们看到了一千颗流星;在麦兹,45 分钟之内人们看到了 87 颗流星;在巴赫玛,六个半小时内人们看到了 819 颗流星;在纽哈文,三个小时的时间内人们看到了 500 颗流星。

1799 年 11 月 12 日,在南美的库玛那,人们看到流星就像烟火一样,从很高的天空中陆续不断地射出来,就像一束束的烟花,在东方的天空中绽放。无数颗流星不断地在天空中画出一道道的磷光,这些燃烧着的球体就像天空中大炮所发射出来的红色炮弹一样,它们以惊人的速度,不停地穿梭在群星之中,在地面上投下它们的光亮。在四个多小时的时间里,在地球上的不同地方,从赤道到北极,都发生了同样的景象,整个天空都着火了!

1833 年 11 月 12 日，从晚上九点到太阳升起的时候，在北美的长长的东岸线上，人们看到一场最值得回忆的流星雨。流星就像烟花一样，它们从天空中同一个区域绽放出来，然后向着不同的方向发散出去，有时沿着弯弯曲曲的线发散开来，有时是沿着笔直的线散发开来的。有很多流星在消失之前就爆炸开了，有些流星跟木星或金星一样亮。要数一下一共有多少颗流星，这简直是不可能的。它们有一半密集地降落下来，就像下雪时的雪花一样。但是当流星雨不是那么密集时，我们还是可以稍微对它有些认识，一位在波士顿的观察者试着去数他附近的流星的数量，在 15 分钟的时间内，在天空十分之一的区域内，他数到有 866 颗流星，那么整个可见的天空中就会有 8660 颗流星，因此一个小时就会有 34640 颗流星。然而流星雨这时已经持续了七个多小时的时间，而且只有在流星即将消失时我们才能观察到它，这是我们能够统计流星数量的基础。因此，仅仅在波士顿就出现超过 24000 颗的流星。如果我们计算出整个地球每年出现的流星的总数量有百万颗，我们是否应该对此感到惊讶呢？

↓ 8. 那些伴随着库玛那的流星一起出现的火球，也会单独出现在天空中。人们将它们称为陨星。它们的形状一般是圆形的，有时看上去与月球一样大，有时甚至比月球更大。它们快速地划过我们的天空，投下它们明亮的光线，几秒钟后就消失不见。通常，它们会在走过的路线上留下一条发光的尾巴；有一些会发生可怕的爆炸，将他们燃烧的碎片投射到地面上。我们将这些碎片称为陨石。陨星出现的速度非常快，天文学家们在这个速度允许的范围，努力求出陨星的实际大小和速度。得到的结果证明各个陨星之间相差很大。人们指出有些陨星的直径有三十米左右，一百米左右，另外一些陨星直径则可达到两千米到四千米。但陨星最明显的特征就是它们那惊人的速度。在 1850 年 7 月 6 日，我们观察到的一颗陨星，它每秒钟走过的路程是 76 千米，是地球在轨道上每秒钟走过的路程的两倍多。[1]我们已经确认的陨星中最慢的每秒钟移动的距离是 2700 米。一颗子弹的速度要是它的 1/7 至 1/6。总之，我们观察到的陨星中有几颗在空间中

---

[1]在地球的运转过程中，它每秒钟走过的距离是 30.4 千米。——原注

的运动速度要超过卫星。流星也一样。它们的速度可以与地球的速度相比。它们每秒钟走过的距离从 12 千米到 32 千米不等。

↓ 9. 天文学家为了解释流星和陨星，他们就假设有很多漩涡，有很多体积很小的小行星环，它们绕着太阳转动。对太阳系的考察已经向我们揭示，行星中从最大的开始排列，是从木星到土星，一直到位于火星之外的小行星。很有可能在天空中还存在着比小行星更小的星体，它们中有一些还不如我们地球上的某些岛屿面积大。天文学家还认为，在天空中盘旋着一些真正的行星颗粒，它们的体积与一块岩石、一个橘子、一颗核桃差不多。那么我们就假定存在着一些天体，一些小行星，它们数量众多，难以计数，绕着太阳做不同的环状飞行，它们中有一些离地球非常近。我们可以想象，在一间黑暗的屋子中，有一条光带，在它上面悬浮着一些灰尘颗粒，它们排列成一个圆环形，我们让这些成环状的灰尘颗粒绕着中心转动，然后就可以想象出那些小行星绕着太阳运行时的情形了。

我们说过，地球距离小行星的圆环非常近，那么很明显，我们的星球相对而言质量非常大，它就能够使得这些靠近我们的小行星的运行发生摄动。受到地球引力作用的小行星，就会逐渐地离开它们的轨道，向着地球落去，以它们绕着太阳运行时的可怕速度，进入地球的大气层中。由于这些小行星运行的速度非常快，与空气发生很强烈的摩擦，于是它的温度急剧升高。这颗以往不能被人们所看到的天体，现在就会立即变得炽热起来，并开始闪闪发光，在后面拖曳着一条发光的尾巴。一般地，随着空气阻力的增加，同时伴随着下落的倾斜，这些流星的首次侵入大气层即告终止。然后它就会重新弹跳起来，就像一颗被斜着投到水面上的石子一样弹出。为了继续被打乱的行程，它就从大气层中弹出去。这些由于受到地球引力作用而偏离它们轨道的小行星们，分散开来并与大气层发生摩擦，在大气层中发出光亮，这样就形成了我们平时看到的流星或陨星。地球在一年中的不同时期，尤其是在每年 8 月 10 日至 11 月 12 日期间，会深入小行星群的漩涡内部，这就解释了流星雨在每年会周期性出现的现象。

↓ *10.* 当小行星第一次接触到地球大气层时，倘若在这颗迷途的小行星的方向上并没有足够大的阻力的话，它并不总是会被大气层弹回的。如果它并没有被弹出大气层，那么它就会整个地穿过厚厚的大气层，当它到达某个高度的时候，这时温度已经足够使它爆裂了，它就会发生爆炸，同时发出雷鸣般的响声，炸裂成无数个碎片，最后以流星雨或陨石雨的形式掉到地面上。这些石头掉落时的力量非常巨大，它们撞到地面的冲力，并不比炮弹的冲力来得小。它们黑色的表面，仿佛被上了一层釉，这传达出一种信号，表明它们开始熔化了。陨石的重量也完全不一样，它们有时就轻得像一粒灰尘一样，而有时则有几百千克重。由于爆炸而产生的陨石碎片有时会散布到十几平方千米的区域中，那么在爆炸之前，这颗流星的体积应该会有多大啊？

小行星的陨落是常见的。天文学观察已经记录了上百个小行星陨落的例子。我们已经完美地证实了从天空中会有石头落到地球上，通过研究这些石头，我们可以获得地球外一些物质的性质的资料。现在，通过对这些从太空中陨落的小行星上矿物的研究，我们得出了一个奇特的意想不到的结果：迄今为止，我们研究的每一颗小行星陨石上的物质，在地球上都能找到。它们的铁与我们地球上的一样，硫与磷也跟我们地球上的一样，钙、硅、泥土、铜、锡……也都跟我们地球上的一样。这些矿物学样品，就是构成地球外另一个世界的物质，它们的主要成分是铁。人们甚至认为，地球上那些巨大的纯铁块，正是来自于天空。在托伦（Thorn）附近，人们发现了一颗巨大的陨石，它的重量至少有12.5万千克，这个巨大的金属块在过去的某一天，就像一粒灰尘一样绕着太阳旋转。毫无疑问，它是小行星漩涡中的一部分。在今天，这颗小小的星体躺在地球上，被挖矿工人挖了出来，就像一处普通的矿源一样。从天空中掉下的石头告诉我们，在我们身边的那些来自地球外的物质，与我们身边的物质是一样的。

第二十二讲 | 彗星

↓ *1.* 彗星、彗星的轨道与方向。

↓ *2.* 彗星的出现、彗星的形成。

↓ *3.* 1843 年的彗星、它的尾巴的大小、彗星头的大小。

↓ *4.* 彗星的构成物质、彗星不会挡住星星的光线、彗星不会使光线发生折射。

↓ *5.* 彗星在行星附近受到的摄动、穿过木星世界的莱克塞尔彗星、彗星的微小质量。

↓ *6.* 迷信所产生的不理智恐惧、对年表的改变。

↓ *7.* 蜘蛛网与被投石器投出来的石块、一些担忧。

↓ *8.* 轨道不闭合的彗星与周期彗星、哈雷彗星、克雷霍的计算、理论与事实的完美一致。

↓ *9.* 比拉彗星、10 月 29 日的夜晚、比拉彗星一分为三、恩克彗星与水星的质量、彗星的数量。

↓ *1.* 由于行星与它们的卫星的轨道几乎是圆形的，这使得在我们所见的范围内总是看到它们绕着它们的中心在转动，因此我们认为，行星与它们的卫星的确是太阳系中最主要的部分。在今天，我们看到它们在这个位置，在明天，我们会看到它们在另外的位置出现。在任何时候，我们都能够在星空中发现它们。但是不时地还会有另外一些星体加入这个一直在我们天空中出现的星体群之中。这些星体非常奇特，它们非常庞大，我们不知道它们从哪里来，它们出现后很快地又滑入到无限的深空之中。这些星体就是彗星。

人们通常会将一颗彗星分为三个部分。它们分别是彗核、彗发、彗

尾。彗核是彗星的中心部分，它比其他的两个部分都要亮，似乎是由于它那里聚集了更多物质。彗核被一群体积非常庞大的雾状物包裹着，这像一种发光的雾，我们将它称为彗发。由于这一特点，我们有时将彗星称为发星。大部分的彗星都带有一个或长或短的发亮的轨迹，它的形状是可以变化的，我们将它称为彗尾。但是，有一种新的彗星既没有彗尾又没有彗发，我们还是将它称为彗星。在彗星所有的特征中，最首要的特征就是它有一根长长的轨道，这个轨道既可以离太阳很近，也可以离太阳很远，其中远的，可能我们用最好的望远镜也看不到。彗星与行星一样，也是顺着椭圆形的轨道，绕着作为光源的太阳转动。不过，彗星的轨迹是如此之长，甚至有时候我们都可以说它扫到了太阳的表面，这些轨迹甚至都可以延伸到太阳系的最外层区域，即海王星之外的地方。而且有很多彗星，似乎在天空中飘忽不定，沿着它们的轨道从一个太阳飞到另一个太阳。它们的轨道是开放的，如果碰巧它到了我们的周围，那么在太阳引力的作用下，它会暂时地向着太阳靠近。在穿过了太阳系中所有的行星轨道之后，它又会离开，一往无前地运行，然后，毫无疑问，它们又去拜访远处的新太阳，直到有一颗太阳用自己的引力使这颗彗星臣服于自己，这样，这颗彗星的轨道才会固定下来。

下面是彗星与行星相区别的第二个力学特征。一个位于太阳北极上的观察者，他所看到的行星都是向着同一个方向，即从右到左旋转的，并且它们的轨道几乎处于同一个平面上[1]，这个平面与太阳轨道的理想的延长面是同一个平面。在这个公共平面的延长面所对应的狭窄的天空区域之外，我们从来没有见到有行星出现。在天极的附近区域，比如在小熊座的星星中，以及在长蛇座的星星中，去寻找行星，这是白费力气，因为行星所在的区域位于这两个处于端点的星座中间，彗星却与行星相反，它们的轨道是尽可能倾斜的。它们可以出现在天空中的任意一个区域，无论是两极区域还是行星所在的区域，而且，它们有时与行星运动的方向一致，有时又与行星的运动方向相反。

---

①小行星与这个公共的平面离得很远。——原注

　　↓ *2.* 当彗星与我们的距离超过一定限度时，我们就根本不知道那里有彗星过来了。预测、计算对彗星来说都没有意义。这个外来的星体，它第一次来拜访天空中这一个区域时，总是出乎我们的意料。某个警觉的天文学家在望远镜中看到了一颗彗星。这是一个模糊的白色雾状物，周边呈圆形，中间比边缘明亮，此外便什么都看不到了。但是当这雾状物靠近太阳时，它的形状会发生改变，它原先是圆形的，现在变成椭圆形了。然后，这个雾状物继续延伸出去，将它一部分的雾状物散播出去，其散播的方向与照射它的太阳光线的方向相反。最后，彗星在它后边划了一条长长的尾巴。当彗星走到了近日点，这时的彗星最亮，它那发亮的长长轨迹变得最大。然后，彗星又继续它轨道的第二段行程。现在，它走得越来越远了。这时，它的尾巴仍然朝向与太阳相反的方向，但它不再位于彗星的后面，而是位于它的前面，同时，它的亮度也一点点地消失，最后就完全变黑了。它的头，也就是那个彗核，最后也由于距离太过遥远而消失不见。因此，一方面，彗尾并不是一成不变的，有时，彗星的彗核与彗发的云状物质会爆发似地喷射出来，由此形成彗星的彗尾；另一方面，彗尾在其轨道的第二段中，它只出现在太阳的附近，因此彗尾也许是由太阳所发出来的热量或是其他的力量所产生的。因为彗尾几乎总是朝向与太阳光线相反的方向：当彗星靠近太阳时，它处于彗星的后面；而当彗星远离太阳时，它处于彗星的前面。彗星很少在它的核的两端同时发生喷射，当它两端同时发生喷射的时候，在它的一端会有一根或几根羽毛状的东西，我们把它称为彗星的胡子；而另一端就是我们所说的彗尾，但在这种情况下，这个发亮的轨迹的方向仍然取决于太阳的位置，彗星胡子上的羽毛是朝向太阳的，而彗尾则背向太阳。

　　↓ *3.* 彗星的尾巴的形状大不一样。它有时像一条直直的披巾，有时像一束绽放着的光线，而有时则弯曲得像一把可怕的弯形大刀，或者是展开成一个扇形的形状。它的尺寸有时大得惊人。1843 年所看到的那颗最大的彗星，其尾巴长达 2.4 亿千米，宽达 528 万千米。假设它的头部区域靠近太阳，那么它就能越过地球扫到火星。当它转向我们时，它的尾巴能够将月球的轨道都包住，甚至要比月球的轨道大六倍。1843 年所看到的那颗彗

星，它的体积的确是异乎寻常之大。不过，彗尾长达 4000 万、8000 万、1.2 亿千米的彗星却也并不少见。

我们已经说过，这些从彗星体中喷射出来的巨大火条，就像从烟火中喷出来的一束束火花一样。彗星的物质似乎是受到来自太阳的某种排斥力的推动，于是彗星就从尾巴处爆射开来，散播出看不见的雾状物，之后，每一团雾状物都会在无垠的天空中继续它们的行程。那么，彗星要具有多大的体积才能经受得起这样的流失呢？它们的物质具有什么样的性质才能在天空中流动呢？1835 年出现的哈雷彗星的头部直径长达 56.8 万千米，而 1811 年出现的那颗彗星的头部直径达 180 万千米。后一颗彗星的体积超过了太阳，而第一颗彗星就它自身的体积而言，是所有行星及其卫星加起来体积的 40 倍左右。1843 年所看到的那颗彗星，尾巴非常大，但它本身却非常小，它的头部直径只有 15.2 万千米，不过，它的体积还是比木星的体积都要大。因此，彗星的体积通常是很大的。一般来说，它们都要超过最大的行星的体积，有的时候甚至可以与太阳的体积相比。

↓ *4.* 我们说过，一颗彗星的彗头包括如下部分：中间比较明亮的部分，即彗核；外层的云状包裹物，即彗发。如果单纯从核这个词来看，我们就会认为彗星是一个可以与行星相比的坚固天体，并且还会认为在彗星上环盖着一层类似于大气层那么厚的云状物。如果这样认为的话，那就完全错了。我们用高倍率的天文望远镜来观测，那么就会看到，彗星所谓的核并不是固体状的，而是呈发亮雾状物的形态，它比彗星的边缘部分要厚密一些。另外还有更加确定的资料来向我们证实，构成彗星的物质是非常微小的。透过彗星的厚厚包裹层，透过彗星的彗核，我们甚至都能看到天空中光线最暗淡的星星，就像在中间没有什么东西能够遮挡住我们的视线一样。在这样的结果面前，我们应该立即放弃那些认为构成彗星的物质是固体的或是液体的想法。最轻薄的雾、最轻淡的烟，它们与构成彗星的物质相比，都太过厚重了，因为这些物质，当它们有几百米的厚度时，它们就能形成一道星星的微光所透不过去的屏障。但是彗星的物质，它的厚度会有几千或是几万千米，它却仍然能够让我们看到星星的光线，而不会削弱光线的亮度。那么，我们至少可以认为，这是一种与地球大气层的气体相类似的透明气态物吗？不是。所有的气体，尤其是空气，都会改变穿过它的光线的方向，也就是说，都会使光线发生折射。但是当来自星星的光线穿过彗星，甚至在穿过彗星的彗核时，都不会发生折射，光线的方向并没有被改变，它会继续沿着直线传播，就仿佛在它的传播方向上没有遇到任何东西一样。那么，彗星的这种奇特的物质到底是一种属于什么类型的物质呢？它既不是固体，也不是液体，也不是气体，我们对此一无所知。[①]我们唯一可以确定的就是，这种物质非常的稀薄，地球上没有任何物体像它那样稀薄。

↓5. 我们还有第二种方法来推断出彗星的质量是非常轻的。物体之间的相互吸引，会导致天体的运行产生摄动，引起摄动的星体的质量越大，被摄动的星体的质量越轻，那么所引发的摄动也就会越是严重。下面，我们仅以地球作为例子来加以说明。地球的质量非常巨大，它会将小行星群中的微小行星吸引过来，使它们偏离原先的轨道，冲进地球的大气层，最后成为流星或陨星，但是并没有一颗小行星能够改变地球的运动轨迹。太阳、行星、卫星、彗星，所有天空中的星体，都服从于这条最强有力的法则。因此，通过观察一颗彗星对它周围的行星造成的摄动以及行星对彗星所造成的摄动，我们就可能获得关于彗星质量的信息。在 1770 年，天空中出现了一颗彗星，它的名字叫做莱克塞尔（Lexell），在这之前人们从来都没有观察到它。它逐渐地向着地球靠近，最后到了与地球相距大约是月球与地球距离六倍的地方。很少有彗星与地球如此接近，那么，地球以及这颗在我们周边经过的彗星，它们之间产生的引力，相互斗争的结果是什么样的呢？地球似乎并没有注意到这位来访者的存在，它继续绕轴原样自转，同时也绕着太阳原样公转，就像这位来访者并不存在一样。地球的速度与方向并没有发生哪怕一点点的改变。而对于这颗彗星来说，情形就不一样了，由于受到它的邻居强大的吸引，它的行程延误了两天多的时间。

---

①科学家们以前认为，由于彗星产生于太阳系形成之前或初期，加上形成地点位于太阳系最边缘的寒冷地带，彗星的构成物应该是来自太阳系外部的冰和宇宙尘粒。但在 2006 年 12 月 14 日，NASA 科学家在新闻发布会上发布：他们在彗星的物质样本中发现大量来自太阳系以外的物质，例如冰和尘，但也意外发现一些来自太阳系内的物质，如钙铝化合物和硅酸镁微粒。这些晶体只有在太阳附近的高温环境下才可能形成。——译注

最后，这颗彗星离我们地球远去，径直向着木星的世界飞去，但是在那个地方，危险应该更大。这颗彗星进入了这颗行星的四个月亮中间，它逐个地穿过它们的轨道，那么，那些微弱的卫星，在受到这颗彗星的吸引时，会出现什么样的情形呢？它们的运动会不会被这颗彗星所摄动呢？难道它们中间就没有一颗受到这颗彗星的吸引，离开木星，一直向着这颗彗星飞去吗？面对着这样的可能性，天文学家一直紧盯着他们的望远镜：木星的世界或许将告诉我们，有一天会有什么东西威胁着我们地球。结果与我们的预料并不一致，实际上在木星的世界中一点点麻烦事都没发生，彗星就这样飞过去，但这四颗月亮都没有改变它们的轨道方向，它们的运动既没有加速也没有减速，在彗星离开之前它们是如何转动的，在彗星到来之后它们还是那样地转动。于是人们认为，在天空中的那一个角落，并没有任何特别的事情发生。可是与此相反，这颗彗星自身，反而被木星和它的卫星吸引到这里吸引到那里，离开了它原来的轨道，进入了一个新的轨道，就这样迷失在无尽的太空中。自此之后，我们就再也没有看到过这颗彗星。因此，尽管彗星的体积异常庞大，但是它们的质量还不足以使它们对行星的运行产生最轻微的摄动，即使对它们的卫星也是如此。

    ↓ 6. 长时间以来，由于彗星总是会出乎意料地出现，并且它们的形状总是非常奇怪，因此总会让人们惊骇万分。人们将它们看做是瘟疫、饥荒、战争来临之前的征兆。常识是这样一种能力，即坚持按照事物本来的样子来看待事物的能力，它通过科学的帮助，揭示了彗星出现时人们的惊惧只不过是由于迷信而造成的不理智的恐惧。天体那伟大的运行机理与人类的灾难并没有任何关系，太阳不会因为一个国王的死亡而不发光，同样的，也不会因为一颗彗星在天空中拖着它那长长的尾巴就宣告战争的到来，这些都是由于我们人类的愚蠢所造成的。在今天，我们已经对这一点达成共识。但另一个恐惧的原因又出现了，而这个原因似乎乍看起来还算有其根据。人们会认为，彗星可以在任意想象的方向上运动，那么有可能某一天，它们中的有一颗也许就会撞上地球，在这种情形之下，两个运动速度都奇快无比的星球相撞起来，这对我们来说难道不是致命的吗？我们不得不认识到这样一点：倘若一颗与地球质量差不多的彗星，它在运行的时候与地球相撞，那么二者撞击所产生的震动，就会使得陆地与海洋发生翻天覆地的变化，地球上的一切都会消失并灭亡。非常幸运的是，要发生这样的大灾难，需要有两个条件，而这两个条件似乎永远都不能得到满足：一个条件是质量，另一个条件是相撞。首先我们来考察一下两个星球相撞的可能性。

我们想象，一些随意地散落在广阔大气层中的灰尘颗粒，忽然有一阵风吹来，将它们吹向四面八方。我们认为这些微粒早晚会相撞，那么这种看法是合理的吗？不合理。因为大气层非常广阔，这种事情的发生只有一种可能性，但是这种可能性是微乎其微的。与其所在的广阔宇宙空间相比较，地球和彗星如果不是微小的灰尘颗粒，那么它们还能是什么呢？倘若我们忧心忡忡地担心它们会相撞，那是多么的疯狂和愚蠢啊！

如果我们假设彗星正好经过地球的附近，那么这种可能性就会变大了。几何学或许能告诉我们会有什么样的结果发生。一颗与地球质量相等的彗星，它经过地球与太阳之间，它到了与我们地球相距只有 6 万千米的地方——人们从来没有见到过有这样的事情发生，那么它会使得地球在其轨道上稍稍慢一些，地球上一年的时间就会延长至 367 天 16 小时 5 分钟。你们已经看到，彗星的来访并不是一件恐怖的事情，它只是稍微地改动了一下我们的年表，然后就离开我们了。

↓7. 而且，我们还对此作了稍许夸张，假设一颗彗星的质量与地球的质量相同。我们知道，恰恰相反，彗星的质量是非常小的，它不能使得行星与卫星的运行发生最轻微的改变，我们还知道，彗星的物质是非常稀薄的，薄得连地球上最轻的雾、最薄的气都不能与之相比。如果碰撞发生了（当然这是不可能的），那么，由于彗星的质量非常小，也不会造成撞击的后果。也许我们都没有感觉到，就已经穿过了彗星。这个巨大的云状物没有给地球施加多少阻力，它不比蜘蛛网被投石器所投出的一块石头撞上而造成的阻力来得大。

但是，因为人们心中的恐惧是如此根深蒂固，有人还会这样说：即使彗星的物质是如此微细轻薄，它不可能对地球造成阻力，但是，它至少可以与大气混杂在一起，使得人们呼吸困难，难道我们就如此肯定，当一颗彗星的尾巴扫过地球时，它不会将一些致命的物质带入到大气中吗？而且，我们不是已经证实了，所有的彗星都有云状的半透明核吗？即使在大白天，我们也能看到彗星异常的明亮，这使得我们不得不产生怀疑：彗星的核是否更为紧密？它也许是由固体构成的，或是非常炽热的？受到这样一个炽热的火炉撞击，还能没有危险吗？对所有的这些问题，科学都保持沉默。对彗星的研究还没有到达这么前沿的程度。但是从一个更为普遍的观点来看，科学家可以做出如下的回答：因为天空无限的广阔，地球与彗星相撞，这种可能性非常的小，我们对此加以过多关注，这是非常不合理的。假如你们经常在耳边听到这些幻觉式的说法，它们告诉你会有彗星来撞击地球，那么孩子们，请放宽你们的心吧！天空是如此广阔，地球和彗星在这个广阔的空间里找到了它们各自的轨道，它们是不会相撞的，而且你们害怕什么呢？大自然的法则在指引着它们。

↓ 8. 所有的彗星，一开始它们受到了某种推动力的作用，是一直沿着直线运行的，但是它们一旦受到了太阳引力的作用，就会沿着弯曲的轨道运行。它们像行星那样，绕着太阳转动。但有时，它们的轨道是无限地延伸出去的，它的两端不会闭合；而有时，它的轨道会成为一个可以回到自身的圆形。那些轨道不会闭合的彗星，似乎暂时地靠近太阳，然后又走远，不会再回来了。也许在无限远的距离处，它们在行进的道路上又遇上了其他的太阳，于是又绕着这些太阳转动。那些轨道可以闭合的彗星，由于它们距离我们遥远，所以我们看不到它们，但是它们总会周期性地在我们的天空中出现，这个周期的长度取决于它所走的轨道的大小，我们将它们称为周期彗星。人们估测，某些周期彗星要花上几个世纪、甚至是几千年，才能绕它们那非常大的轨道运行一周。它们轨道的一个顶端处于太阳附近，而另一个顶端，则处于太阳系最外围的边界处。天文学还没有足够的资料可以计算出它们的路程、预测出它们的返回时间。在周期彗星中，有一小部分，由于它们是频繁出现的，所以比较容易预测。在今天，天文学家可以预测它们的到来，并且可以预测出它们在天空中出现的具体位置。主要的几颗彗星有如下几颗：哈雷彗星，它每隔76年就会回来一次；恩克（Encke）彗星，它每隔三年半就公转一周；比拉（Biela）彗星，它绕其轨道一周，需要一年零九个月的时间。英国的天文学家哈雷，他与牛顿处于同一时代，而且跟牛顿是好朋友。他是第一个猜测彗星周期的人。在 1682 年，出现了一颗彗星，哈雷仔细地研究它的运行，然后将他所观测得到的结果与前人的观测结果作仔细比较。1682 年出现的这颗彗星，就是 1607 年和 1531 年出现的同一颗彗星，在这三次出现的情形中，彗星所走过的轨道差不多是相同的。因此，这三颗彗星应该是同一颗彗星，只不过每隔 75 年至 76 年就出现一次而已。哈雷洞察了这一富有成效的观点，他毫不犹豫地预言，这颗彗星会在 76 年后，即于 1758 年年末或 1759 年年初，重新回到地球。这位声名显赫的天文学家并没有活到那时候，因此没能看到他的理论得到辉煌的证实。但是由于哈雷没有办法确定这颗彗星受到行星摄动的影响会有多大，因此他对此还是含糊其辞。一位法国几何学家克雷霍（Clairaut），在 1758 年解决了摄动这个难题，并且预测，这颗彗星会在 1759 年 4 月经过地球，最多早一个月出现，最晚会晚上一个月出现，彗星这次会比它之前的公转周期多走 618 天的时间：受土星的影响，多走 100 天；受木星的影响，多走 518 天。事实证实了这一高明的推算，这颗彗星在他所提出的时间范围内，于 1759 年 3 月 12 日再次出现了。

在此之后，由于考虑到克雷霍时代未知的天王星的摄动作用与地球的摄动作用，天文学家的预测也变得更为精确了。接下来 1835 年这颗彗星再次出现的时间与我们所预测的 76 年的周期只差了三天。事实与计算预测之间的这种完美的一致性，是对天文学理论的最完美的证实。有一颗我们还不知道的彗星出现在我们的天空中，它只亮了几天，然后它就进入太空的深处，好多年都看不到它。但不管怎样，科学一步一步地观察着它，在科学的思想中，它能看到这颗彗星日复一日地在它的轨道上运行，于是就能预测出这颗彗星再次出现的日期与位置。

↓ *9.* 根据哈雷彗星的周期，我们每隔 76 年往前追溯，来比较一下彗星的轨迹。我们发现，哈雷彗星就是那一颗在 1456 年出现的、并使整个欧洲都恐惧得发抖的彗星。它的尾巴像一把弯刀，被人们看做是土耳其战胜基督教的征兆。再近一点，在 1832 年，天空中出现了一颗叫做比耶拉

(Biéla)的彗星，这颗彗星是根据首次观察到它的天文学家即比耶拉（Biéla）的名字来命名的。它同样也引发了不理智的恐惧。根据计算，在10月29日的晚上，这颗彗星应该会穿过地球的轨道，在那些不熟悉天文学运行法则的人们中间，产生出了巨大的恐慌。如果地球恰好经过这颗彗星所穿过地球轨道上的那个点，那么情形会变成什么样子呢？我们会被撞得粉身碎骨吗？我们会淹没在彗星的云状物之中吗？但是这个可怕的夜晚非常平静地过去了。当彗星走到地球的轨道上时，地球离这个交错点至少有8000万千米。我们再重复一次：天空是广阔无边的，行星与卫星都在其中悠闲地转动着，不存在什么相撞的危险。

在这颗彗星后来的多次重现中，1846年的那一次出现，为天文学家提供了天空史上比较独特的一个案例。我们所期待的这颗彗星并没有出现，而是出现了两颗更小的彗星，它们并排在天空中游弋，但却从不相互接触。在运行的过程中，原先的一颗彗星变成了两颗。那么，在这颗彗星身上，曾经发生过什么事情呢？它是不是碰上了某颗小行星，猛烈的撞击使得它变成了两颗彗星？事实上，它的确刚刚穿过了火星与木星之间的小行星区域，或者说是它由于某种相反的引力作用，那巨大的云状物被分成了两个部分。这些只不过是简单的猜测，事实就是这颗彗星现在一直保持着分裂成两颗的状态。

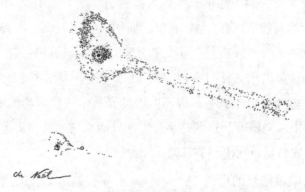

图 79　比拉彗星（1846 年 2 月拍摄）

恩克（Encke）彗星的显著特征是它的公转周期特别短，只有三年零六个月左右。因此，人们也将它称为短周期彗星，但是它的轨道也有水星到木星的距离那么长。彗星常常使人们产生想象的恐惧，但是这颗彗星现在可以弥补一些过错。它对天文学作出了一个贡献。根据它在水星附近所受到的摄动，我们可以计算出水星的质量，由于水星没有卫星，所以我们不能运用测量行星质量的基本方法来测量它的质量。这颗彗星被无知的人们看做是灾难，但现在知识却可以利用它来拓展我们对天空的认识。彗星不再是地球灾难的征兆，而是能帮助我们来测量行星质量的工具。

在我们太阳系里转动着的彗星，它们的数量是非常大的。天文学已经记录下的彗星数目有 800 个之多，这些还不包括人们虽在不同的年代中看到过、但却没有做出精确预测的彗星，每年都会有新的彗星出现，仅仅在海王星的轨道中出现过的彗星，其数量就超过了上百万。[1]

---

[1]彗星被称为"太阳系中的流浪汉"。传统观点认为它们的"家乡"位于距离地球5万到10万个天文单位（1个天文单位相当于地球和太阳之间的距离，约1.5亿公里）的奥特星云，那里可能含有数千亿颗彗星。不时路过太阳系的恒星通过引力干扰奥特星云，将彗星推向太阳。太阳系中的彗星数量之多也是难以胜数，开普勒曾作过一个比喻：一个渔夫如果站在太阳表面向太空垂钓，一钓竿下去肯定能"钓"起一个彗星来。——译注

第二十三讲 ｜ 恒星 （一）

↓ *1.* 恒星、恒星的闪烁。

↓ *2.* 测量恒星的距离。

↓ *3.* 在传播路程中变老的光线、在恒星毁灭后很长一段时间内都还能看到这颗恒星。

↓ *4.* 以地球为球心的一个大球，恒星在这个大球外才出现、从最近的恒星处看地球轨道、我们的太阳缩小成一个小小的亮点，缩小到看不见、仅仅被北极星照耀着的地球、恒星们，光的最初始源。

↓ *5.* 恒星角直径的不可测量性、望远镜中所看到的恒星们。

↓ *6.* 地球的轨道都不能绕上一圈的太阳、天狼星的大小、恒星是与我们的太阳相似的太阳。

↓ *7.* 恒星的分类、一等星的列表。

↓ *8.* 肉眼和望远镜可以看到的恒星的数量。

↓ *9.* 恒星的特有运动、恒星的速度、太阳系朝着武仙座运动、未来的天空。

↓ *1.* 恒星在天空中的位置一直保持不变，这就是为什么我们将它们称为恒星的原因。与此相反的是，行星由于绕着太阳公转，它们在天空中是不断地移动着的，它们会连续地穿过不同的星座，我们在前文中已经研究过行星的这一特征。将行星的这一特征与恒星的这个特征联系起来，我们不用作特殊的天文学研究就能区分出行星与恒星。恒星的光传播得非常快，而且是连续地闪动着传播的，我们将它称为闪烁。似乎我们的大气层就是使它产生闪动的原因：空气越是清澈，气温越是低，恒星在地平线上的位置越高，那么它闪烁得就越是明亮。行星几乎是不闪烁的：土星与木星，它们发出的是平稳的光；而对于水星、火星、尤其是金星，我们可以感觉到它们会有一些闪动。①

根据已经获得的种种资料，我们就认为恒星本身就是发光的，并且认为恒星处于太阳系中最后一颗行星的外面②，它们就是与我们太阳相类似的星球，但是处于离我们无限远的地方，对于这些看法，我们甚至都没有再提供一个证明。而在这里，我们可以提供一个证明。首先，我们来研究一下距离。要测量一个不能到达的物体的距离，你们回忆一下，应该首先选择一个基底线，并以这个基底线为基础构造起一个三角形，并且我们能够测量出这个三角形中两个夹角的大小。通过构造一个相似图形，或者更好一点，通过计算，我们就能求得所求的距离大小。但是还有另一个必不可少的条件需要满足。就是基底线与所要求的长度之间必须有一定的比例关系。我们已经知道，要测量距离我们最近的月球到地球的距离，需要以地球周长的一大部分为基础画出一个几何图形。要测量太阳到地球之间的距离，地球已经太小而不能作为基底线了，因此要以地球与月球之间的那根想象的距离线作为基底线。那么，要测量恒星的距离，我们应该以什么作为基底线呢？我已经跟你们说过，有一根基底线是我们可以控制的，即地球绕日公转轨道的直径，以这根长达 3.04 亿千米的线段作为基底线，或许我们能够构造出我们想要的三角形来。下面让我们来试试。

↓ 2. 假设在任意一个时刻，地球位于其轨道上的 T 点，如图 80 所示，我们用经纬仪上的一架望远镜来朝向太阳 S，用另一架望远镜来朝向 TE 方向上的一颗恒星。第一次的观察使我们获得了角 ETT′，六个月之后，当地球移动到 T′ 的位置，即到了地球绕日公转轨道的另一个端点上，我们再次观察太阳。这时，我们把太阳作为参考点，用它来找到地球绕日公转轨道直径 TT′ 的方向；现在，我们观察到恒星位于 T′E′ 方向上，于是我们得到了角 E′T′T。我们已经知道了基底线 TT′ 的长度是 3.04 亿千米，我们还知道

---

①我们已经知道，恒星是自己发光的，而行星并不会自行发光，实际上它们是反射太阳光。——编注

②即我们现在所说的太阳系外面。——编注

了这根基底线所构成的两个角的大小。这样，我们就可以构造出一个相似图形来。但是如果我们真的进行构造的话，我们就会发现，对于大多数的恒星来说，以 TE 和 T′E′ 为代表的两条线，无论我们将它们延伸到什么地方，它们都不会相交。这样看来，这根基底线还是太短了。当我们以一根长度为 3.04 亿千米的线段作为基底线来构造一个以一颗恒星为顶点的三角形时，这根基底线还是没有什么用。实际上你们可以想象分别从两只手的末端发出来两条直线，并设想它们会在地平线处相交。毫无疑问，这两条直线最终会相交，它们构成了一个以两手间距离为基底线的三角形。但是，这个三角形太尖了，即使用最好的测量工具，我们也会把这两条边误看成平行的。同样的，TE 与 TE′ 这两条视线，它们分别从 3.04 亿千米的基底线两端到达同一颗恒星，严格来说，它们是可以相交的，但是因为距离太遥远了，因此我们的测量工具总是将它们看成是平行的。我们希望以地球轨道的直径来作为基底线来测量一颗恒星到地球之间的距离。这就像我们用手掌的长度来测量一个省的大小一样。在几何学中，就像在其他一切学科中一样，将小的跟小的进行比较，将大的跟大的进行比较，将特别大的与特别大的进行比较。相隔六个月后，两条通过同一颗恒星的视直线是平行的，因此它们所构成的三角形也不可能闭合，这告诉我们，以它们的长度作为比较的基准，这是不可能的。地球轨道的最大直径太短了，而恒星距离我们又太远了，因此这两个距离是不能比较的。

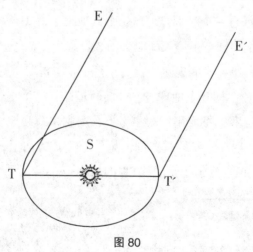

图80

↓3. 对于那些离我们地球最近的恒星，天文学家极其仔细地研究过，因此能够通过测量一个三角形来求得它们的距离。但他们研究所得出的结论却是天空的历史上最令人惊讶的结果之一。当我们推算恒星的距离，我们以千米甚至是地球的半径为单位来计量这些距离，它的数字是变得多么的大啊！这时我们的大脑都陷入混乱了。这些不可想象的距离是很难通过数字衡量的，因此一种特殊的计量单位是非常必要的，这种计量单位就是用来测量深远度的单位，光为我们提供了这一计量单位。你们应该还记得，光线要从太阳到达地球，也就是要穿越 1.52 亿千米的距离，它需要的时间是八分钟左右。但是天文学家称，由于恒星构成的三角形是非常巨大的，离我们最近的恒星之一是半人马座的 α 星，它的光到达地球需要三年半的时间①，你们要好好想想，这是三年半的时间。光只需要八分钟的时间就能穿越地球与太阳之间 1.52 亿千米的距离，而这里是三年半啊！你们再仔细听着，并不是所有的恒星与地球的距离都相等，有的离得近一些，有的离得远一些。天鹅座的第 61 颗星，它的光到达地球需要九年多的时间；天琴座的织女星，它的光到达地球需要 12 至 13 年的时间；天狼星的光到达地球需要 22 年的时间；大角星的光到达地球需要 26 年的时间；北极星的光到达地球需要 31 年的时间；五车二星的光到达地球需要 72 年的时间。现在进入我们瞳孔中的第一道光线，它已经在路上走了很多年，尽管它传播的速度达到了惊人的每秒 30 万千米的高速。如果它来自于北极星的话，那么它已经走了 31 年；而如果它来自于五车二星，那么它已走了 72 年。它在路上已经变老了，因此它给我们带来的不是恒星现在的信息，而是过去的信息。

除了这些将光线传播到我们地球这儿需要一个人的寿命那么长时间的恒星，比如说五车二星，还有其他很多的恒星，它们的光要传播到我们地球这儿，需要几个世纪甚至几千年长的时间。使用最高倍的望远镜所能看到的最远恒星，再根据光的强度随着距离的增加而减弱的原理，我们可以计算出这颗恒星的大概距离。它到我们的距离，是光需要花上 2700 年才

---

①即南门二，它的光到达我们太阳系的时间需要 4.2 年。——译注

能走过的一段距离。我们将头望向星空，第一眼就能看到一颗最小的恒星，在这颗恒星将它的光线传播出来的那个时刻，我们中的任何人都还没有出生呢！我们中没有任何人能够看到在此时恒星所发出来的光线，因为光线传播到地球需要一百年以上的时间。倘若这颗恒星消失了，那么我们在之后几个世纪的时间里都还能继续看到它；而在这颗恒星毁灭时它所发出来的光还没有传播到我们这里，直到隔了几个世纪之后，那些光才可能传播到我们地球。光线传播的速度与它所需要走过的路程相比，还是显得太慢了。因此，光线的传播会造成我们的错觉，我们坚持认为，我们所看到的是一种真实的景象，而实际上，那颗恒星已经消失很久了。

↓ *4.* 现在我们将自己限制在一个最狭小的范围之内。根据无可争议的资料，天文学家已经确定，离地球最近的一颗恒星，它与地球之间的距离也有地球与太阳距离的 20 万倍之多，也就是 1.52 亿千米的 20 万倍。那么，我们可以肯定，在这个圆圈内并没有其他的恒星；只有在这个圆圈之外，才有可能存在其他的恒星，让我们想象自己被带到这个理想的球上的一点，这个理想的球就是恒星的边界。从这里我们如何才能看到太阳呢？或者不如说，在这样一个距离上，太阳就消失了。那么，我们如何才能看到地球绕日公转所画出的那个圆圈呢？通过计算我们知道，在那个距离上所看到的地球转动而画出的那个圆圈，就像看到一个处于 2500 米距离远处的五分钱硬币那么大。是的，地球就是在这个小小的圆圈上转动的，它以每小时 10.8 万千米的速度绕太阳旋转着。这个距离我们的眼睛有 2500 米远的硬币那小得可怜的视面积，就是地球运行的区域。当地球的轨道被缩小到如此小的地步时，我们所看到的地球自身，就不用再去考虑了。我们能够知道被风吹到云层上的灰尘颗粒的状态吗？对于处于 1.52 亿千米的 20 万倍这么远距离以外的地球，我们不能获得更多的信息了，顶多我们知道现在象征着地球轨道的这个小圆的中央，我们能够看到有一个亮点，它在一闪一闪地发光，此外便看不到别的什么了。但是这个一闪一闪发光的东西，对于我们来说，正是世界的荣耀，是生命的施予者，它就是太阳。我们再强调一点，数字准确无误地证实了，在距离我们最近的恒星的位置处，还有像太阳那样中等亮度的星星，比如说北极星。

从这个结论我们可以强有力地得出另一个结论，即：恒星所发出的光是它们自身就具有的，而不是从太阳借来的光。如果恒星的光的确来自太阳，那么它们就是被太阳照亮的，而太阳由于距离遥远缩小成了北极星那么小的星星，那么这仿佛就像地球本身是被北极星照亮的一样。然而，对于夜晚的黑暗来说，整个星空的照耀几乎都没有什么效果。那么，仅仅有北极星在闪耀，又会产生什么样的效果呢？在这颗星星的微弱光亮照耀之下，不管从近处看还是从远处看，地球都仍然处于完全的黑暗之中。同样，处于我们太阳光线的照耀之下，这些星星也仍然是黑暗的。不过，不管它们离我们多么遥远，每一颗星星都是一个或明或暗的亮点。一些星星，比如天狼星、织女星、五车二星、大角星等等，都放射出很明亮的光芒，因此所有这些星星，跟太阳一样，都是放射出光的最初始源。

↓ 5. 从理论上来说，一旦我们知道了一颗恒星的距离，只要测一下角直径，也就是这颗恒星与所形成的两侧视线所构成的角的大小，我们就能够解决恒星体积的问题了。这看上去似乎是一件很简单的事情，但是请不要急着下结论。从地球上看太阳，要测量太阳的角直径是没有问题的。在前面的一讲中，我们已经测得太阳的角直径是 32 分 6 秒，但是对于一个位于离我们最近的恒星上的观察者而言，你们知道他看到的太阳，其角直径会缩小到多小吗？通过计算，我们就可以知道结果。因为一颗恒星到太阳的距离是地球到太阳距离的 20 万倍，从这样一个距离外去看太阳，那么太阳的角直径也会缩小 20 万倍，也就是说，小到只有一秒的百分之一那么大，我们任何测量角的仪器都不能量出这么小的数值来，所有可能的经纬仪都测不出一秒的百分之一。因此，尽管太阳的体积实际上非常庞大，但是从恒星这么远的距离来看，太阳就是一个点而已。反过来说，尽管恒星与太阳一样大，但是从地球上看去，这些恒星也仅仅是几个点而已。不过，我们所看到的恒星，确实是仿佛有着一定大小的。这是因为，当我们用肉眼去看时，恒星的周围似乎环绕着一层漫射光，我们使用高倍率的望远镜就可以看得非常清楚，这层漫射光消失了。失去幻觉式的光环的恒星，就会变成一个真正的点。我们使用的望远镜越是精确、越是完善，我们所观察到的恒星点就会越小。如果不考虑在距离上的巨大差异，这是一件奇怪的事情，也就是，望远镜可以使得行星变大而使得恒星变小。当距离超过了一定的比例，我们的观察工具就会失效，它的作用就仅限于除去恒星的漫射光并清晰地显示出这颗恒星的边界，通过望远镜观察，恒星就缩小为一个没有大小的点。因此，一般而言，恒星的角直径并不能通过科学的仪器来测量出来。①

↓ 6. 这并不是说聪明的观察者没有用高度完善的仪器来进行这样的研究。比如，赫歇尔就认为自己知道了五车二星的角直径是二秒半。但是，从距离地球最近的恒星上我们所看到的地球轨道的直径是二秒。如果五车二星的角直径确实如赫歇尔所说的那样大，那么它就成为这样一颗巨大的太阳：地球绕日公转的轨道都不能像一根带子一样将它环绕起来。这颗太阳是我们太阳的 2000 万倍大。这位著名的天文学家搞错了吗？他的仪器会不会欺骗他啊？谁能够断定，在天空的宝藏中，人们不会发现像这么大体积的星球呢？人们根据天狼星这颗天空中最耀眼的星星的亮度，推测它的体积大约是太阳的 1000 倍左右。

如果因为我们望远镜的功效不够强大，为我们留出了一个广阔的空间，对恒星体积的问题产生了种种猜测，但是很显然，这些猜测中总有一个是真实的。恒星是本身发光的球体，它们距离我们如此遥远，即使距离我们最近的恒星，它发出的光要到达地球也要三到四年的时间。另一方面，几何学最基本的推理告诉我们，从越远的距离看太阳，太阳看上去就会越小，如果我们能够从恒星区域起始的地方看太阳，那么它就变成像北极星似的一颗星星。如果我们的观察点能够设得足够远，那么最后我们就看不到太阳了。从恒星看太阳，太阳只不过是一颗普通的恒星；如果在距离太阳很近的地方看太阳，那它又成为太阳了。由于我们看太阳时，与太阳之间距离远近的变化，会使得太阳看上去是一颗星星或是星星看上去是

①恒星的角直径是非常难以测量的。为了要知道恒星的角直径，科学家们想了如下几种办法：一种是光学干涉法，在巨大的望远镜前面装上一根长达 18 米的钢梁，在钢梁的上面装有两对接受星光的反射镜，所接受的星光送到望远镜内聚焦后发生干涉现象，测出恒星的直径，这样能测出 0.001 秒的角径。近年来又有人在试验用几架光学望远镜进行干涉测量，以得到更高的精度。第二种方法是在月掩星时用光电光度计准确测定被掩恒星的亮度变化，来得到恒星的直径。第三种方法是对于交食双星的两个子星的直径可从光变曲线算出，比如御夫座£星是交食双星，它们的直径可用这种方法而得到。第四种办法是利用发光强度与直径、温度的关系来求得恒星直径，若已测得发光强度与温度，则可得直径大小。——译注

太阳，就像距离的远近会使得火堆看上去是一个火花或者火花看上去是一个火堆一样。由此我们必然得出这样一个结论，即恒星都是可以与我们的太阳相媲美的太阳们，它们与太阳一样都是光和热的源头，体积同样都是巨大无比的。依靠理智我们可以猜测出恒星与太阳一样，都是行星和卫星组成的黑暗世界的中心，但我们的眼睛或许永远都不能看到这个世界。

↓ *7.* 根据恒星亮度的差别，天文学家们将它们分成不同的等级。最亮的恒星是一等星，那些光线稍微弱一点的恒星是二等星……如此一直排列下去。①你们不要误解这一分类。它没有告诉我们任何关于恒星体积的信息，它告诉我们的仅仅是恒星显现出来的亮度。比如说，天狼星是一等星，北极星是二等星，这是否说明北极星的体积不如天狼星大呢？并没有，因为北极星的光比较弱也许是因为它距离我们要远一些。如果一颗恒星的大小和它光源的强度能够增加它的亮度，那么距离却削弱了它的亮度。因此很容易存在着这样的恒星，它被归为最后一等的星星，但实际上它比一等星还要亮，还要大。一颗我们的眼睛所能看到的最小的恒星点，也许是一颗比天狼星大很多的巨大星体。我们的眼睛刚刚能看到的位于天空深远处的发光的微粒，通常都是恒星。

前六等恒星指的是那些不用望远镜、仅用肉眼就能看到的星星。六等以下的恒星是指那些不用望远镜就看不到的星体。下面，我们列举的是在天空中看到的一等星的名字，②从最亮的星星依次排列下去，每颗星星名字后面附带的是它所在星座的名字。③

---

①天文学上，至今仍用传统的星等来表示恒星的亮度，并确定每差 1 个星等，亮度相差约 2.512 倍。同时规定比一等星还亮的称为零等星，更亮的则用负数表示。全天最亮的天狼星就是 −1.46；明亮的织女星的星等数为 0.03；北极星则是 1.99。——译注

②在下文中我们会讲述在天空中识别这些星星的方法。——原注

③在有的书上，一等星数目与排列顺序与这里所述的并不一致，因为在这些一等星中，有的星是双星，有的星是变星。下面是全天一等星的另一种数目与排法：

1.天狼星（大犬座 α）；2.老人星（南船座 α）；3.南河二（半人马座 α 星）；4.大角星（牧夫座 α）；5.织女一（天琴座 α）；6.参宿四（猎户座 α）；7.五车二（御夫座 α）；8.角宿七（猎户座 β）；9.南河三（小犬座 α）；10.水委一（波江座 α）；11.马腹一（半人马座 β）；12.河鼓二（天鹰座 α）；13.毕宿五（金牛座 α）；14.十字架二（南十字座 α）；15.心宿二（天蝎座 α）；16.角宿一（室女座 α）；17.北河三（双子座 β）；18.北落师门（南鱼座 α）；19.十字架三（南十字座 β）；20.天津四（天鹅座 α）；21.轩辕十四（狮子座 α）。——译注

天狼星 ···	大犬座
大角星 ···	牧夫座
参宿七星 ···	猎户座
五车二星 ···	御夫座
织女星 ···	天琴座
南河三星 ···	小犬座
参宿四星 ···	猎户座
毕宿五星 ···	金牛座
心宿二星 ···	天蝎座
河鼓二星（牛郎星）·····································	天鹰座
角宿一星 ···	室女座
北落师门星 ···	南鱼座
北河三星 ···	双子座
轩辕十四星 ···	狮子座

　　在南半球的天空上，我们所见的最亮的星星包括：船底座的 α 星即老人星、半人马座的 α 星与 β 星、南十字座的 α 星与 β 星。一等星总共有20颗。[1]

　　↓ *8.* 随着星等越来越低，星星数量增加得也越来越多。人们统计出：二等星有 65 颗，三等星有 190 颗，四等星 425 颗，五等星 1100 颗，六等星 3200 颗。因此，所有肉眼可见的星等星星的总数是 5000 颗。在我们地区，5000 颗星星中，接近有 1000 颗星星从来没有在地平线上升起过，因此只有 4000 颗星星散布在我们的天空中。但是因为在某一特定时刻，我们只能看到我们头顶上方一半的天空，因此我们同时看到的星星只有 2000 颗。在晴朗的夜晚，能见度非常好的时候，我们最多也就看到 3000 颗星星。这实在太少了！我们最初总觉得天空中那些发亮的点似乎是无穷多

---

①对同一星座里不同的星星，人们通常用希腊字母来表示：α、β、γ、δ、ε 等等。——原注

的，但天空的广博超出了我们的预测。我们用望远镜来计数一下后面几等星星的总数。数字庞大，简直大大超出了我们的想象。人们发现，七等星有 13000 颗，八等星有 40000 颗，九等星有 142000 颗。我们可观察到的后面几等星的数目要以百万来计量。有一道乳白色的淡淡发光的带子，环绕在天空中，我们将它称为银河。赫歇尔统计出在银河里面有 1800 万颗恒星。在望远镜的放大之下，在这样一个不比月球圆盘大的天空一角，竟然是上万颗星星聚集的地方。人们粗略估测，从一等星到十四等星，总共有 4300 万颗星星，而且这个数字可能是有误差的。一般来说，我们的望远镜只能看到十四等的星星了，超过十四等的星星我们的望远镜就看不见了，但天空中的恒星是无穷无尽的，它们的数量不会止于此，因此随着我们使用更好的望远镜，探测天空更深远的地方，那么新的恒星区域就会出现，统计星星数量的工作是永无止境的。太阳们的宇宙悬挂在无穷无尽的天空中，就像最高权力者御座上的珠宝一样，那么何处才是你的边界呢？[①]

　↓9. 从表面观察来看，恒星似乎彼此之间都保持在天空中的同一位置处。那么它们事实上也是不动的吗？不是这样，它们静止不动，这只是我们的错觉而已。在宇宙中，一切都在运动。太阳们与地球们一样，也在运动。如果我们看到恒星似乎是不动的，这是因为它们距离我们太遥远了，以至于我们根本就看不到它们在移动。实际上，恒星们是在运动的，它们顺着自身那神奇的轨道在天空中运行，它们所走过的路程在我们的时间与空间中是不能测量的。要测定这些神奇的轨道，我们需要运用现代天文学上极其精确的方法。比如，天鹅座的第 61 颗星，它每年都要移动一小段弧的长度，这段长度就相当于把一根绳子放到离我们眼前 30 米的远处、我们眼睛所看到的这根绳子的粗细那么多，即 5 秒的弧度。由于这颗恒星与我们的地球极为遥远，因此像这根绳子那么粗的一小段距离，就代表了

---

①目前知道宇宙中恒星的数量为七百万亿亿，宇宙年龄大约在 140–160 亿年左右，根据宇宙的膨胀理论，100 亿年前宇宙的恒星数量尚不可确定。因为在这一过程中，有的超行星转换为恒星，有的恒星则变成红巨星或超红巨星直至变成白矮星，这是一个动态的数据，但总体是由少到多再由多至少的过程。事实上，宇宙中可能存在更多的恒星，这一数目甚至是无限的。宇宙是如此之大，甚至宇宙另一面的光线还没有到达地球，所以还不能测得其详细数据。——译注

非常大的一段距离，它对应的至少是 160 万亿千米那么长的距离。这就是天鹅座的第 61 颗星在一年中所走过的路程。为了让我们不要被这些庞大的数字搞得晕头转向，我们试着只去测量它在一个小时内所走过的路程。天鹅座的第 61 颗星每小时所移动的距离是 257760 千米；大角星每小时所移动的距离是 307296 千米；天狼星每小时所移动的距离是 14.4 万千米；五车二星每小时所移动的距离是 150368 千米。——地球在它的轨道上每小时所移动的距离是 10.8 万千米。我们不要再徒劳地去想象这种飞快的速度了。尽管天狼星、五车二星、大角星等等这些星星看上去似乎是不动的，但它们走得比地球还要快呢。这些原先我们认为是不动的星星，它们却拥有比我们想象的要快得多的速度。

因此，所有不同等级的恒星，它们都会发生位移，有的顺着这个方向，有的顺着其他方向。我们的恒星，太阳也不例外，在行星的陪伴下，它以每小时 2.88 万千米的速度向着武仙座飞去。我们还不知道是什么力量吸引着太阳向着这片天空区域靠近。或许它是围绕着一颗我们还不知道的恒星转动，这颗恒星的体积无比巨大，太阳只不过是它的一颗普通卫星。或许是这样的吧。由于恒星与我们地球有着无限远的距离，所以我们看不到恒星的移动，但它的移动至少已经延续了几个世纪。也许有一天，它们会混杂在一起，然后天空中的星群就会换了一个新的面貌。但人类的年表并不是恒星的年表，这种变化是非常缓慢的，或许在那个时候的地球上已经不存在人类，也就没有人能够看到这片崭新的天空了。

第二十四讲 | 恒星（二）

↓ *1.* 聚星、恒星像卫星一样公转。

↓ *2.* 聚星的颜色、五颜六色的白天、单颗恒星的颜色。

↓ *3.* 周期变星、鲸鱼座的o星、南船座的η星、不规则变星、消失的恒星们。

↓ *4.* 新星、*1572*年的新星、*1604*年的新星等等、重新点亮的太阳们。

↓ *5.* 在我们的地平线上可见的星空。

↓ *6.* 拱极星座。

↓ *7.* 用连线法寻找主星。

↓ *8.* 冬季天空中的星座。

↓ *9.* 夏季天空中的星座。

↓ *1.* 我们所说的聚星就是由几颗恒星，两颗、三颗、四颗或更多的恒星组成的星群，它们构成了同一个恒星系统，并且彼此之间相互绕着转动。双星是最常见的聚星，我们所认识的双星有三千多颗[①]。三合星似乎数量很少。天文学上有记录的三合星只有 52 颗。那些由更多的恒星组成的星群就更少了。双子座的北河二或 α 星是双星；仙女座的 α 星是三合星；天琴座的 ε 星是四合星；猎户座的 θ 星是六合星[②]。不论构成一个聚星的太阳们有多少颗，它们之间总是离得非常近，以致肉眼看上去它们会混合成一个单独

[①] 在浩瀚的银河系中，我们发现的半数以上的恒星都是双星体，它们之所以有时被误认为单个恒星，是因为构成双星的两颗恒星相距得太近了，它们绕共同的质量中心作圆形轨迹运动，以至于我们很难分辨它们。——译注

[②] 即伐二，实际上它是一颗四合星。——译注

的发亮的点。我们要在非常好的大气状况下，用最好的望远镜，才能看到它们是单独分开的。比如说，天鹅座第六十一颗星，即使我们最锐利的眼睛去观察它，它看上去也是不可分开的一颗星。我们用高倍望远镜来观察它，它就会分成两个差不多亮度的星星。但我们不能因为无法将这两颗星星区分开，就断定它们之间的距离非常近。天琴座第 61 颗星的两颗星之间相距至少有 68 亿千米，这比海王星的轨道半径还要长。根据引力定律，小一点的恒星受到大一点的恒星的引力作用，会绕着大一点的恒星作椭圆形运动，就像行星那样。今天我们在主星的上空见到它；过一段时间就会在左边见到它；再过一段时间后，就会在下边见到它；然后就会在右边见到它；最后，它又开始了新的转圈运动。在所有的聚星中，都会发生同样的情形：那些质量小的恒星，就像普通的卫星一样，会绕着那些质量较大的恒星旋转，走出一个椭圆形的轨道来。控制着太阳系并使得行星做圆周运动的力量，即牛顿引力，同样也会施加到我们肉眼所能看到的宇宙中最遥远的区域。一颗石子向着地面落下，这使我们明白了地球每年都在绕着太阳公转，它还使得我们明白，一颗恒星绕着另一颗恒星转动。被风吹起的灰尘颗粒，与位于宇宙边界处的那些可见的恒星，它们都遵循着同样的法则。

每颗聚星中作为卫星的恒星，它们绕着自身的轨道转上一周，所需要的时间是不一样的。武仙座的 ζ 双星公转的周期是 36 年；大熊座的 ξ 星公转的周期是 58 年；半人马座的 α 星公转的周期是 78 年；天琴座的第 61 颗星公转的周期是 452 年；狮子座的 γ 星公转的周期是 1200 年。

↓ 2. 一般而言，构成一颗聚星的恒星们具有不同的颜色，它们中有的是白色的，有的是黄色的，有的是红色的，有的是绿色或是蓝色的。我们的太阳是白色的，也就是说，它向我们传播白色的光线。如果太阳的光线是蓝色的，也就是说如果它自身是蓝色的，那么所有地球上的物体在我们看来就仿佛涂上了一层蓝色一样，这就像我们透过一片蓝色的玻璃去看风景，于是，白天也会变成蓝色的了。如果太阳是红色的，那么白天也就会变成红色的了；如果太阳是绿色的，那么白天也就会变成绿色的了。我们想象一下，在我们的太阳系中有三到四颗太阳，而不是现在的一颗；它们中的一颗是白色的、一颗是蓝色的、另一颗是红色的，最后一颗是绿色的。那么，在地球上同一个半球上，我们可以一个一个地看到它们，或者是两个两个地看到它们，或者是三个三个地看到它们，或者是四个四个地看到它们，那么在地球上的大部分时间里，都将没有黑夜了。一个太阳刚刚落下，另一个太阳就会升起。但是这种连续不断出现的白天也是各个不同的：因为地球在接收到白色光线的照耀后紧接着就会接收到红色光的照耀，然后又是绿色光与蓝色光的照耀，接踵而来的是有两个太阳的白天、有三个太阳的白天、有四个太阳的白天，这些白天的光明和热量都是不断变化的，这是因为这些太阳所发射出来的原初光线会按照不同的比例混合在一起。实际上，这些多个太阳并存的神奇景象在一些行星上是存在着的，那些行星被一个聚星像太阳那样照耀着。

除了白色光之外的其他颜色的光，也可以在单个的恒星上发现，不过很少出现。毕宿五、大角星、心宿二、参宿四，它们都是单独的恒星，发出红色的光；五车二星与河鼓二星（即牛郎星）发出黄色的光。除了这几个比较特殊的恒星之外，基本上其他的单颗恒星都发出白色的光。

↓ *3.* 人们发现，有一些恒星，它们在或长或短的一段时间内，发出的光周期性地变亮或减弱，人们把这种恒星称为周期变星。因此，鲸鱼座的 o 星有时会达到一等星的亮度。在 1779 年 10 月的时候，它还不如毕宿五星亮呢！在更为通常的情形下，它的亮度是二等星的亮度，在它发出最亮的光之后，它再过上十五天左右的时间，它的光就会逐渐地变弱，那个时候甚至用望远镜都看不到。之后五个月的时间中，人们都没有见到过这颗星。然后它又重新发出亮光、再次出现，并且每天都会增加它的亮度，最后就会恢复它最初的亮度。然后又开始了一个同样的周期，这个周期大约是 332 天。

南船座的 η 星更为特殊。我们只有在南半球才能看到这颗恒星。在 19 世纪初，它是被列为四等星的。1837 年之前的几年，赫歇尔在好望角观测到了这颗恒星，并且在随后的几年中，一直观察到它是二等星的亮度；1837 年的时候，赫歇尔发现这颗恒星迅速变亮，几乎达到与天狼星差不多的亮度。它用了 15 天左右的时间就完成了一个变化周期。之后它又重新变暗，但是它的亮度并没有降到一等星之下。在 1843 年，南船座的 η 星再一次以同样快的速度变亮，重又达到与天狼星差不多的亮度。之后，它

这种异常的明亮持续到了1850年。

对于恒星发生亮度增减的这种变化，我们不可能确切地知道其原因所在。或许这些周期变星就像我们的太阳一样，也有些黑斑在圆盘上，但它们黑斑所占的面积可能会更大些。这样，当这些恒星朝向我们时，黑斑就会削弱它圆盘的亮度。或许这些恒星们有一些不透明的卫星，它们类似于我们地球这样的行星，当这些卫星绕着这些恒星转动的时候，就会挡住我们的视线，于是就产生了遥远恒星的真正的食的现象。

有一些恒星，它们的颜色或者是光的强度所发生的变化是非常缓慢的，它们不会周期性地变回到原先的亮度。人们把这些恒星称为不规则变星。它们中有一些要用几个世纪的时间才能变暗，有一些要用几个世纪的时间才能变亮，就像是它们的光源变得衰退下去或是变得活跃起来一样。另外还有一些变星，它们的星等保持不变，但它们的颜色会发生变化。在古代，天狼星是火红色的，但在今天，它却变成了明亮的白色。人们很少见到星星会完全消失，并且在天空中没有留下任何痕迹，这是一个很大的问题，对此我们还一无所知。有的太阳衰退了，有的太阳复现了，有的太阳陨灭消逝了。我们的太阳能一直保持它的热度不变吗？无数年后，当地球上没有人类居住时，地球是否依然在黑暗中绕着死去的太阳转动呢？

↓4. 从另一方面来说，总有新的太阳诞生。这就是所谓的新星，它们突然出现在天空中，发亮一段时间后，就消失不见了。1572年就出现了这样一颗新星。天文学家第谷·布拉赫告诉我们，他惊讶地看到，有一颗异常明亮的星突然出现在仙后座中，他几乎不敢相信自己眼睛所看到的现象。在原先我们认为永恒不变的天空中，有一颗新的太阳刚刚亮起来，这一新的太阳在所有方面都和别的太阳相似，只是它比一等星闪烁得更强。它的亮度超过了天狼星。如果我们的视力足够好，即使在正午时我们也能将它辨认出来。即使在漆黑的夜晚中，也能多次透过厚厚的云层看到这颗星，而此时其他的星星都被云遮住看不见了，而且就像其他普通的恒星一样，它在天空中的位置一直保持不变。两三个星期后，它的亮度开始减弱，在1574年3月，它就消失不见了，它发亮的时间持续了17个月。

我们还可以列举出一颗非常特殊的新星，即1604年由开普勒在蛇夫座和巨蛇座中观察到的星星。那些在 1572 年看到新星的观察者发现，在最初的几天里，这颗 1604 年的新星比 1572 年的新星还要亮，在这之后它的亮度逐渐变弱，15 个月之后它就完全消失了。1670 年在天鹅座附近出现了一颗新星，这颗新星还要奇怪，它看上去似乎要消失了，但在它完全消失前，它又重新亮了几次。最后我再举一个距离我们时代比较近的例子。1848 年在蛇夫座和巨蛇座中出现了一颗小小的红色的星，然而仅仅过了一年，这颗星就消失不见了。

这些新星是否就是新出现但很快就被摧毁的星，就像一部创作失败的作品很快被销毁一样呢？或者它们突然经历了一场大火，照亮了自己，从原先看不到的状态变成可见的呢？是不是某种巨大的电炉突然在它们的表面发亮，电炉迟早会熄灭或重新点亮？物质不会被毁灭，它只是在转变，它不会从有到无。创造和毁灭都是表面现象，而物质只是向着新的形式转变。我们不能因为一颗恒星不再发亮就认为它已经毁灭了，恒星在经历了黑暗的阶段后，也许它会再次获得那原先使它发亮的力的作用，从而在某一天又变得亮起来。①

↓ 5. 在迅速介绍了恒星宇宙的主要情况之后，我们还要再讲述一下在无数的恒星中辨认出一些恒星的方法。你们知道，我们将星群称为星座，而对于星群的划分是随意约定的，之后我们借用不同种类的物的名字，如工具、动物、人名等等来为星座命名。你们已经认识了大熊星座和小熊星座。如果你们记得不够完整的话，那么你们先回去看一下我们讲述星座的那一讲，因为小熊星座和大熊星座可以作为我们认识其他星座的出发点。

在某一个特定的观察点，由于地面是弯曲的，它总挡住天空的某一部分，使我们看不到整个天空。要想用眼睛观测到整个天空，那我们需要走到赤道以外的区域去。这一点我在前文中已经论述过了，所以在此就不再

---

①现已证明，1572 年和 1604 年的新星都属于超新星。在银河系和许多河外星系中都已经观测到了超新星，总数达到数百颗。可是在历史上，人们用肉眼直接观测到并记录下来的超新星，却只有 6 颗。根据现在的认识，超新星爆发事件就是一颗大质量恒星的"暴死"。对于大质量的恒星，如质量相当于太阳质量的 8~20 倍的恒星，由于质量的巨大，在它们演化的后期，星核和星壳彻底分离的时候，往往要伴随着一次超级规模的大爆炸。这种爆炸就是超新星爆发。——译注

赘述了。在我们的地平线上只有一个非常狭小的空间区域，在这里，一半是白天，一半是黑夜。因此，在我们的地平线似乎应该有一半的星座是一直都看不见的，它们总是被白天的光遮住。我已经在别的地方告诉过你们，如果地球处于原地不动，而只是绕着自身转动，那么我们在白天就总是看不见这一半的星座。但由于地球是绕着太阳公转的，所有在地平线上升起的星星都会依次来到我们夜晚的天空中，因此我们迟早会看到这些星星。我们接着进一步研究这一点。

太阳日平均比恒星日长 4 分钟。今天与太阳同时经过子午线的一颗恒星，明天它就会比太阳早 4 分钟经过子午线，后天就早 8 分钟，依此类推下去。将它提前的时间依次累加起来，那么这颗星就会在某个夜晚来到我们的天空中，由此我们就看到了原先看不到的星星了。因此星空的景象，它是随着一年中时间的不同而不断地在变化的。我们将要考察一下冬天和夏天星空的主要特征。但首先我们先研究一下拱极星座。

↓ 6. 星空似乎形成一个整体绕着地轴（通过想象将其延伸就可以到达北极）转动。从表面来看，每颗星星都绕着这根理想的线画出一个或大或小的圆形轨道，圆的大小取决于星星与两极的距离。但对于那些靠近两极的星星，由于其方向高出地轴，因此它们所画的圆整个都位于地平线的上面。对于那些距离两极很远并靠近天体赤道的星星，它们画出来的圆则多多少少有一部分位于地平线之下。前一种星星从来不会升起，也从来不会落下，它们总是位于可见的天空区域，当太阳落山时它们就出现在那里；当太阳再次出现时，它们就消失不见了。它们从来不会被地球的曲线遮住看不见，由这些星星所构成的星座就是拱极星座。而后一种恒星，即距离两极很远并靠近天体赤道的星星，则与之恰恰相反，它们会升起和落下。也就是说，它们会从东方的地平线上升起，一直升到天空的高处，然后走到西方，最后落在地平线下。不论一年中的哪一天夜晚，我们都能看到拱极星座。只不过因为它们是绕着轴转动的，所以它们有时会出现在极的右边，有时会出现在极的左边，有时会出现在极的上边，有时会出现在极的下边，这取决于我们对之观察的时刻。大熊星座、小熊星座、仙后座以及英仙座，都是拱极星座。

我请你们回忆一下，大熊星座是由七颗主要的星星组成的，其中有六颗亮度差不多都是二等星的星星。大熊星座中的四颗星星排列成一个不规则的长方形，另外三颗则从这个长方形的一个角上延伸出去，形成了一个弯曲的尾巴。连接大熊星座四边形最外边两颗星星，也即将两颗守护星连接起来，我们把这条连线延伸出去，就会遇到北极星，这是处于小熊星座尾巴末梢的一颗二等星。小熊星座的面积要小一些，它与大熊星座一样，同样由七颗星星组成，但是方向正好相反。在它的这几颗星星中，只有三颗是比较明亮的，即北极星与四方形最末端的两颗星星，而其余的四颗则刚刚能够被我们看见而已。

↓ 7. 既然如此，我们就假设，现在的时间是 12 月末晚上的 9 点钟与 10 点钟之间，夜晚是晴朗的，我们所选择的观察点使得我们能够看到整个的天空。这时，我们向北看去，大熊星座就位于北极的右侧略微靠下的地方，它的尾巴朝向下面。再过一个小时，我们将会看到，大熊星座受到天空转动的影响，将会被带到北极星的右侧。接下来再过一些时候，它将会移到北极星的上边。而到那时，天就要亮了。现在这个时候，大熊星座正位于北极星的右侧，那么在它的四边形正对着北极星的对面，也就是处于我们左侧的地方，有一个美丽的星座，它由六至七颗主星组成，形成字母 W 的形状，或是一把倒着的椅子的形状，这就是仙后座。仙后座总是与大熊星座隔着北极星遥遥相对。当大熊星座位于北极星的右侧时，它就位于北极星的左侧；当大熊星座位于北极星的下面时，它就位于北极星的上面。从大熊星座的四边形可以引出两条对角线，一条通向大熊星座的尾巴，另一条并不通向大熊星座的尾巴。我们将后者延伸出去，它可一直延伸至仙后座的附近区域，一直穿过英仙座。英仙座并不是很亮，但这个星座由于大陵五（英仙座 β 星，即西方的妖魔星）而出名，这是一颗周期变星。每过三个半小时左右，它就从二等星变成四等星，再过同样一段时间，它又会从四等星变成二等星。①

---

① 大陵五是一个双星系统，该系统的光度会随时间而变化，其视星介于 2.3–3.5 等之间，变化周期为 2 天 2 小时 49 分。大陵五的两颗星，一颗叫主星，一颗叫伴星。它们各有自己的运行轨道，但在彼此的引力作用下，又能互相绕着转。这两颗星，主星亮些，伴星暗些。当暗星转到挡住亮星的位置，我们就看到大陵五变暗了；当亮星从暗星背后转出来时，大陵五就又亮了。——译注

在英仙座的附近，几乎接近天空顶点的位置，有一颗非常美丽的黄色的一等星，这就是御夫座的五车二星。五车二星自身呈现为一个非常不规则的五边形的形状。从大熊星座四边形中靠近北极的那一侧，向着北极星的方向延伸，我们很容易就能找到五车二星。五车二星也属于拱极星，它会一直挂在我们的地平线上方。

↓ 8. 现在你转过身去，面向着南方望着，你就会看到一年中最美丽的那些星座。你首先会看到的是猎户座，它呈现出一个不规则四边形的形状，在这个四边形的中间，有三颗同等亮度并且靠得非常接近的星星，它们排列在一条直线上，这三颗星星组成了这位猎户的腰带。猎户手里拿着根大头棒，用它来打向金牛座。人们一般将这三颗星星称为三位国王或是三位魔法王。在猎户座四边形的四个角上，有两颗星是一等星，其中位置高一点的那颗星是参宿四，它呈现出淡淡的红色，是猎户的右肩；位置低一点的那颗星是参宿七，它是白色的，是猎户的左脚。将猎户座腰带上三颗星的连线向着东南的方向延伸，就能遇到天空中最亮的星星，它就是大犬座的天狼星。在猎户座四边形的东边，几乎与参宿四同样高的位置处，还有一颗一等星，它是小犬座的南河三。天狼星、参宿四与南河三这三颗星就构成了一个等边三角形，银河就从这个三角形中穿过。现在我们将猎户座腰带上三颗星的连线向着天狼星相反的方向延伸出去，那么这条线就会遇到一颗红色的一等星毕宿五，它就是金牛座中金牛的眼睛。另外，有五颗很亮的星星构成了这头金牛的前额，它们呈现出字母 V 的形状。毕宿五就位于字母 V 中一个分叉的底部。我们还是继续沿着猎户座腰带上三颗星的连线方向，在越过毕宿五之后，我们会遇到昴星团，它是由六至七颗距离非常近的星星组成的星群。要将这几颗星星区分开，需要敏锐的眼光。——毕宿五就位于与昴星团非常相似的毕宿星团中。——从大熊星座的四边形与尾巴的交点处引一条对角线，并使它延伸出去，那么这条延长线会经过天狼星，到达天空的另一端，它在半路上会穿过双子座，在双子座中有两颗非常美丽的星星，其中一颗是一等星北河三，另一颗是二等星北河二。这两颗星都位于南河三的上方。几乎位于参宿七到参宿四的对角线的延长线上。

↓ 9. 现在假设我们正处于六月末的时候，那些冬天的星星都消失不见了。天狼星、南河三、参宿七、毕宿五，它们都看不见了。它们只有在白天的时候才经过我们的头顶上空，而另外一些星星则会代替它们在夜晚出现。这时，大熊星座位于北极星的左侧，它的尾巴向上，而此时仙后座则位于北极星的右侧，它的椅背平卧在地平线上。大熊星座的尾巴向着西方，像一根手指一样弯曲着。顺着它弯曲的方向延长下去，我们就能看到一颗红色的一等星，它就是牧夫座的大角星。如果我们继续顺着大熊星座尾巴的弯曲的弧弯下去，就像画一个圆一样，那么在过了大角星之后，就能看到另外一颗一等星角宿一，它属于室女座。还是在西方，向北一些，我们就能看到轩辕十四，它是属于狮子座的星。将大熊星座的守护线顺着与北极星相反的方向延伸，就能遇到狮子座，它是由六颗星星排列成一把收割者所用的镰刀形状，我们据此把它辨认出来。在狮子座中，最亮的一颗星星是轩辕十四，它是一颗一等星，位于镰刀柄的末端。在几乎接近天顶的地方，大角星的东边，有七颗星排列成一个规则的半圆，虽然这些星不是很亮，但我们还可以辨认出它们，这些星就组成了北冕座。七颗星中最亮的一颗星，是二等星贯索一。将大角星与贯索一之间的连线延长到两倍距离处，即到银河附近，有一颗非常漂亮的一等星在闪闪发光，这就是天琴座的织女星。在织女星的下方，有四颗非常小的星星，排列成一个规则的菱形①。12000 年后，织女星将成为北极星。将贯索一与织女星连接起来，在它们的连线中间会经过武仙座。这个星座没有什么引人注目的特征。但我们要注意的就是，太阳在它行星的陪伴下，以每秒钟八千米的速度②向着这片天空区域，即武仙座所在的区域移动。在天琴座的左边，银河的正中央，银河正是从这个地方开始分叉的，我们可以看到有五颗星排列成一个巨大的十字架的形状，这个十字架的水平方向那根较长，而竖直方向那根较短。位于十字架顶部的那颗星，亮度接近于一等星。其余四颗星都是三等星的亮度。③这就是天鹅座。从北极星引出一条直线，使得这

①在中国古代传说中，这个小菱形是织女织布用的梭子，织女一边织布，一边抬头深情地望着银河东岸的牛郎（河鼓二）和她的两个儿子（河鼓一和河鼓三）。——译注
②最新科学观测表明，太阳系是以每秒钟 19.7 千米的速度，向着武仙座飞去。——译注
③天鹅座内目视星等亮于 6 等的星有 191 颗，其中亮于 4 等的星有 22 颗之多。——译注

根直线经过天鹅座，那么这条直线就会在银河外沿不远处遇到三颗排列非常规则的星星。位于这三颗星星中间的是一颗一等星，这些星星就组成了天鹰座的一部分。天鹰座的主星称为河鼓二星（即牛郎星）。

第二十五讲 | 星云

↓ *1.* 在晴朗的夜空，谁不曾看到过一条发亮的带子，就像一道发出磷光的雾气，从天空的这一端横跨至另一端？天文学家将它称为银河，通常人们会将它称为圣雅克之路①。古人曾经讲过这样一个故事：有一天，朱诺（Juno）②给她的孩子武仙（Hercule）③哺乳时，有几滴神圣的奶汁从婴

---

① 银河在中国古代又称天河、银汉、星河。——译注

② 朱诺（Juno）是赫拉的罗马名字。她是希腊奥林珀斯十二主神之一，她是宙斯的姐姐，在宙斯取得统治权后成了宙斯的妻子。她与宙斯结合生下战神阿瑞斯（Ares）、火与工匠之神赫淮斯托斯（Hephaestus）和青春女神赫拍（Hebe）等等。朱诺是掌管婚姻的女神，是生育及婚姻的保护者，她代表女性的美德和尊严。朱诺生性善妒，对于宙斯婚后的外遇很不满，常利用很多手段打击丈夫的情妇和他的私生子。她曾经将宙斯的情妇卡利斯忒和她的儿子变成熊，在赫拉克勒斯出生时阻碍他，之后又令他发疯，杀死妻儿，因而要完成十二项劳动来赎罪。——译注

③ 即赫拉克勒斯。——译注

儿的嘴中流出来，洒到了天空中，由此形成了银河，即奶汁之河。科学保留了古代神话传说中的这个名字，但是，它却摒弃了原先的奶汁形成银河的这个传说，而赋之以另外一个更为庄重的解释。对于这一点，你们在下文中可以自行判断。

通过肉眼来看，银河就像一层发亮的淡淡的轻雾，它呈现为一条不规则的带状。银河环绕在整个天空中，把天空分成两个几乎相等的部分。在我们的这个半球，冬天时我们会看到银河穿过仙后座、英仙座、御夫座，非常靠近御夫座的五车二星；接下来，它经过猎户座的附近，把猎户举着的大头棒罩住了；最后，它到达天狼星的附近。在夏天，它从仙后座流向天鹅座与天鹰座，并穿过它们；从天鹅座开始，它分成两个分叉，而在南边的天空靠近半人马座的 α 星的地方，银河的这两个分叉又合二为一了。于是，在整个银河长度一半的地方分成两个弧，而另一半则单独成一部分，也许我们可以将它比喻成一枚戒指，该戒指的金属环被分成两个部分，中间留出一个空隙，嵌进那珍贵的宝石。单凭肉眼的力量我们不能再获得更多关于银河的信息。望远镜能告诉我们关于银河的其他知识。

↓ 2. 如果我们将望远镜指向银河中的任意一个位置，那么很快就能看到成千上万的亮点，而最初我们用眼睛观察这里时，只能看到一片模糊的微光。严格说来，这里是群星聚集之地，栖居了无数颗恒星。从远处看，海滩上的沙粒混合在一起，像一条带子；从近处看，它就分成无数的单个的小沙粒。银河也一样，从远处看，或者用肉眼看，它就像一片乳色发光的带子；从近处看，也就是用望远镜看时，它就是无数的单颗星星的聚集体。我们所说的天体海洋的沙滩上，堆积的是恒星，而不是沙粒。当赫歇尔研究天空中的这一神奇景象时，他所使用的望远镜只能看到月球圆盘的四分之一那么大的一块区域，但就是在这样一片狭小的区域内，他所看到的星星就有 300 颗、400 颗、500 颗，直到 600 颗。在银河的这样一个小小角落里，只有月球圆盘四分之一那么大的一块区域居然就有 600 颗星星。那么，在整个月球圆盘的区域内就会有 2400 颗星星！在整个天空中，我们不用望远镜而只用肉眼来看，也看不到那么多颗星星。尽管望远镜的观察区域保持不变，然而星星则由于它们的视转而发生移动，不断地在更新着。赫歇尔尝试着统计所观察到的星星的数量，他估测，每十五分钟，就会有 11.6 万颗星星进入他的眼睛！他估计整个银河中星星的数量至少会有 1800 万颗！[①]

↓ 3. 是否银河就像望远镜所告诉我们的，它是由几百万几千万颗太阳聚积在一起形成的一个环，或者它是一层均匀分布的太阳所形成的景象，我们自己处于这层太阳的内部？下文中的例子可以解释我的这一想法。

假设在我们周围的地面上环绕着一层高十米左右的薄雾，这层薄雾在水平方向上是可以延伸的，但在垂直的方向上它的高度是有限的。那么，我们在这层薄雾的中间能看到什么呢？在我们的头顶上空，我们的视线几乎可以无障碍地延伸出去，因为雾的高度是有限的，我们只能看到一些很少的雾气的微粒，蓝色的天空似乎变得暗淡了一些。而与此相反，我们在水平的方向上向四周看上去，我们看到的都会是雾气微粒的不固定行列，这些雾气微粒重叠在一起，并且，由于这种重叠，观察者周围的雾气加重了，形成一个不透明的云状的圆环。因此，对于均匀的雾气层来说，当我们顺着它厚度较小的方向去看时，我们看不到雾气层；当顺着它厚度较大的方向去看时，我们就能够看到雾气层了。因此，它就在我们的周围形成一个云雾的环形地带。平常环绕在地平线上的那层雾气，实际上并没有其他的形成原因，它就是这样形成的。在水平方向上，雾气并不比我们所处地方的雾气更重，而是因为从水平方向看去，地面上的雾气重叠起来了，从而显得更为厚重。

↓ 4. 这样，让我们与赫歇尔一起来想象如下情形：无数颗星星，它们彼此之间的距离几乎相等，并且它们排列成了扁平状的星团形状，或说层叠成磨盘的形状，而这个扁平状的星团或是磨盘的厚度，比起它的宽度来，小得可以忽略不计。我们可以利用前文中所讲过的一个例子来想象这一情形。它是由许多颗恒星形成的雾，尽管它的厚度有限，但它的长度与宽度却是无限地大。我们的太阳就是这许多颗恒星中的一颗，因此我们处于这个恒星磨盘内部的一个位置上，这样就可以解释这一切了。如果我们

[①]今天的科学研究发现，银河系中至少有 2000 亿颗星。——译注

顺着恒星磨盘厚度这个方向看去，那么我们就只能看到很少的星星，在这个方向上的天空似乎也变得空空荡荡了；而如果我们顺着恒星磨盘的宽度这个方向看去，那么我们就能看到无数颗星星，这些星星重叠在一起，似乎互相紧挨着，它们融汇成了一条发出奶白色亮光的连续光带。因此，这个由无数颗太阳所组成的磨盘，它在其宽度的方向上形成了一个由无数颗恒星组成的带子，环绕在我们周围并漂浮在天空中，这就像从一层轻雾的最厚方向上看去，这层轻雾就呈现为一圈云层一样。因此，银河是顺着由恒星组成的扁平磨盘宽度的方向上看到的景象，而我们自己就是这个扁平磨盘的一部分。因此，银河就是一个被恒星形成的雾所包裹的界面。

↓ 5. 现在我们来对之加以总结。所有我们在天空中所看到的恒星，不论是小的还是大的，肉眼看到的还是望远镜所看到的，全部加起来，其总数至少有 4000 万颗左右。这些恒星排列成一个扁平的星团，我们的太阳就位于它的中间。太阳只是和它的伙伴们聚成的巨大恒星堆中一颗普通的恒星。对于我们这些从恒星层的中间来观察银河的地球人来说，在某一个方向上我们是看不到这个恒星团的，这是因为它在这个方向上太薄了，但是在另一个方向上，我们却能看到恒星密密麻麻分布的情景，也就是说能够看到银河，我们将这种恒星密密麻麻分布的恒星层称为星云，星云通常呈现为磨盘的形状。从天鹅座到半人马座，银河开始分叉，因此我们知道银河这个恒星层是在它的一半位置处开始分成两层的。于是，人们将星云比做一个纸盘，该纸盘从它中间的地方微微分开，分成相互断开的两层。

↓ 5. 赫歇尔尝试着去估测这个恒星团的尺寸大小，他的方法非常令人惊讶，并且他的原理非常简单，因此我们在这里非讲述一下不可。如果星云中恒星之间的距离相隔的距离几乎是相等的（这是一个非常自然的假设），那么从某一个特定的方向去看星云，如果这个方向的星云越厚，那么从这个方向上看到的恒星应该会越多。就是以这样一个毋庸置疑的原理为基础，赫歇尔开始去测量天空了。他以天文望远镜作为探测与测量的工具，望远镜能够使他的视线深入到星云的深处去，顺着天空的这个方向，望远镜中可能只会出现一颗恒星；在天空的另一个方向，望远镜中则会出现十颗恒星；而在天空的第三个方向，望远镜中则会出现一百颗恒星；另一个方向，两百颗恒星；然后是三百颗如此等等。根据这些数字，他就可以推算出眼睛所探测到的各个方向上恒星层的不同厚度。最后根据这些不同的厚度，他就可以很容易地画出星云的形态与结构。

↓ *6.* 由此，赫歇尔发现，恒星磨盘的宽度这个方向，也即在银河这个方向上，恒星磨盘要比它的厚度方向上大一百倍。尽管望远镜能够看到非常深远的地方，但是他确信他不可能探测到星云的尽头。赫歇尔认为，星云是深不可测的。他通过对星星的亮度作比较，最后发现：在银河中亮度最暗的恒星是离我们最近的恒星距离的 500 倍。不过，对于我们而言，最近的恒星离我们的距离是三四光年；而对于我们来说，银河的边缘离我们的距离，则是 1500 至 2000 光年；那么为了在这座星云的宽度方向上从它的一端来到另一端，以光速也至少要走上 3000 年至 4000 年。[①]现在，如果你们觉得你们的想象力足够强的话，那么，你们试着形成一个关于我们所居住的这个恒星层的观念。一道光从星云的一端射出，它开始飞速地向前奔驰。即使雷电的速度也太慢了，不可能追上它，只有思想的速度才能与之相比。在你们读这个字的时间里，也就一秒钟的时间里，它就已经绕地球走了七八圈，走了30 万千米；在下一秒钟内，它还会走上 30 万千米……就这样下去，光会一直保持着这个速度。几年过去了，几个世纪过去了，几千年过去了，这道光还是没有到达它的目的地。这道光在它发射出来的四千年后，才到达这座星云的另一端。谁知道呢，因为赫歇尔所给出的银河的大小，在其他的伟大天文学家看来，可能会比银河实际要小呢，谁知道呢，就没有人会说银河得有光走上一万年那么大吗！从武仙赫拉克勒斯的嘴里漏下的几滴奶水，你们觉得能填满如此广阔的空间吗？

↓ *7.* 银河这座星云绕着我们在天空中画了一个环状带，这是由于我们正好处于这根环状带的中间位置。银河是由于我们的观察点位于中间而产生的一个景象。但倘若我们处于这个恒星层很远的地方，那么我们所看到的景象就会完全不一样。假设我们正处于这个恒星磨盘之外的某个不太远

---

① 最新科学观测表明，银河系的直径大约是 10 万光年。——译注

的地方，并且面对着这个磨盘，那么，这时我们所看到的这座星云就是一个闪闪发光的巨大圆盘，它覆盖了整个天空。假设我们离这个恒星磨盘远去，那么这个磨盘就会变得越来越小，而恒星磨盘上那些发亮的点，相互之间就会离得越来越近，最后它们就会相互靠在一起，融合成一片乳白色的光。当我们离银河足够远时，那么原先那个巨大的星团就会变成一个只有手掌那么大小的白色云团。几何学计算出，当我们与银河之间的距离是银河最大宽度的 334 倍时，看到它的角直径是 10 分。也就是说，这时它看上去就像是处于 12 米之外的五法郎硬币的大小。实际上我们完全不能想象，我们的星云由于距离的关系而缩小为这么小的一块面积。但是在几何学的指引下，理性总是能够对此作出合理的想象。理性能够看到大得不可估量的恒星层，在这里有着成万上亿的太阳们，它们聚集在天空的一角，理性看到这个恒星层就像一个圆形的小斑块一样，它发出模糊的亮光，这使我们想起微弱的磷光。

↓8. 但是，倘若有一个很好的望远镜，那么实际上，我们也能从地球上看到理性所想象的位于遥远距离处的星云的样子。在天空中的很多区域中，在恒星层之外的地方，我们可以通过望远镜而看到一些发亮的斑点。这些斑点也是淡淡的云状，发出乳白色的光。它们中的大部分也是与我们银河星云相似的星云，也就是说，它们也是恒星团。到目前为止，在天文学家所能探测到的天空的最深远处，我们已经统计出有四千多座这样的星云。随着我们使用更高倍数的天文望远镜，所能看到的星云数目也将会不断地增加。由于距离的因素这些星云看起来亮度很弱，体积很小，因此它们很难被肉眼看到。要想看到它们，我们必须用最好的天文望远镜。用一架中等倍数的望远镜来看，这些星云就像是泛着淡淡白色光亮的一片片小小的云片。它们发出的光是如此微弱，以致人们担心仿佛轻轻吹一口气就能把它们吹灭。但是随着望远镜倍数的增大，事实就会逐渐被揭示出来，你们也会渐渐发现自己原先的想法会有多愚蠢了。

这些一个个发亮的云片，原先人们担心会将它们一口气吹灭，但实际上它们却是一个个无比巨大的恒星团。一开始，云团似乎是同质的，而到现在，它就分解成无数个单独发亮的点，分解成一颗颗的星星，就像银河分解成了一个个的小碎片一样。倘若我们试图要计算出其中恒星的数目，那么这是件白费力气的事情。因此，我们的星云，即银河系，它并不是独一无二的，在天空的各个角落，都存在着其他的恒星团，至于它们的数量，人类也许永远都不会确切地知道。这些星团之间彼此之间相距非常遥远，因此宇宙就像一个没有已知海岸的海洋，而这些星团仿佛就像这个海洋中数之不尽的岛屿一样。

↓9. 这些天上的岛屿呈现出各种各样的形状，它们中有一些是球形的；有一些是完美的圆形；有一些是拉长的椭圆形状；而另外的有一些呈冠毛状；有一些弯曲成环形；有一些只是简单的发亮的线；它们中有的呈直线形；有的呈曲线形；它们中还有一些像被彗发所包裹着的彗核一样的形状；有一些绕着一个公共的中心，将它的恒星们聚集起来，形成一个个螺旋形的厚条形状，看到这些，人们相信自己看到了烟火，而这实际上是恒星们所形成的发光条纹。下面我们来讲讲它们的距离。要想看到我们的银河星云变成10分的角直径，那么就需要将它移到离我们距离是其直径的334倍的远处。不过，一道光线要从银河的直径方向穿过它，那么至少需要3000年或4000年的时间，或许可能是10000年的时间，姑且认为是最小的那个数字，那将是3000年的334倍，也即比100万年稍多一点的时间，这就是在距离我们的银河334倍其直径的远处，即看到银河角直径为10分的地方，光要到达那个地方所要花费的时间。有一些星云的视面积大小是10分，另外一些星云要小一些，因此，恒星团距离我们是如此遥远，光线要从这些恒星团到达我们这里，至少需要100万年。

除了那些用我们的望远镜可以将它们分成一个个亮点、一颗颗星星的星云之外，天文学家们还认识了另一些星云，这些星云是不能借助于望远镜分开的，也就是说，不管我们用多大倍数的望远镜去看，这些星云还是一片片发出乳白色光亮的斑块。我们将前者称为可分解星云，将后者称为不可分解星云。不可分解星云不会像可分解星云一样呈现出规则的形状，它们像被强风吹得七零八落的云片一样，它们是由弥漫的物质构成的，与彗星云团的物质相类似，这些由微细的物质构成的云团，似乎是天空中的实验室，它会慢慢地受到引力的作用，从这里诞生出新的太阳来。